O CAPELÃO DO DIABO

RICHARD DAWKINS

O capelão do Diabo

Ensaios escolhidos

Organização
Latha Menon

Tradução
Rejane Rubino

4ª reimpressão

COMPANHIA DAS LETRAS

Copyright © 2003 by Richard Dawkins

Título original
A Devil's chaplain: selected essays

Capa
João Baptista da Costa Aguiar

Revisão técnica
Maria Guimarães

Índice remissivo
Miguel Said Vieira

Preparação
Rafael Mantovani

Revisão
Cláudia Cantarin
Renato Potenza Rodrigues

Dados Internacionais de Catalogação na Publicação (CIP)
Câmara Brasileira do Livro, SP, Brasil

Dawkins, Richard
O capelão do Diabo : ensaios escolhidos / Richard Dawkins ; organização Latha Menon ; tradução Rejane Rubino. — São Paulo : Companhia das Letras, 2005.

Título original: A Devil's chaplain : selected essays.
ISBN 978-85-359-0654-7

1. Ciência — Filosofia 2. Evolução (Biologia) 3. Religião e ciência I. Menon, Latha. II. Rubino, Rejane. III. Título.

05-3109 CDD-500

Índice para catálogo sistemático:
1. Ensaios científicos 500

[2020]
Todos os direitos desta edição reservados à
EDITORA SCHWARCZ S.A.
Rua Bandeira Paulista, 702, cj. 32
04532-002 — São Paulo — SP
Telefone: (11) 3707-3500
www.companhiadasletras.com.br
www.blogdacompanhia.com.br
facebook.com/companhiadasletras
instagram.com/companhiadasletras
twitter.com/cialetras

Para Juliet, em seu décimo oitavo aniversário

Sumário

Introdução do autor

Este livro é uma compilação de textos, selecionados por Latha Menon dentre todos os artigos e conferências, reflexões e discussões, resenhas e prefácios de livros, homenagens e elogios fúnebres que publiquei (e, em alguns casos, não publiquei) ao longo de 25 anos. Muitos temas são abordados aqui, alguns originários do darwinismo ou da ciência em geral, outros relativos à ética, à religião, à educação, à justiça ou à história da ciência, e outros ainda que são simplesmente pessoais.

Embora eu reconheça a presença ocasional de lampejos de irritação (inteiramente justificáveis) na minha escrita, gosto de pensar que a maior parte dos textos é bem-humorada, talvez até mesmo divertida. Onde sou passional, é porque há boas razões para a paixão estar presente. Onde há raiva, espero que seja uma raiva controlada. Onde há tristeza, meu desejo é que ela não transborde para o desespero, mas, ao contrário, mantenha a esperança no futuro. A ciência é para mim uma fonte contínua de alegria, e espero que estas páginas transmitam isso.

Minha contribuição ao livro propriamente dito foi escrever

os preâmbulos a cada uma das sete seções, fazendo uma reflexão sobre os ensaios escolhidos por Latha e sobre as relações entre eles. A ela coube a tarefa mais difícil, e eu a admiro pela paciência com que percorreu uma quantidade muito maior de textos do que aquela reproduzida aqui, e pela sua habilidade em alcançar um equilíbrio mais sutil entre eles do que imaginei que fosse possível. A introdução escrita por Latha descreve o raciocínio por trás de suas escolhas e da organização dos ensaios em sete seções, cada uma delas com uma seqüência de capítulos cuidadosamente concebida. Mas, evidentemente, a responsabilidade pelo conjunto de textos a partir dos quais ela fez sua escolha é minha.

Não é possível mencionar todas as pessoas que me ajudaram em cada um dos textos, pois eles foram escritos ao longo de um período de 25 anos. Sou grato a Yan Wong, Christine DeBlase-Ballstadt, Anthony Cheetham, Michael Dover, Laura van Dam e Catherine Bradley pela ajuda em relação ao livro em si. Minha gratidão a Charles Simonyi é inesgotável. E minha esposa Lalla Ward continua a me incentivar, a me aconselhar e a me emprestar seus ouvidos sensíveis à musicalidade da língua.

R. D.

Introdução da organizadora

Levei um tempo considerável para concluir minha leitura de *O gene egoísta*. Sempre gostei da elegância da física, de sua profundidade filosófica, da refinada simplicidade do mundo que ela nos revela. A química sempre me pareceu caótica e, quanto à biologia — bem, meu breve contato com essa disciplina na escola havia produzido a impressão de um campo árido, de uma monótona coleção de fatos, cujo ensino privilegiava mais a memorização que o entendimento de seus princípios organizacionais. Eu estava enganada. Como muitas outras pessoas, pensei que eu compreendesse a evolução, mas foi por intermédio dos livros de Richard Dawkins que fui apresentada à profundidade e à grandeza extraordinárias da idéia formulada por Darwin (e por Wallace), ao seu espantoso poder explicativo e às suas profundas implicações no que diz respeito a nós e à nossa visão do mundo. Os muros estreitos e familiares entre os diversos campos da ciência erigidos por força do hábito, da tradição e do preconceito vieram abaixo.

Assim, fiquei muito feliz quando fui convidada pelos editores a organizar esta coletânea dos escritos de Richard, pois isso me permitiria saldar ao menos uma pequena parte dessa minha dívida. Este livro não inclui os escritos acadêmicos de Richard, mas reúne alguns de seus artigos mais curtos e de suas colunas dirigidos a um público mais amplo. A tarefa não foi fácil. A composição deste volume envolveu algumas escolhas difíceis e exigiu que se deixassem de fora muitos textos que infelizmente terão que aguardar uma coletânea futura. Na seleção dos ensaios incluídos aqui, procurei exprimir a diversidade dos interesses e das preocupações de Richard, e também alguns elementos de sua vida. Na verdade, há algo quase inevitavelmente autobiográfico neste livro. O volume se divide em sete seções, abrangendo desde a ciência até as relações pessoais e as recordações de Richard. As primeiras seis seções combinam textos de extensão e de atmosfera variados, escritos em diferentes contextos.

Como seria de esperar, boa parte do livro é dedicada à evolução e, de modo mais geral, à natureza da ciência e ao seu poder incomparável de perseguir a verdade, em contraste com o pensamento desorientado do misticismo e da espiritualidade da Nova Era, com a "metatagarelice" aparentemente superior do pós-modernismo e com as crenças religiosas, estreitas, autoritárias e fundamentadas na fé. Este não seria um livro representativo sem alguns dos ensaios de Richard acerca da religião. Tenho um motivo pessoal especialmente pertinente para compartilhar da urgência e da paixão de suas palavras sobre o assunto: eu nasci na Índia — país cujo progresso foi fortemente tolhido pela sua bagagem de superstições, e onde os rótulos religiosos tiveram efeitos amplos e terríveis.

Mas chega de falar das obrigatórias posições e princípios. Ser um cientista e operar com o raciocínio não equivale a uma vida de trabalho duro e sem alma, desconsolada e desprovida de sentido, mas a uma vida imensamente mais rica, mais preciosa. Por essa razão, este livro reúne também uma seleção de recordações afetuosas — de uma infância vivida na África, de mentores que foram fonte de inspiração e de amigos muito queridos que já partiram. Os livros e o amor pela ciência se entrelaçam nesse conjunto, com os prefácios, as resenhas e os comentários críticos (incluindo uma seção sobre os trabalhos do falecido Stephen J. Gould).

A seção final, "Oração para minha filha", retoma de muitas maneiras os temas-chave do livro. Ela expressa uma esperança sincera de que as gerações futuras continuarão a se empenhar em compreender o mundo natural por meio da razão e fundamentando-se nas evidências. É um apelo apaixonado contra a tirania dos sistemas de crenças que entorpecem a mente.

Minha principal incumbência foi a seleção e a organização dos textos. Os artigos mantiveram em grande medida a sua forma original, com supressões ocasionais e pequenas mudanças de termos para adequá-los ao contexto da coletânea e com o acréscimo de notas de rodapé explicativas. Richard foi um exemplo de paciência e de generosidade, e inspiração constante, durante toda a preparação do volume. Meus agradecimentos vão também para Lalla Ward, por seus comentários e sugestões valiosos, Christine DeBlase-Ballstadt, por sua ajuda com os textos, e Michael Dover e Laura van Dam, pelo incentivo e pelo apoio ao projeto.

Uma palavra final. Como editora, foi uma experiência muito especial trabalhar nesta coletânea, em virtude da proximidade entre meus próprios pontos de vista e os do autor a respeito de muitas questões. O livro fala, acima de tudo, da riqueza do universo quando o vemos à luz do entendimento científico. A ciência revela uma realidade extraordinária que vai muito além do que imagina a tradição. Olhe de novo para aquele intrincado formigueiro.

L. M.

I. CIÊNCIA E SENSIBILIDADE*

* "Science and Sensibility", no original: faz alusão ao título do romance *Sense and sensibility* [*Razão e sensibilidade*], de Jane Austen. (N. T.)

O primeiro ensaio deste livro, "O capelão do Diabo", não foi publicado anteriormente. O título, que dá nome ao livro, é explicado no próprio texto. O segundo ensaio, "O que é verdade?", foi a minha contribuição para um simpósio de mesmo nome, na revista *Forbes ASAP*. Os cientistas tendem a assumir uma visão confiante em relação à verdade e ficam impacientes com a ambigüidade filosófica a respeito de sua realidade ou de sua importância. Já é bastante difícil persuadir a natureza a nos revelar suas verdades sem os espectadores e os parasitas espalhando obstáculos gratuitos em nosso caminho. Meu ensaio defende o ponto de vista de que devemos ao menos ser coerentes. As verdades relativas à vida cotidiana são tão sujeitas — ou tão pouco sujeitas — à dúvida filosófica quanto as verdades científicas. Evitemos ter dois pesos e duas medidas.

Às vezes eu tenho medo de me tornar um chato defensor da coerência. Isso começou na minha infância quando meu primeiro herói, o dr. Dolittle (que me voltou à memória, irresistivelmente, quando li *O Beagle na América do Sul*, de Charles

Darwin, o meu herói da vida adulta), despertou minha consciência, para tomar emprestado um termo conveniente que é parte do jargão feminista, sobre a maneira como tratamos os animais. Os animais não humanos, bem entendido, pois é claro que somos animais. O filósofo especialista em ética que mais justificadamente assume os créditos por nossa consciência disso nos dias de hoje é Peter Singer, que há pouco tempo se mudou da Austrália para Princeton. O Projeto dos Grandes Antropóides [Great Ape Project, ou GAP], encabeçado por Singer, tem como objetivo garantir aos outros grandes macacos, tanto quanto possível, direitos civis equivalentes àqueles usufruídos pelo grande macaco humano. Se pararmos para nos perguntar *por que* isso soa tão ridículo à primeira vista, veremos que, quanto mais refletimos sobre o assunto, menos ridículo ele parece. Piadas baratas como "Nesse caso, suponho que precisaremos de urnas eleitorais para os gorilas" são logo desconsideradas: nós garantimos direitos, mas não o voto, às crianças, aos loucos e aos membros da Câmara dos Lordes. A maior objeção ao GAP é "Onde é que isso vai parar? Nos direitos para as ostras?" (o chiste de Bertrand Russell num contexto semelhante). Onde traçamos o limite? "Lacunas na mente", minha própria contribuição ao livro sobre o GAP, faz uso de um argumento evolucionista para mostrar que não há razões para estabelecermos limites. Não há nenhuma lei da natureza que diga que as fronteiras devem ser claras.

Em dezembro de 2000 eu fazia parte do grupo de pessoas convidadas pelo deputado David Miliband, naquela época chefe de gabinete do primeiro-ministro e hoje ministro da Educação, para escrever um memorando a respeito de um tema específico a ser lido por Tony Blair durante o recesso de Natal. O resumo que escrevi foi "Ciência, genética, risco e ética", e reproduzo aqui minha (até agora inédita) contribuição (eliminando a seção

"Risco" e algumas outras passagens de modo a evitar a sobreposição com outros ensaios).

Toda proposta para restringir, o mínimo que seja, o direito ao julgamento pelo júri é recebida por gritos de afronta. Nas três ocasiões em que fui convocado a fazer parte de um júri, a experiência se mostrou desagradável e decepcionante. Muitos anos depois disso, dois julgamentos excessiva e grotescamente divulgados nos Estados Unidos me inspiraram a refletir sobre a razão principal de minha desconfiança em relação ao sistema de júri, e a escrever sobre ela no ensaio "Tribunais de júri".

Os cristais são o primeiro objeto que os paranormais, os místicos, os médiuns e outros charlatães tiram de suas caixas de mágica. Meu propósito no artigo seguinte foi explicar a verdadeira mágica dos cristais aos leitores de um jornal londrino, o *Sunday Telegraph*. Houve uma época em que apenas os tablóides de segunda categoria encorajavam superstições populares como a cristalomancia e a astrologia. Hoje em dia, alguns jornais de prestígio, incluindo o *Telegraph*, cederam à popularização a ponto de publicar uma coluna regular de astrologia, e essa é a razão por que aceitei o convite desse jornal para escrever "A verdade cristalina e as bolas de cristal".

Uma espécie mais intelectual de charlatães é o alvo do ensaio seguinte, "O pós-modernismo desnudado". A Lei da Conservação das Dificuldades, de autoria de Dawkins, afirma que o obscurantismo num assunto acadêmico se expande com vistas a preencher o vácuo de sua simplicidade intrínseca. A física é um assunto genuinamente difícil e profundo, de tal maneira que os físicos necessitam dar duro — e o fazem — para tornar sua linguagem tão simples quanto possível ("mas não mais simples do que seria necessário", como insistiu Einstein, corretamente). Outros acadêmicos — alguns apontariam o dedo para as escolas européias de teoria literária e de ciências sociais — sofrem daquilo que Medawar (eu acho) chamou de "inveja da física". Eles desejam ser considerados profundos, mas seu assunto é na realidade um tanto simples e raso, de modo que eles necessitam revesti-lo de uma linguagem difícil para reestabelecer o equilíbrio. O físico Alan Sokal pregou uma peça deliciosamente divertida na editoria "coletiva" (e o que mais ela poderia ser?) de um periódico de estudos sociológicos particularmente pretensioso. Depois disso, com seu colega Jean Bricmont, ele publicou um livro, *Imposturas intelectuais*, documentando habilidosamente essa epidemia de "baboseiras da moda" [*Fashionable nonsense*, como seu livro foi rebatizado nos Estados Unidos]. "O pós-modernismo desnudado" é a minha resenha desse livro hilário e ainda assim perturbador.

Devo acrescentar que, apesar de a expressão "pós-modernismo" aparecer no título da resenha encomendada pelos editores da *Nature*, isso não implica que eu saiba (ou que eles saibam) o que ela significa. Na verdade, acredito que ela não tenha significado nenhum, exceto no contexto restrito da arquitetura, em que o termo se originou. Sempre que alguém empregar essa expressão em algum outro contexto, eu recomendo a seguinte prática. Interrompa-o e pergunte, num espírito neutro de curiosidade amigável, o que é que isso quer dizer. Eu jamais escutei como resposta algo que se aproximasse, mesmo remotamente, de uma definição útil ou mesmo vagamente coerente. O máximo que você obterá é um sorrisinho nervoso e algo como: "Sim, eu concordo, essa é uma palavra terrível, não é mesmo? Mas você sabe o que eu quero dizer". Bem, na realidade eu não sei.

Tendo dedicado toda a minha vida ao ensino, fico angustiado ao pensar nos maus rumos que a educação vem tomando. Quase todos os dias escuto histórias horríveis de pais superexigentes ou de escolas ambiciosas que arruínam a alegria da infância. E isso começa desgraçadamente cedo. Um garoto de seis anos de idade recebe "aconselhamento" porque está "preocupado" com seu desempenho insatisfatório em matemática. Uma diretora convoca os pais de uma garotinha para sugerir que ela tenha aulas particulares fora da escola. Os pais reclamam, dizendo que é papel da escola ensinar a criança. Por que ela não está acompanhando as outras crianças? Ela não está acompanhando o grupo, explica a diretora pacientemente, porque os pais de todas as outras crianças na sala pagam aulas particulares para elas.

Não é apenas a alegria da infância que é ameaçada. É o prazer da verdadeira educação: de ler um livro porque ele é maravilhoso, em vez de lê-lo para um exame, de envolver-se com um assunto porque ele é fascinante, e não porque faz parte da matéria exigida nas provas, de flagrar o brilho nos olhos de um professor porque ele é absolutamente apaixonado pelo assunto. "O prazer de viver perigosamente: Frederick William Sanderson, da Oundle School" é uma tentativa de trazer de volta o espírito de um grande professor que era exatamente assim.

1. O capelão do Diabo

Darwin não estava exatamente brincando quando cunhou a expressão "capelão do Diabo" numa carta a seu amigo Hooker em 1856: "Um livro e tanto escreveria um capelão do Diabo sobre os trabalhos desastrados, esbanjadores, ineficientes e terrivelmente cruéis da natureza!".

É de se esperar que um processo de tentativa e erro, ocorrendo numa escala gigantesca e absolutamente sem planejamento, como é o caso da seleção natural, mostre-se desastrado, esbanjador e ineficiente. Não há dúvidas quanto ao seu desperdício. Como já afirmei anteriormente, a elegância da corrida apostada entre os guepardos e as gazelas tem um enorme custo em sangue e sofrimento por parte de um número incontável de antepassados de ambos os lados. Mas ainda que o *processo* seja sem dúvida desajeitado e cheio de tropeços, seus resultados são o oposto disso. Não há nada de desajeitado numa andorinha ou de ineficiente num tubarão. O que vem a ser desajeitado e grosseiro, segundo os padrões estabelecidos pelas pranchetas humanas, é o algoritmo que conduziu à evolução dessas espécies. Quanto à crueldade, leiamos Darwin uma vez mais, numa carta a Asa Gray escrita em 1860: "Não consigo me convencer de que um Deus onipotente e benévolo tenha deliberadamente criado os Ichneumonidae com a intenção expressa de que estes se alimentassem dos corpos vivos das lagartas".

Jean Henri Fabre, contemporâneo francês de Darwin, descreveu um comportamento semelhante numa vespa-escavadora,* a *Ammophila*:

> É uma regra geral que as larvas possuam um centro de inervação para cada segmento. Isso também acontece no caso particular da lagarta-cinzenta, a vítima sacrificada pela amófila-peluda. A vespa tem conhecimento desse segredo anatômico: ela perfura a lagarta sucessivas vezes, de uma extremidade à outra, segmento por segmento, gânglio por gânglio.[1]

Os Ichneumonidae de Darwin, assim como as vespas-escavadoras de Fabre, aferroam suas presas não para matá-las, mas para paralisá-las, de modo que suas larvas possam se alimentar de carne fresca (e viva). Como Darwin compreendeu com clareza, a completa desatenção ao sofrimento alheio é uma conseqüência inerente à seleção natural, embora em outras ocasiões ele tentasse diminuir o peso dessa crueldade, sugerindo que as mordidas fatais são misericordiosamente rápidas. Mas o capelão do Diabo seria igualmente veloz em indicar que, se há compaixão na natureza, ela é meramente acidental. A natureza não é bondosa nem cruel — é indiferente. A aparente delicadeza nasce do mesmo imperativo que a crueldade. Nas palavras de um dos mais criteriosos sucessores de Darwin, George C. Williams,

* As vespas-escavadoras são vespas solitárias das famílias Sphecidae e Crabronidae que escavam o solo para construir seus ninhos. (N. T.)

> De que outro modo, senão com condenação, se poderia esperar que uma pessoa dotada de um mínimo de senso moral reagisse a um sistema em que o propósito essencial na vida é suplantar o seu vizinho na transmissão de genes às futuras gerações, em que esses genes bem-sucedidos fornecem as instruções que guiam o desenvolvimento da geração seguinte, cuja mensagem é sempre "exploremos o meio ambiente, incluindo nossos amigos e parentes, a fim de maximizar o sucesso de nossos genes" e em que a única regra de ouro é "só trapaceie quando isso trouxer um provável benefício final"?[2]

Bernard Shaw terminou por adotar uma confusa concepção lamarckiana de evolução exclusivamente por causa das implicações morais do darwinismo. Ele escreveu no prefácio de *Back to Methuselah* [De volta a Matusalém]:

> Quando compreendemos completamente as suas conseqüências, nossos corações se transformam num monte de areia em nosso peito. Pois vemos ali um terrível fatalismo, uma assustadora e execrável redução da beleza e da inteligência, da força e da intenção, da honra e da aspiração.

O discípulo do Diabo de Shaw era um velhaco muito mais bem-humorado do que o capelão de Darwin. Shaw não se considerava um homem religioso, mas tinha aquela incapacidade pueril de distinguir o que é verdade daquilo que gostaríamos que fosse verdade. É exatamente isso que move a oposição populista à evolução nos dias de hoje:

> O máximo que a evolução poderia produzir é a idéia da "lei do mais forte". Quando Hitler exterminou aproximadamente 10 milhões de homens, mulheres e crianças inocentes, ele agiu em

completo acordo com a teoria da evolução e em total discordância com tudo aquilo que os humanos conhecem como certo e errado... Se ensinarmos às crianças que elas evoluíram dos macacos, elas agirão como macacos.[3]

Uma resposta inversa à brutalidade da seleção natural é o entusiasmo em relação a ela, na linha dos darwinistas sociais e — surpreendentemente — de H. G. Wells. *The New Republic*, em que Wells delineia sua utopia darwiniana, contém algumas passagens de arrepiar:

> E de que modo a Nova República tratará as raças inferiores? Como ela lidará com os negros? [...] e com os homens de raça amarela? [...] e com os judeus? [...] com esses enxames de pessoas de pele negra, marrom, branca-escura e amarela, que não se ajustam aos novos requisitos de eficiência? Ora, o mundo não é uma instituição de caridade, e eu assumo que não há lugar para eles [...] E o sistema ético desses homens da Nova República, o sistema ético que dominará o mundo todo, será talhado acima de tudo para favorecer a procriação daquilo que é bom, eficiente e belo na humanidade — corpos bonitos e fortes, mentes inteligentes e poderosas [...] E o método que a natureza seguiu até agora para dar forma ao mundo, pelo qual se evitou que a fraqueza propagasse a fraqueza [...] é a morte [...] Os homens da Nova República [...] contarão com um ideal que fará com que matar valha a pena.[4]

O colega de Wells, Julian Huxley, amenizou substancialmente o pessimismo do capelão do Diabo ao tentar construir um sistema ético com base no que ele interpretou como os aspectos progressistas da evolução. Seu ensaio "Progress, biological and other", o primeiro de seus *Essays of a biologist* inclui certas passagens em que praticamente se pode ler uma conclamação às armas sob a bandeira da evolução:

> [os homens] estão voltados na mesma direção que a tendência principal da vida em evolução, e seu destino mais alto, o objetivo pelo qual há muito ele sabe que deve lutar, é o de ampliar o processo do qual a natureza vem se ocupando há milhões de anos, introduzir cada vez menos métodos destrutivos e acelerar, por meio de sua consciência, aquilo que, no passado, foi obra de forças cegas inconscientes.[5]

Prefiro me alinhar a T. H. Huxley, o enérgico e combativo avô de Julian, e concordar (diferentemente do que pensava Shaw) que a seleção natural é a força dominante na evolução biológica, admitir, ao contrário de Julian, o quanto ela é desagradável e, em oposição a H. G. Wells, lutar contra ela como ser humano. Eis o que diz T. H. Huxley, na sua Romanes Lecture em Oxford em 1893, sobre "Evolução e ética": "Compreendamos, de uma vez por todas, que o progresso ético da sociedade depende, não de imitarmos os processos cósmicos, menos ainda de negarmos sua existência, mas de lutarmos contra eles".[6]

Essa é a recomendação de G. C. Williams nos dias de hoje, e é também a minha. Para mim, o sermão desolador do capelão do Diabo constitui um chamado às armas. Como cientista e acadêmico, sou um darwiniano apaixonado. Acredito que a seleção natural é, se não a única força motriz da evolução, certamente a única força conhecida capaz de produzir a ilusão de finalidade que tanto impressiona a todos aqueles que observam a natureza. Mas ao mesmo tempo que, como cientista, sou um defensor de Darwin, considero-me um antidarwiniano veemente quando se trata de política e do modo como deveríamos conduzir os assuntos humanos. Meus livros anteriores, como *O gene egoísta* e *O re-*

lojoeiro cego,[7] exaltam a inescapável precisão factual do capelão do Diabo (se Darwin tivesse resolvido estender a lista de adjetivos melancólicos na sua acusação ao capelão, ele provavelmente teria escolhido tanto "egoísta" como "cego"). Ao mesmo tempo, sempre fui fiel à última sentença do meu primeiro livro: "Somente nós, na Terra, podemos nos rebelar contra a tirania dos replicadores egoístas".

Se você pressente aqui uma certa incoerência, ou mesmo uma contradição, saiba que está enganado. Não há contradição alguma em considerar o darwinismo correto enquanto cientista e acadêmico e, ao mesmo tempo, me opor a ele como ser humano. Isso não é mais incoerente do que explicar o câncer como médico e pesquisador e simultaneamente lutar contra ele no exercício da clínica. Por razões absolutamente darwinianas, a evolução nos legou um cérebro que se avolumou até o ponto de se tornar capaz de compreender a sua própria origem, de deplorar suas implicações morais e de lutar contra elas. Toda vez que usamos a contracepção, demonstramos que o cérebro pode contrariar os desígnios darwinianos. Se, como minha esposa me sugeriu, os genes egoístas são "doutores Frankenstein", e a totalidade da vida, a sua criatura, somente nós podemos completar a fábula voltando-nos contra nossos criadores. Estamos diante da negação quase exata dos versos do bispo Heber: "*Embora todo futuro seja agradável/ E apenas o homem, vil*". Sim, o homem pode ser vil também, mas somos a única ilha potencialmente ao abrigo das implicações do capelão do Diabo: da crueldade e da devastação grosseira e desastrada.

Pois a nossa espécie, com o dote natural que somente ela possui, o discernimento — produto da realidade virtual simulada que chamamos de imaginação humana —, pode, se o compreendermos da maneira mais adequada, planejar exatamente o contrário da destruição, com um número mínimo de erros grosseiros.

E há um verdadeiro consolo no dom abençoado do entendimento, mesmo que *aquilo* que compreendemos seja a mensagem indesejada do capelão do Diabo. É como se o capelão, num momento mais maduro, oferecesse uma segunda parte de seu sermão. Sim, diz o comedido capelão, o processo histórico que vos deu origem é destruidor, cruel e vil. Mas exultem com a vossa existência, porque esse mesmo processo cometeu involuntariamente o grave erro de negar-se a si mesmo. Trata-se, por certo, de uma negação local, pequena, somente: apenas uma espécie, e somente uma minoria dos membros dessa espécie. Mas, ainda assim, há esperança.

Exultem ainda mais porque o algoritmo grosseiro e cruel da seleção natural deu origem a uma máquina capaz de internalizar esse mesmo algoritmo, erigindo um modelo de si mesma — e, mais que isso, erigindo-o num microcosmo no interior do crânio humano. Posso ter desdenhado de Julian Huxley nestas páginas, mas ele publicou um poema em 1926 que diz algo semelhante àquilo que eu gostaria de dizer (e algumas outras coisas que não tenciono dizer):

O mundo das coisas penetrou sua mente de criança
Para povoar o gabinete de cristal.
Em seu interior, os mais estranhos parceiros se encontraram,
E as coisas, tornadas pensamentos, propagaram sua espécie.
Pois, uma vez lá dentro, a realidade corpórea pôde encontrar
Um espírito. Você e a realidade, em dívida um com o outro,
Construíram ali um pequeno microcosmo — que, no entanto,
Tinha tarefas gigantescas.

Os que já morreram podem viver lá, e conversar com as estrelas:
O Equador conversa com o pólo, e a noite com o dia:
O espírito dissolve as barreiras materiais do mundo —

Um milhão de isolamentos se desfazem.
O Universo pode viver e trabalhar e fazer planos
Finalmente convertido em Deus dentro da mente do homem.[8]

Posteriormente, Julian Huxley escreveu, em seus *Essays of a humanist*:

> A Terra é um dos raros lugares no cosmo onde a mente floresceu. O homem é um produto de aproximadamente 3 bilhões de anos de evolução e nele o processo evolutivo finalmente se tornou consciente de si mesmo e de suas possibilidades. Quer goste disso ou não, o homem é responsável por toda a evolução futura de nosso planeta.[9]

Seu colega e expoente da síntese neodarwiniana, o grande geneticista russo-americano Theodosius Dobzhansky, fez uma afirmação semelhante: "Ao dar origem ao homem, o processo evolutivo, aparentemente pela primeira e única vez na história do cosmo, tornou-se consciente de si mesmo".[10]

Assim, o capelão do Diabo poderia concluir seu sermão com as seguintes palavras: Levante-se, macaco bípede! O tubarão pode ultrapassá-lo em seu nado, o guepardo vencê-lo na corrida, a andorinha superá-lo no vôo, o macaco-prego deixá-lo para trás em uma escalada, o elefante sobrepujá-lo na força e a sequóia viver muito mais tempo. Mas é você quem detém o maior de todos os dons: o dom de compreender o processo implacavelmente cruel que nos deu origem, o dom de reagir contra suas implicações, o dom do discernimento — algo totalmente estranho aos precipitados métodos de curto prazo da seleção natural — e o dom de internalizar o próprio cosmo.

Fomos abençoados com mentes que, uma vez cultivadas e deixadas em liberdade, são capazes de modelar o universo, com suas leis físicas em que o algoritmo darwiniano se inscreve. Como o próprio Darwin afirmou, nas famosas palavras com as quais ele concluiu *A origem das espécies*:

> Assim, é conseqüência da guerra da natureza, da fome e da morte o mais elevado objetivo que somos capazes de conceber, a produção dos animais superiores. Há uma efetiva grandeza nessa visão de que a vida, com todos os seus poderes, foi originalmente insuflada* em algumas poucas formas, ou talvez numa única, e que, enquanto este planeta ficou a girar, obedecendo à imutável lei da gravidade, as formas mais belas, mais maravilhosas, se desenvolveram a partir de um início tão simples, e ainda continuam hoje em dia a se desenvolver.

Há mais do que apenas grandeza nessa visão da vida, muito embora ela pareça desoladora e fria sob o "cobertor de segurança" da ignorância. Sentimos um profundo vigor quando nos colocamos diante do vento penetrante do conhecimento, como nos "ventos que sopram nos caminhos estrelados" de Yeats. Em outro ensaio, trago as palavras de um mestre inspirador, F. W. Sanderson, que conclamava seus alunos a "viver perigosamente":

> cheia do fogo ardente do entusiasmo, anárquica, revolucionária, vigorosa, demoníaca, dionisíaca, transbordando com o enorme anseio de criar — assim é a vida do homem que arrisca a felicidade da segurança pela felicidade do crescimento.

A felicidade da segurança significa satisfazer-se com respostas fáceis e confortos baratos, vivendo uma mentira tépida e con-

* Na segunda edição, e em todas as edições subseqüentes de *A origem das espécies*, as palavras "pelo Criador" foram inseridas neste ponto, presumivelmente como uma concessão às sensibilidades religiosas.

fortável. A alternativa demoníaca proposta pelo meu capelão do Diabo mais experiente é arriscada. Abrimos mão de nossas ilusões reconfortantes: já não podemos mais nos apaziguar com a fé na imortalidade. Em compensação, ganhamos a outra felicidade de que nos fala Sanderson, a alegria de saber que crescemos, que enfrentamos o significado da existência e o fato de que ela é temporária e, por essa razão, ainda mais preciosa.*

* Nota acrescentada nas provas: ao escolher o título deste ensaio, eu não tinha conhecimento de que a BBC usara a expressão "Capelão do Diabo" como título de um excelente documentário baseado na biografia de Darwin escrita por Adrian Desmond e James Moore.

2. O que é verdade?[11]

Um pouco de conhecimento é uma coisa perigosa. Essa observação nunca me pareceu particularmente sábia ou profunda,* mas ela se mostra muito apropriada no caso específico de um pouco de conhecimento em filosofia (como ocorre com freqüência). Um cientista que cometa a temeridade de pronunciar a palavra começada com "v" ("verdade") provavelmente irá se deparar com uma modalidade de importunação filosófica que tem mais ou menos o seguinte teor:

> A verdade absoluta não existe. Cometemos um ato de fé pessoal quando afirmamos que o método científico, incluindo a matemática e a lógica, é o caminho privilegiado para a verdade. Outras culturas talvez acreditem que a verdade deve ser buscada nas entranhas de um coelho, ou nos delírios de um profeta no alto de um mastro. É somente a nossa fé pessoal na ciência que nos leva a favorecer nosso tipo particular de verdade.

* O original de Pope é maravilhoso, mas o aforismo não sobrevive isolado de seu contexto.

Essa vertente de filosofia delirante é conhecida como relativismo cultural. Ela é uma das *Fashionable nonsense* [Baboseiras da moda] detectadas por Alan Sokal e Jean Bricmont,[12] ou uma das formas de *Higher superstition* [Alta superstição] de que falam Paul Gross e Norman Levitt.[13] Sua versão feminista é engenhosamente apresentada por Daphne Patai e Noretta Koertge, autoras de *Professing feminism: cautionary tales from the strange world of women's studies* [Preconizando o feminismo: histórias exemplares do estranho mundo dos estudos da mulher]:

> No campo dos Estudos da Mulher, os alunos aprendem hoje em dia que a lógica é um instrumento de dominação [...] as normas e os métodos padrão da investigação científica são sexistas, pois mostram-se incompatíveis com "os modos como as mulheres constroem o conhecimento" [...] Essas mulheres "subjetivistas" encaram os métodos da lógica, da análise e da abstração como "um território estrangeiro pertencente ao homem" e "valorizam a intuição como uma abordagem mais segura e mais fecunda da verdade".[14]

De que maneira deveriam os cientistas responder à alegação de que a nossa "fé" na lógica e na verdade científica não é nada além disso — fé — e não conta com nenhum "privilégio" (palavra da moda favorita) em relação a outras verdades alternativas? O mínimo que se pode responder é que a ciência produz resultados. Como eu disse em *O rio que saía do Éden*,

> Mostre-me um relativista cultural voando a 10 mil metros de altura e eu lhe mostrarei um hipócrita [...] Se você está viajando de avião para um congresso de antropólogos ou de críticos literários, a razão pela qual provavelmente chegará ao seu destino — ao invés de despencar num campo cultivado — é que uma porção de

engenheiros ocidentais cientificamente treinados acertaram nas contas.[15]

A reivindicação da verdade por parte da ciência é fortalecida por sua espetacular capacidade de fazer com que a matéria e a energia pulem dentro das argolas de acordo com os comandos, e de prever o que acontecerá e quando.

Mas será que é por um viés científico ocidental que nos impressionamos com as previsões exatas, com o poder de lançar foguetes capazes de dar a volta em Júpiter para chegar a Saturno ou de interceptar e consertar o telescópio Hubble, ou mesmo com a lógica propriamente dita? Levemos em conta esse ponto de vista e raciocinemos sociologicamente, ou até democraticamente. Suponha que concordemos, por um momento, em tratar a verdade científica apenas como uma verdade entre várias outras, e a coloquemos lado a lado com todas as suas competidoras: a verdade trobriandesa, a verdade kikuyu, a verdade maori, a verdade inuíte, a verdade navajo, a verdade ianomâmi, a verdade Kung San, a verdade feminista, a verdade islâmica, a verdade hinduísta. A lista é interminável — e isso, por si só, já é uma observação reveladora.

Teoricamente, as pessoas poderiam abrir mão de sua fidelidade a uma "verdade" e mudar para uma outra qualquer cujo mérito considerassem maior. Mas com base em que elas o fariam? Por que razão alguém abandonaria, por exemplo, a verdade kikuyu, para abraçar a verdade navajo? Mudanças movidas por mérito são raras. Com uma exceção, de crucial importância. O único membro da lista que é capaz de regularmente persuadir os neófitos quanto à sua superioridade é a verdade científica. As pessoas são leais a outros sistemas de crença pela simples razão de que foram criadas daquela maneira e nunca chegaram a conhecer uma alternativa melhor. Quando elas têm a sorte de poder escolher, os médicos e outros profissionais do gênero prosperam, ao passo que os feiticeiros entram em declínio. Mesmo aqueles que não têm, ou não podem ter, uma educação científica optam por se beneficiar da tecnologia que a educação científica de outras pessoas tornou disponível. É fato reconhecido que os missionários religiosos converteram um enorme contingente de pessoas em todo o mundo subdesenvolvido. Mas, se eles foram bem-sucedidos, não foi pelos méritos de sua religião, e sim devido à tecnologia de base científica que, compreensivelmente, porém ainda assim de maneira injustificável, trouxe reconhecimento à religião.

> Seguramente o Deus dos cristãos deve ser superior ao nosso Juju, uma vez que os representantes de Cristo chegam trazendo rifles, telescópios, serrotes, rádios, almanaques capazes de prever os eclipses com precisão de minutos e remédios que curam.

Basta de relativismo cultural. Um outro tipo de questionador enfadonho prefere deixar escapar o nome de Karl Popper ou (como está mais na moda) o de Thomas Kuhn:

> Não há verdade absoluta. Nossas verdades científicas não passam de hipóteses que ainda não foram refutadas, que acabarão por ser substituídas. No pior dos casos, as "verdades" de hoje, depois da próxima revolução científica, nos parecerão pitorescas e absurdas, se não realmente falsas. O melhor que os cientistas podem almejar é uma série de aproximações que progressivamente reduzem os erros, sem nunca chegar a eliminá-los.

A importunação popperiana resulta em parte do fato acidental de que os filósofos da ciência são tradicionalmente obcecados por um episódio da história científica: a comparação entre as teorias da gravidade de Newton e de Einstein. É verdade que a lei do inverso do quadrado de Newton mostrou ser uma aproximação, um caso especial da fórmula mais geral de Einstein. Se conhecermos somente essa passagem da história da ciência, é bem possível que acabemos por concluir que todas as verdades aparentes são meras aproximações cujo destino é a substituição. Num certo sentido, bastante interessante, aliás, todas as nossas percepções sensoriais — as coisas "reais" que "vemos com os nossos próprios olhos" — podem ser consideradas "hipóteses" não refutadas sobre o mundo, e suscetíveis de mudança. Essa é uma boa maneira de refletir sobre ilusões tais como a do cubo de Necker.

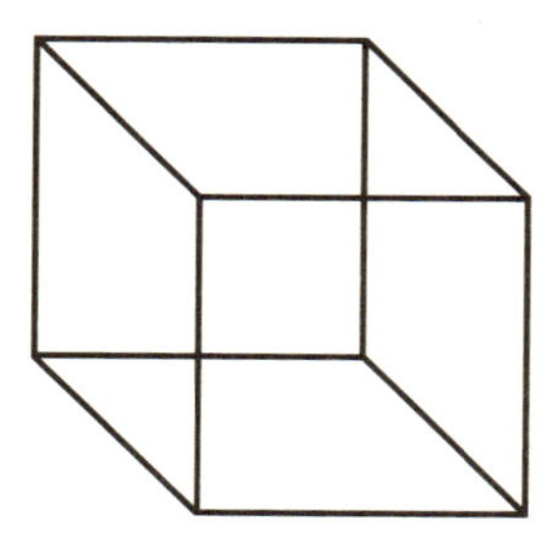

O desenho plano da tinta no papel é compatível com duas "hipóteses" alternativas de objetos sólidos. Enxergamos um cubo em três dimensões que, após alguns segundos, "converte-se" num outro cubo, para então "converter-se" no primeiro cubo outra vez, e assim sucessivamente. Talvez os dados sensoriais apenas confirmem ou rejeitem "hipóteses" mentais acerca do mundo externo.[16]

Bem, trata-se de uma teoria interessante; também é interessante a idéia filosófica de que a ciência procede por conjectura e refutação, assim como é interessante a analogia entre as duas. Essa linha de pensamento — os conteúdos de nossas percepções existem como modelos hipotéticos no nosso cérebro — poderia nos levar a temer uma dissolução futura da distinção entre realidade e ilusão em nossos descendentes, cujas existências serão ainda mais dominadas por computadores capazes de gerar seus próprios e nítidos modelos. Sem nos aventurarmos nos universos high-tech da realidade virtual, já sabemos que os nossos sentidos são facilmente enganáveis. Os prestidigitadores — ilusionistas profissionais — são capazes de nos convencer, se não contarmos com um cético pé na realidade, de que eles têm poderes sobrenaturais. Pessoas que no passado foram notórios prestidigitadores hoje ganham muito dinheiro alardeando seus poderes sobrenaturais, e levam uma vida muito mais próspera do que quando se assumiam abertamente como mágicos.* Os cientistas, infelizmente, não se encontram muito bem equipados para desmascarar telepatas, médiuns e charlatães entortadores de colheres. Esse é um trabalho para profissionais, e isso quer dizer para outros prestidigitadores. A lição que os ilusionistas, tanto os honestos como os impostores, nos ensinam é que a fé indiscriminada em nossos próprios sentidos não constitui um guia infalível em direção à verdade.

Mas nada disso parece abalar nossa idéia usual sobre o que significa uma coisa verdadeira. Se eu estivesse sentado no banco das testemunhas e o promotor, apontando seu dedo austero na minha direção, perguntasse "É ou não é verdade que você estava em Chicago na noite do crime?", seguramente não perderiam

* Médiuns e místicos, que se exibem de bom grado diante de uma platéia de cientistas, alegarão uma conveniente dor de cabeça e interromperão sua apresentação se forem informados de que um contingente de mágicos profissionais está sentado na primeira fila do auditório. É por essa mesma razão que John Maddox, quando era editor da revista *Nature*, sempre se fazia acompanhar por James "O Incrível" ao investigar uma suspeita de fraude no campo da homeopatia. Isso gerou alguns ressentimentos na época, mas se tratava de uma decisão inteiramente razoável. Um cientista genuíno não tem nada a temer com um prestidigitador cético observando-o de perto.

muito tempo comigo caso eu respondesse: "O que você entende por 'verdade'? A hipótese de que eu estava em Chicago não foi refutada até o momento, mas é apenas questão de tempo antes que se possa ver que ela não passa de uma aproximação".

Ou, voltando ao nosso primeiro e maçante questionamento, eu não esperaria que um júri, nem mesmo se se tratasse de um júri bongolês, fosse receptivo ao meu argumento de que "é apenas no sentido científico e ocidental da palavra 'em' que eu estava em Chicago. Os bongoleses têm um conceito totalmente diferente de 'em', de acordo com o qual uma pessoa só se encontra verdadeiramente 'em' um lugar caso ela seja um ancestral investido do direito de aspirar o rapé preparado com os testículos secos de um bode".

É simplesmente verdadeiro que o Sol é mais quente que a Terra e que a escrivaninha na qual eu escrevo neste momento é feita de madeira. Essas não são hipóteses que aguardam refutação, nem aproximações temporárias de uma verdade sempre impalpável; também não são verdades locais que poderiam ser contestadas em uma outra cultura. E o mesmo se pode dizer com segurança em relação a muitas verdades científicas, ainda que não possamos vê-las "com os nossos próprios olhos". A dupla hélice do DNA será sempre verdadeira, assim como será sempre verdadeiro que, se você e um chimpanzé (ou um polvo ou um canguru) seguirem o rastro de seus antepassados até um ponto suficientemente longínquo, acabarão por encontrar um ancestral comum. Para os demasiado formalistas, essas são hipóteses que no futuro podem vir a ser refutadas. Mas elas jamais o serão. Estritamente falando, a verdade de que não havia seres humanos no período Jurássico ainda é uma conjectura, que poderia ser refutada a qualquer momento pela descoberta de um único fóssil autenticamente datado por uma bateria de métodos radiométricos. Pode ser que isso aconteça. Quer apostar? Mesmo que se trate de hipóteses nominalmente não comprovadas, essas afirmações são verdadeiras, exatamente no mesmo sentido das verdades ordinárias da vida cotidiana; elas são verdadeiras no mesmo sentido em que é verdade que você tem uma cabeça e que a minha escrivaninha é de madeira. Se a verdade científica está aberta à dúvida filosófica, então a verdade do senso comum também está. Sejamos ao menos imparciais nos nossos aborrecidos questionamentos filosóficos.

Uma dificuldade mais profunda surge agora em relação ao nosso conceito científico de verdade. A ciência não é nem de longe um sinônimo de senso comum. É fato conhecido que T. H. Huxley, aquele valoroso herói da ciência, um dia afirmou:

> A ciência não é nada mais que senso comum bem treinado e organizado, diferindo deste apenas do mesmo modo como um veterano difere de um recruta inexperiente: e seus métodos diferem daqueles do senso comum somente na mesma medida em que os golpes e facadas de um membro da guarda são diferentes da maneira como um selvagem maneja sua arma.

Mas Huxley estava falando dos métodos da ciência, e não de suas conclusões. Como Lewis Wolpert sublinhou em *The unnatural nature of science* [A natureza inatural da ciência],[17] estas podem se mostrar perturbadoramente contrárias à nossa intuição. A teoria quântica se opõe de tal modo à nossa intuição que às vezes parece que os físicos estão lutando contra a insanidade. Espera-se que acreditemos que um quantum sozinho se comporta como uma partícula ao entrar por um buraco e não por um outro, mas, simultaneamente, se comporta como uma onda, interferindo com uma cópia inexistente de si mesmo, se ocorrer a abertura de um outro buraco através do qual aquela cópia inexistente *poderia* ter viajado (se ela tivesse existido). Isso piora ainda mais, até o ponto em que alguns físicos recorrem a um vasto número de mundos paralelos mas mutuamente inalcançáveis, que proliferam a fim de acomodar todo evento quântico alternativo, enquanto outros, igualmente desesperados, sugerem que os eventos quânticos são determinados retrospectivamente pela nossa decisão de examinar suas conseqüências. A teoria quântica nos parece tão extravagante, tão desafiadora em relação ao senso comum, que até mesmo o grande Richard Feynman foi levado a fazer o seguinte comentário: "Acho que posso afirmar com segurança que ninguém compreende a mecânica quântica". No entanto, as muitas previsões pelas quais a teoria quântica foi testada resistem, e com uma exatidão tão espantosa que Feynman a comparou a uma medição da distância entre Nova York e Los Angeles cuja margem de erro não ultrapassasse a largura de um fio de cabelo. Levando-se em conta essas previsões incrivelmente bem-sucedidas, a teoria quântica, ou alguma versão dela, mostra-se tão verdadeira quanto qualquer outra coisa que conhecemos.

A física moderna nos ensina que a verdade não se limita ao que os nossos olhos podem ver, ou ao que pode ver a limitada mente humana, desenvolvida como ela foi para dar conta de objetos de tamanho médio movimentando-se a velocidades médias ao longo de distâncias médias na África. Em face desses profundos e sublimes mistérios, os arroubos intelectuais equivocados dos pedantes da pseudofilosofia simplesmente não se mostram merecedores de nossa atenção.

3. Lacunas na mente[18]

Senhor,

Sua solicitação de dinheiro para salvar os gorilas é sem dúvida alguma muito louvável. Mas não parece ter lhe ocorrido que exatamente no mesmo lugar, o continente africano, há milhares de crianças *humanas* sofrendo. Teremos tempo suficiente para nos preocupar com os gorilas quando não houver mais nenhuma criança em situação de risco. *Por favor*, cuidemos primeiro daquilo que é prioridade!

Essa carta hipotética poderia ter sido escrita por praticamente qualquer pessoa bem-intencionada hoje em dia. Ao fazer uma paródia de uma carta como essa, não pretendo sugerir que não é válido o ponto de vista de que as crianças humanas devem ter prioridade. Eu acredito que ele seja válido, e acredito também que seria possível inverter o argumento acima. Estou apenas tentando assinalar a natureza irrefletida e *automática* dos "dois pesos e duas medidas" do especiesismo*. Muitas pessoas

* Termo cunhado por Richard Ryder, por analogia com o termo "racismo", e difundido por Peter Singer.

consideram simplesmente evidente, *indiscutível*, que os humanos têm direito a um tratamento especial. Isso fica visível quando examinamos uma variante da mesma carta, apresentada a seguir:

> Senhor,
> Sua solicitação de dinheiro para salvar os gorilas é sem dúvida alguma muito louvável. Mas não parece ter lhe ocorrido que exatamente no mesmo lugar, o continente africano, há milhares de porcos-formigueiros sofrendo. Teremos tempo suficiente para nos preocuparmos com os gorilas quando não houver mais nenhum porco-formigueiro em situação de risco. Por favor, cuidemos primeiro daquilo que é prioridade!

Essa segunda carta inevitavelmente induz à indagação: "O que há de tão especial nos porcos-formigueiros?". É uma boa pergunta, e esperaríamos uma boa resposta para ela antes que pudéssemos levar a sério uma carta como essa. E, no entanto, parece-me que, para a maioria das pessoas, a primeira carta não incitaria a questão equivalente — "O que há de tão especial nos humanos?". Como disse antes, não nego que essa pergunta, diferentemente da pergunta sobre os porcos-formigueiros, muito provavelmente encontre uma resposta convincente. O que estou criticando é apenas o fato de que, em relação aos humanos, uma pergunta como essa nem sequer seja formulada.

A premissa do especiesismo que se oculta aqui é muito simples. Os humanos são humanos e os gorilas são animais. Há um abismo inquestionável entre eles, de tal maneira que a vida de uma única criança humana vale mais do que a vida de todos os gorilas no planeta. O "valor" de uma vida animal corresponde simplesmente ao custo de sua substituição para seu dono — ou, no caso de uma espécie rara, para a humanidade. Mas, pendure a etiqueta *Homo sapiens* até mesmo num pedaço de tecido embrionário, minúsculo e desprovido de consciência, e o valor de sua vida subitamente dá um salto e se torna infinito, incalculável.

Esse modo de pensar caracteriza o que eu chamo de mente descontínua. Todos nós concordaríamos que uma mulher de 1,80 metro é alta, e que uma mulher de 1,50 metro não é. Termos como "alto" e "baixo" nos induzem a confinar o mundo em classes qualitativas, mas isso não significa que o mundo tenha realmente um arranjo descontínuo. Se você me dissesse que uma mulher mede 1,75 metro e me pedisse para decidir se ela deveria, portanto, ser classificada como alta ou não, eu daria de ombros e responderia: "Ela tem 1,75 metro, isso já não lhe diz o bastante?". Mas a mente descontínua, e eu sei que estou fazendo uma certa caricatura dela aqui, moveria um processo (e provavelmente gastaria muito dinheiro) para decidir se a mulher é alta ou baixa. Na realidade, nem é o caso de chamar isso de caricatura. Por muitos anos, os tribunais na África do Sul mantiveram um negócio movimentadíssimo, julgando se indivíduos em particular, filhos de um casamento misto, deveriam ser considerados brancos, negros ou pardos.*

A mente descontínua está em toda parte. Ela se mostra particularmente influente quando aflige os advogados e os religiosos (não apenas os juízes mas também uma boa proporção dos políticos são advogados, e os políticos necessitam cortejar os religiosos em busca de votos). Recentemente, depois de uma conferência, fui inquirido por um advogado na platéia. Ele lançou mão de todo o peso de sua argúcia legal para defender um argumento respeitável acerca da evolução. Se uma espécie A evo-

* Felizmente, isso não ocorre mais. O regime do *apartheid* é um dos monumentos históricos à tirania da mente descontínua.

lui para uma espécie B, raciocinou ele com agudeza, deve haver um ponto em que uma mãe pertence à antiga espécie A enquanto seu filho pertence à nova espécie B. Membros de espécies diferentes não se acasalam uns com os outros. E dificilmente um filho seria tão diferente de seus pais, prosseguiu ele, a ponto de não poder se acasalar com os membros da espécie deles. Não seria esse um furo fatal na teoria da evolução?, concluiu, triunfante.

Fomos nós que escolhemos dividir os animais em espécies descontínuas. De acordo com o ponto de vista evolucionista, os intermediários necessariamente existiram, porém em sua maioria (para a felicidade dos nossos rituais de nomeação) eles foram extintos. Mas nem sempre. O advogado ficaria surpreso e, imagino eu, intrigado, com as chamadas "espécies em anel". O caso mais conhecido é o do anel entre a gaivota-argêntea e a gaivota-de-asa-escura. Na Grã-Bretanha elas são espécies nitidamente distintas, de cores muito diferentes. Entretanto, se seguirmos a população de gaivotas-argênteas em direção ao oeste, passando pelo pólo Norte e seguindo para a América do Norte e então para o Alasca, e depois atravessarmos a Sibéria para retornar à Europa, perceberemos um fato curioso. As "gaivotas-argênteas" gradualmente se tornam menos parecidas com as gaivotas-argênteas e mais semelhantes às gaivotas-de-asa-escura até que, por fim, percebe-se que nossas gaivotas-de-asa-escura européias são a outra ponta de um anel que começou como gaivotas-argênteas. Em cada estágio ao longo do anel, os pássaros são suficientemente semelhantes aos seus vizinhos para acasalar com eles. Até que se chega às extremidades do *continuum*, na Europa. Nesse ponto, a gaivota-argêntea e a gaivota-de-asa-escura nunca acasalam entre si, embora elas sejam ligadas por uma série contínua de colegas que acasalam entre si pelo mundo afora. O único fato especial a respeito das espécies em anel como as dessas gaivotas é que os intermediários ainda estão vivos. *Todos* os pares de espécies aparentadas são potencialmente espécies em anel. Os intermediários necessariamente existiram algum dia. O que acontece é que na maioria dos casos eles agora estão mortos.

O advogado, com sua mente descontínua bem treinada, insiste em situar firmemente os indivíduos nessa ou naquela espécie. Ele não admite a possibilidade de que um indivíduo possa encontrar-se a meio caminho entre duas espécies, ou a um décimo do caminho entre a espécie A e a espécie B. Aqueles que se proclamam "defensores da vida" e outras pessoas que se entregam a debates absurdos sobre em que ponto exato de seu desenvolvimento um feto "torna-se humano" exibem a mesma mentalidade descontínua. É inútil dizer a essas pessoas que, dependendo das características humanas que nos interessem, um feto pode ser "meio humano" ou "a centésima parte de um humano". "Humano", para a mente descontínua, é um conceito absoluto. Não pode haver meio-termo. E disso decorrem muitos danos.

A palavra "monos"* geralmente se refere a chimpanzés, gorilas, orangotangos, gibões e siamangues. Admitimos que somos parecidos com os macacos, mas raramente nos damos conta de que *somos* macacos. Nosso ancestral comum com os chimpanzés e os gorilas é muito mais recente do que o ancestral comum entre eles e os macacos asiáticos — os gibões e os orangotangos. Não existe nenhuma categoria natural que inclua os chimpanzés, os gorilas e os orangotangos, mas que exclua os humanos. A artificialidade da categoria "monos", tal como ela é convencio-

* No original, *apes*. Neste livro, usaremos a tradução *mono*, para designar os primatas antropóides, destituídos de cauda e dotados de braços longos, como o chimpanzé, o orangotango, o gorila e os gibões. (N. R. T.)

nalmente descrita de modo a excluir os humanos, é demonstrada pelo diagrama a seguir. A árvore genealógica mostra que os humanos se encontram no meio do grupo de monos; a área sombreada mostra a artificialidade da categoria convencional "mono".

Na verdade, não somos simplesmente monos, somos monos africanos. A categoria "monos africanos" é uma categoria natural, desde que não se faça a exclusão dos humanos. A área sombreada não levou nenhuma "mordida" artificial.

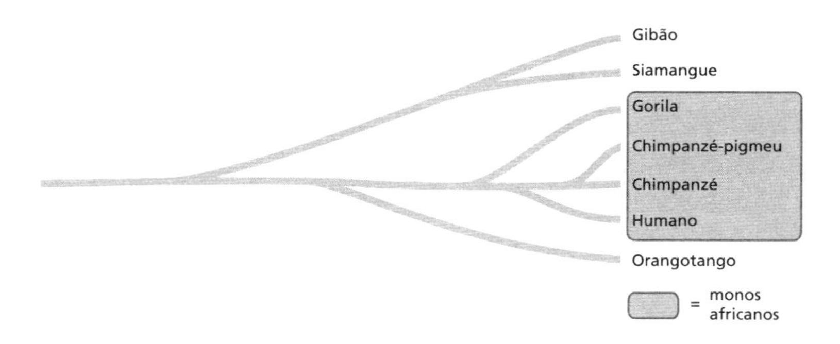

Todos os monos africanos que já existiram, incluindo nós mesmos, estão ligados uns aos outros por uma cadeia contínua de elos entre pais e filhos. Isso é igualmente verdadeiro em relação a todos os animais e plantas, mas nesse caso as distâncias envolvidas são muito maiores. Provas moleculares sugerem que nosso ancestral comum com os chimpanzés viveu na África, entre 5 e 7 milhões de anos atrás, ou seja, há mais ou menos meio milhão de gerações. Em termos evolutivos, isso não é um tempo muito longo.

Em certas ocasiões se organizam *happenings* nos quais milhares de pessoas se dão as mãos formando uma corrente humana, por exemplo, de costa a costa dos Estados Unidos, em apoio a alguma causa ou instituição de caridade. Imaginemos uma corrente desse tipo, distribuída ao longo da linha do equador, atravessando o nosso continente natal, a África. Trata-se de um tipo especial de cadeia, envolvendo pais e filhos, e teremos que fazer alguns truques em relação ao tempo a fim de imaginá-la. Você fica na costa do oceano Índico na região Sul da Somália, voltado para o norte, e com sua mão esquerda segura a mão direita da sua mãe. Esta, por sua vez, segura a mão da mãe dela, ou seja, de sua avó. Sua avó segura a mão da mãe dela, e assim por diante. A corrente segue junto à praia, atravessa a savana e continua seu percurso para o oeste na direção da fronteira do Quênia.

Que distância teremos que percorrer até encontrarmos nosso ancestral comum com os chimpanzés? Uma distância surpreendentemente curta. Concedendo cerca de um metro para cada pessoa, chegamos ao ancestral partilhado com os chimpanzés em menos de quinhentos quilômetros. Mal começamos a cruzar o continente; não estamos nem na metade do caminho até o grande Rift Valley.* O ancestral encontra-se bem a leste do monte Quênia, e segura em sua mão a cadeia inteira dos seus descendentes lineares, culminando em você, ali na praia da Somália.

* Fenda geológica que vai da Líbia até Moçambique, alcançando 5,6 mil quilômetros de extensão. (N. T.)

A filha que a ancestral segura em sua mão direita é aquela de quem nós descendemos. Agora a ancestral primeva se vira em direção ao leste, olhando para a costa, e com a mão esquerda segura sua outra filha (ou seu filho, é claro, mas vamos nos ater ao sexo feminino, por uma questão de conveniência), aquela de quem os chimpanzés são descendentes. As duas irmãs estão frente a frente, cada uma delas segurando a mão de sua mãe. A segunda filha, a ancestral dos chimpanzés, também segura sua filha pela mão, e uma nova corrente se forma, seguindo em direção ao litoral. A primeira prima de frente para a primeira prima, a segunda de frente para a segunda, e assim por diante. Quando a corrente dobrada ao meio tiver atingido a costa novamente, teremos chegado aos chimpanzés modernos. Você se encontrará face a face com a sua prima chimpanzé, e estará unido a ela por uma corrente ininterrupta de mães de mãos dadas com suas filhas. Se inspecionássemos a fila toda, como um general — passando pelo *Homo erectus*, *Homo habilis*, talvez pelo *Australopithecus afarensis* —, e fizéssemos o mesmo do outro lado (os intermediários do lado dos chimpanzés não são nomeados porque, incidentalmente, nenhum fóssil deles foi encontrado até hoje), não encontraríamos nenhuma descontinuidade abrupta. As filhas seriam tão parecidas (ou tão pouco parecidas) com as mães quanto elas geralmente o são. As mães amariam suas filhas, e teriam afinidades com elas, como sempre fazem. E esse *continuum* de mãos segurando-se umas às outras, ligando-nos numa cadeia ininterrupta aos chimpanzés, é tão curto que mal chega a atravessar o interior da África, o continente-mãe.

Nossa cadeia temporal de macacos africanos, dobrando-se sobre si mesma, é (em versão miniaturizada) como o anel das gaivotas no espaço, exceto pelo acaso de que os intermediários, no primeiro caso, já morreram. O que pretendo indicar é que, do ponto de vista moral, é incidental que os intermediários já estejam mortos. E se eles não estivessem? E se um bando de tipos intermediários tivesse sobrevivido, o que bastaria para que estivéssemos ligados aos chimpanzés modernos por uma corrente, não apenas de mãos dadas, mas de intercruzamentos? Existe uma canção que diz: "Eu dancei com um homem que dançou com uma garota que dançou com o príncipe de Gales". Não podemos (de modo algum) procriar com os chimpanzés modernos, mas bastaria um punhado de tipos intermediários para que pudéssemos cantar "Eu procriei com um homem que procriou com uma mulher que procriou com um chimpanzé".

É um absoluto acidente que esse punhado de intermediários não exista mais. (Do ponto de vista de alguns, um feliz acaso: quanto a mim, eu adoraria conhecê-los.) Não fosse por isso, nossas leis e preceitos morais seriam muito diferentes. Bastaria que se descobrisse um único sobrevivente, por exemplo, um *Australopithecus* remanescente na floresta Budongo, e o nosso precioso sistema de normas e de ética se despedaçaria. Os limites com os quais segregamos o nosso mundo se estilhaçariam. O racismo se misturaria ao especiesismo numa confusão viciosa e empedernida. O *apartheid*, para aqueles que acreditam nele, assumiria uma importância nova e talvez ainda mais urgente.

Mas por que motivo — um filósofo estudioso da ética poderia indagar — deveríamos nos importar com isso? Afinal, não é apenas a mente descontínua que deseja erigir barreiras? Que importância tem o fato casual de que no *continuum* de todos os macacos que viveram na África os sobreviventes deixaram uma conveniente lacuna entre o *Homo* e o *Pan*? Certamente não deveríamos, seja como for, basear o tratamento que damos aos animais na possibilidade ou na impossibilidade de procriarmos com eles. Se queremos justificar o fato de que empregamos dois pesos e duas medidas — se a sociedade concorda que as pessoas devam ser mais bem tratadas do que, por exemplo, as vacas (as vacas podem ser cozidas e comidas, e as pessoas não) —, deve haver razões melhores do que o parentesco. Os humanos podem estar distantes das vacas, do ponto de vista taxonômico, mas será que termos mais cérebro não é mais importante? Ou melhor, seguindo Jeremy Bentham, que os humanos podem sofrer mais? Ou que as vacas, embora odeiem a dor tanto quanto os humanos (e por que diabos suporíamos que não é assim?), não sabem o que irá lhes acontecer? Suponha que a linhagem dos polvos tivesse acidentalmente desenvolvido cérebros e sentimentos que se equiparassem aos nossos. Isso poderia ter acontecido. A simples possibilidade mostra a natureza incidental do parentesco. Então, o estudioso de ética indaga: por que razão enfatizar a continuidade entre o humano e o chimpanzé?

Sim, em um mundo ideal nós provavelmente teríamos uma justificativa melhor do que o parentesco para explicar por que preferimos, por exemplo, o carnivorismo ao canibalismo. Mas o fato melancólico é que, nos dias de hoje, as atitudes morais da sociedade repousam inteiramente no imperativo especiesista e descontínuo.

Se alguém conseguisse produzir um híbrido do humano e do chimpanzé, a notícia abalaria o mundo. Os bispos fariam queixumes, os advogados ficariam exultantes de expectativa, os políticos conservadores vociferariam, os socialistas não saberiam bem onde erguer suas barricadas. O cientista que houvesse realizado essa façanha se veria expulso da sala dos professores, denunciado no púlpito e na imprensa sensacionalista e condenado, talvez, pela fátua de um aiatolá. A política nunca mais seria a mesma, nem a teologia, a sociologia, a psicologia ou a maior parte dos ramos da filosofia. O mundo que seria sacudido dessa maneira, por um acontecimento incidental como uma hibridização, é na verdade o mundo do especiesista, dominado pela mente descontínua.

Argumentei que a descontinuidade entre humanos e "monos" que erigimos em nossas mentes é lastimável. Afirmei também que a lacuna que consideramos sagrada é, em todo caso, arbitrária, resultando tão-somente de um acidente evolutivo. Se as contingências de sobrevivência e extinção tivessem sido diferentes, a lacuna estaria num outro lugar. Princípios éticos que são baseados em caprichos acidentais não deveriam ser respeitados como se estivessem gravados na pedra.

4. Ciência, genética e ética: memorando para Tony Blair

É desculpável que os ministros (e seus "Sir Humphreys")* considerem que os cientistas fazem pouca coisa além de alternadamente incitar e aplacar o pânico do público. Se um cientista aparece num jornal hoje em dia, é quase sempre para se pronunciar sobre os perigos das substâncias químicas nos alimentos, dos telefones celulares, das torres de eletricidade ou da exposição aos raios solares. Suponho que isso seja inevitável, dadas a igualmente perdoável preocupação dos cidadãos com sua segurança pessoal e a sua tendência a encará-la como responsabilidade dos governos. Mas isso coloca os cientistas num papel tristemente negativo. E alimenta a impressão lamentável de que suas credenciais

* Dawkins faz referência ao personagem Sir Humphrey Appleby, do programa *Yes, Minister*, produzido para a televisão pela BBC. Nessa comédia sobre a burocracia estatal — que foi sucedida por outro programa, intitulado *Yes, Prime Minister* —, o ator Nigel Hawthorne faz o papel de Sir Humphrey, o secretário imediato de um ministro do governo. *Yes, Minister* alcançou grande sucesso junto ao público. Margaret Thatcher declarou que esse era seu programa de TV favorito. (N. T.)

derivam de seu conhecimento factual. O que há de verdadeiramente especial em relação aos cientistas não é tanto o seu conhecimento quanto o seu método de adquiri-lo — um método que qualquer pessoa poderia adotar em seu próprio benefício.

Mais importante ainda, essa visão deixa de fora o valor cultural e estético da ciência. É como se alguém se encontrasse com Picasso e dedicasse toda a conversa aos perigos que há em se lamber um pincel. Ou se encontrasse com Bradman* e conversasse somente sobre a melhor almofada de proteção para se usar por baixo das calças. A ciência, como a pintura (e há aqueles que diriam, assim como o críquete), tem uma estética mais elevada. A ciência pode ser poética. A ciência pode ser espiritual, até mesmo religiosa, no sentido não sobrenatural da palavra.

Obviamente não seria realista pretender, num breve memorando, uma cobertura completa como as que o senhor certamente poderá obter nos briefings dos funcionários de Estado. Em vez disso, pensei em escolher alguns tópicos isolados, quase vinhetas, que me parecem interessantes e que, imagino, o senhor também consideraria de interesse. Se eu tivesse mais espaço, teria mencionado outras vinhetas (tais como a nanotecnologia, da qual eu suspeito que ouviremos falar muito no século XXI).

GENÉTICA

É difícil ser exagerado em relação à absoluta euforia intelectual no campo da genética depois de Watson e Crick.** O que

* Sir Donald Bradman (1908-2001) foi um jogador de críquete amplamente reconhecido, mesmo fora da Austrália, como o melhor batedor de todos os tempos.
** O biólogo James Watson e o físico Francis Crick foram os descobridores da estrutura molecular do DNA e publicaram sua descrição na revista *Nature*, em 1953. Em 1962, ganharam o prêmio Nobel de Medicina e de Fisiologia. (N. T.)

ocorreu é que a genética se converteu num ramo da informática. O código genético é de fato digital, exatamente no mesmo sentido que os códigos dos computadores. Não se trata de uma analogia vaga, mas de uma verdade literal. Além do mais, diferentemente dos códigos dos computadores, o código genético é universal. Os computadores modernos são construídos em torno de um certo número de linguagens mutuamente incompatíveis, determinadas por seus chips processadores. O código genético, por outro lado, com algumas poucas exceções secundárias, é *idêntico* em todas as criaturas vivas neste planeta, dos tiobacilos às sequóias-gigantes, dos cogumelos aos homens. Todas as criaturas vivas, ao menos neste planeta, são da mesma "marca".

As conseqüências disso são espantosas. Isso significa que a sub-rotina de um software (que é exatamente o que um gene vem a ser) pode ser copiada (Ctrl + C) de uma espécie e colada (Ctrl + V) em outra, onde ela funcionará exatamente da mesma maneira que na espécie original. É por isso que o famoso gene "anticongelante", originalmente desenvolvido pelos peixes do Ártico, pode salvar um tomate dos efeitos de uma geada. Assim também, um programador da Nasa que necessite utilizar uma rotina em seu sistema de orientação de foguetes para o cálculo preciso de raízes quadradas pode importá-la de um programa de análise financeira. Uma raiz quadrada é uma raiz quadrada é uma raiz quadrada. Um programa capaz de calculá-la servirá tão bem num foguete espacial quanto numa projeção financeira.

O que dizer, então, da hostilidade visceral generalizada, beirando a revolta, contra todas essas importações "transgênicas"? Suspeito que ela se origine de um engano anterior à época de Watson e Crick. O raciocínio tentador, mas infundado, é o de que um gene anticongelante retirado de um peixe carrega consigo um "sabor" de peixe. Certamente uma parte desse sabor deve passar para o tomate. Certamente introduzir um gene de peixe, que foi "feito" para funcionar somente num peixe, no ambiente estrangeiro de uma célula de tomate deve ser algo contrário às leis da natureza. No entanto, ninguém considera que um subprograma para o cálculo da raiz quadrada carrega com ele um "sabor financeiro" quando o transferimos para um sistema de orientação de foguetes. A própria idéia de "sabor", nesse sentido, é curiosa e profundamente equivocada. A propósito, é animador pensar que a maioria dos jovens de hoje entende os programas de um computador muito melhor do que as pessoas mais velhas, e compreenderão o ponto de vista prontamente. É provável que o luddismo* a respeito da engenharia genética tenha uma morte natural à medida que a geração iletrada em termos de computação venha a ser substituída.

Então não há nada, absolutamente nada, que se justifique nos temores do príncipe Charles, de Lord Melchett e de seus amigos? Eu não iria tão longe, embora não haja dúvida de que eles não estão raciocinando com clareza.** A analogia da raiz quadrada pode se mostrar incorreta em um aspecto. E se não for uma raiz quadrada que requer programa de orientação de foguetes, mas uma outra função que não é literalmente *idêntica* ao seu equivalente financeiro? Suponha que ela seja parecida o bastante para que a rotina principal possa ser de fato emprestada, mas ainda assim necessite de ajustes minuciosos. Nesse caso, é possí-

* Concepção segundo a qual todo progresso tecnológico é socialmente nocivo. A expressão deriva de um movimento coletivo, ocorrido na Inglaterra no século XIX, que se opunha à mecanização do trabalho. (N. T.)

** Expus as razões disso numa carta aberta ao príncipe Charles, *The Observer*, 21 de maio de 2000, <http://www.guardian.co.uk/Archive/Article/0,4273,4020558,00.html>. Ver também meu artigo a respeito da destruição por Lord Melchett de experimentos científicos com as safras geneticamente modificadas, *The Observer*, 24 de setembro de 2000, <http://www.guardian.co.uk/gmdebate/Story/0,2763,372528,00.html>.

vel que o lançamento do foguete falhe, se importarmos ingenuamente o subprograma original sem fazer os ajustes necessários. Voltando à biologia, embora sejam realmente perfeitos como subrotinas de softwares, os genes *não* são totalmente confiáveis em seus efeitos no desenvolvimento do organismo, pois no organismo eles interagem com seu ambiente, incluindo, o que é muito importante, os outros genes. Pode ser que, para atingir o efeito apropriado, o gene anticongelante dependa de uma interação com outros genes encontrados no peixe. Jogue-o no clima genético estranho de um tomate, e talvez ele não funcione direito, a menos que seja ajustado (o que pode ser feito) para se entrosar com os genes do tomate.

O que isso quer dizer é que há argumentos favoráveis aos dois lados dessa controvérsia, e que ela requer uma avaliação perspicaz. Os engenheiros genéticos estão corretos em afirmar que podemos economizar tempo e problemas pegando carona nos milhões de anos de pesquisa e desenvolvimento que a seleção natural darwiniana investiu para produzir anticongelantes biológicos (ou seja o que for que estejamos procurando). Mas os pessimistas também teriam argumentos válidos se suavizassem sua posição e passassem de uma apaixonada rejeição visceral à exigência racional de testes de segurança rigorosos. Nenhum cientista respeitável se oporia a tal reivindicação. Na verdade, esse é o procedimento rotineiro para todos os novos produtos, e não apenas para aqueles que resultam da engenharia genética.

Um perigo pouco reconhecido da histeria obsessiva a respeito dos alimentos geneticamente modificados é o de que os avisos percam o efeito, como na história do menino que gritava "É o lobo!". Temo que, se as advertências tão generalizadas dos ecologistas acerca dos organismos geneticamente modificados se mostrarem vazias, é muito provável que o público deixe de dar ouvidos a outros alertas ainda mais sérios. O aumento da resistência das bactérias aos antibióticos é um lobo mau de perigo comprovado. No entanto, os passos ameaçadores desse perigo certeiro ficam inaudíveis sob a gritaria estridente a respeito dos alimentos geneticamente modificados, cujos riscos são, no máximo, especulativos. Para ser mais preciso, a modificação genética, como toda modificação, é boa se modifica algo numa boa direção, e é nociva se modifica algo numa direção indesejável. Como na criação doméstica e na seleção natural propriamente dita, o truque reside na escolha correta do novo programa de DNA. A compreensão do que vem a ser um programa, e de que ele é escrito exatamente na mesma linguagem que o "próprio" DNA do organismo, deve contribuir em muito para dissolver os temores viscerais que dão o tom na maior parte das discussões sobre os organismos geneticamente modificados.

Não posso concluir sem fazer uma de minhas citações favoritas, do saudoso Carl Sagan, sobre os sentimentos viscerais. Certa vez fizeram a ele uma pergunta futurológica, e Sagan afirmou que ainda não se dispunha de conhecimento suficiente para respondê-la. O interlocutor o pressionou a dizer o que realmente pensava: "Quais são seus sentimentos viscerais quanto a isso?". A resposta imortal de Sagan foi: "Eu tento não pensar com as minhas vísceras". O pensamento visceral é um dos principais problemas que temos que combater no que diz respeito às atitudes do público em relação à ciência. Retornarei a esse ponto na discussão sobre ética. Antes disso, farei mais algumas observações sobre o futuro da genética no século XXI, especialmente na esteira do Projeto Genoma Humano (PGH).

O PGH, que está próximo de ser concluído, é realmente um dos grandes feitos do século XX. Trata-se de uma história extraordinariamente bem-sucedida, mas seu alcance é limitado. Pegamos o disco rígido do homem e transcrevemos cada pedacinho dos bits de informação do tipo 110001010000100001111 contidos nele, independentemente do que significassem no software como um todo. O PGH necessita ser seguido, no século XXI, por um Projeto de Embriologia Humana (PEH) que efetivamente decifre todas as rotinas de alto nível em que as instruções do código da máquina se encontram inscritas. Uma tarefa mais simples será a de uma série de projetos do genoma das diferentes espécies (como o do genoma da planta *Arabidopsis*, cuja conclusão foi anunciada hoje). Esses projetos seriam mais fáceis e mais velozes que o PGH, não porque os outros genomas sejam menores ou mais simples do que o nosso, mas porque a competência coletiva dos cientistas aumenta cumulativa e rapidamente com a experiência.

De um certo ponto de vista, esse progresso cumulativo pode parecer frustrante. Em face da velocidade do avanço tecnológico, se olharmos para trás, hoje, parecerá que não valeu a pena iniciar o Projeto Genoma Humano no momento em que começamos. Teria sido melhor não ter feito nada durante dois anos e começar depois disso! De fato, foi exatamente isso o que fez a empresa rival do dr. Craig Venter. Mas a falácia do "nem vale a pena começar" está no fato de que as tecnologias posteriores não podem "ultrapassar" aquelas que existiam antes sem a experiência obtida no desenvolvimento destas últimas.*

O PGH diminui implicitamente a importância das diferenças entre os indivíduos. Mas, com a exceção instigante dos gêmeos idênticos, o genoma de todas as pessoas é único, e uma pergunta razoável que se pode fazer é *de quem* é o genoma seqüenciado no PGH. Terá essa honra sido dada a algum dignitário, a uma pessoa escolhida ao acaso na rua ou até mesmo a um anônimo clone produzido em laboratório a partir das células de um tecido?

* Discuti de maneira mais detalhada as implicações do crescimento veloz dos nossos conhecimentos da genética em "A filha da Lei de Moore" (ver p. 192).

Meus olhos são castanhos, ao passo que os seus são azuis. Eu não consigo enrolar a língua em U, mas há 50% de chances de que você consiga fazê-lo. Qual versão dos genes relativos ao movimento de enrolar a língua é aquela do Genoma Humano divulgado? Qual é a cor dos olhos canônica? A resposta é que, para as poucas "letras" que variam no texto do DNA, o genoma canônico é o "voto" da maioria dentre uma amostra de pessoas cuidadosamente escolhidas para cobrir uma boa extensão da diversidade humana. Mas a diversidade em si mesma é apagada do resultado.

Em contraste com isso, o Projeto Diversidade do Genoma Humano (PDGH), atualmente em desenvolvimento, depende das bases construídas no PGH, mas tem como foco os sítios de nucleotídios relativamente pouco numerosos que *variam* de uma pessoa para outra e de um grupo para outro. A propósito, uma proporção surpreendentemente pequena dessa variação consiste em diferenças entre as raças, um fato que desapontou os porta-vozes dos diferentes grupos étnicos, em especial nos Estados Unidos. Eles haviam sonhado em fazer fortes objeções políticas ao projeto, visto como um projeto explorador, maculado com o pincel da eugenia.*

Na medicina, os benefícios de se estudar a variação humana podem ser imensos. Até hoje, quase todas as prescrições médicas partiram do pressuposto de que os pacientes são todos iguais, e que cada doença tem seu tratamento adequado. A esse respeito, os médicos do futuro serão mais parecidos com os veterinários. Hoje, os médicos têm como pacientes uma única espécie, mas no futuro eles subdividirão essa espécie pelos seus genótipos, assim como um veterinário subdivide seus pacientes por es-

* No original, "tarred with the brush of eugenics", Dawkins faz um jogo de palavras com a expressão depreciativa "to have a touch of the tar-brush", que significa "ter uma parte de sangue negro". (N. T.)

pécies. Para a finalidade específica das transfusões sangüíneas, a medicina já reconhece algumas subdivisões genéticas (OAB, Rh) etc. No futuro, o prontuário de todo paciente incluirá os resultados de numerosos testes genéticos: não seu genoma completo (o que seria caro demais, até onde podemos prever), mas, à medida que o século avançar, uma amostragem crescente das regiões variáveis do genoma, e muito mais do que as subdivisões por "grupo sangüíneo" disponíveis hoje em dia. A questão é que para algumas doenças pode haver tantos tratamentos favoráveis quanto há diferentes genótipos em um loco — ou mesmo mais, uma vez que locos genéticos podem *interagir* de modo a afetar a suscetibilidade à doença.

Outra utilidade importante da genética da diversidade humana é a sua aplicação forense. Justamente porque o DNA é digital como os bytes do computador, a impressão digital genética é potencialmente muitas ordens de magnitude mais precisa e confiável do que qualquer outro meio de identificação individual, *inclusive* o reconhecimento facial direto (apesar da inabalável crença arraigada dos membros de um júri de que a identificação visual por uma testemunha supera tudo o mais). Além disso, a identidade de um indivíduo pode ser estabelecida a partir de um traço exíguo de seu sangue, suor ou lágrimas (ou ainda de cuspe, sêmen ou cabelo).

Há muita controvérsia em relação às provas de DNA, e é preciso esclarecer um pouco essa questão. Em primeiro lugar, o erro humano pode obviamente adulterar a precisão do método. Mas isso vale para provas de todo tipo. Os tribunais estão habituados a tomar precauções para evitar confundir as amostras, e tais precauções mostram-se hoje ainda mais importantes. A tipagem de DNA permite comprovar de maneira incalculavelmente mais confiável que uma mancha de sangue veio de um indivíduo em particular. Mas, naturalmente, é preciso que se analise a mancha correta.

Em segundo lugar, por mais que as chances de identificação errônea por meio da tipagem de DNA sejam teoricamente muito pequenas, é possível que geneticistas e estatísticos cheguem a estimativas aparentemente muito díspares quanto à sua probabilidade. A citação abaixo é de meu livro *Desvendando o arco-íris*[19] (do capítulo 5, que é dedicado a explicar, em termos leigos, o que vem a ser a tipagem de DNA).

> Os advogados estão acostumados a atacar quando os peritos depoentes parecem discordar. Se dois geneticistas convocados são solicitados a estimar a probabilidade de uma identificação errônea com a evidência do DNA, o primeiro pode dizer que há uma chance em 1 milhão, enquanto o segundo pode dizer que há apenas uma chance em 100 mil. Ao ataque! "Aha! Aha! Os peritos discordam! Senhoras e senhores do júri, que confiança podemos ter num método científico, se os próprios peritos não conseguem se entender por um fator de dez? É óbvio que a única coisa a fazer é jogar fora toda a evidência, com armas e bagagens."
>
> Mas [...] qualquer discordância [...] é apenas quanto à probabilidade de as chances de uma identificação errônea serem hipermega-astronômicas ou apenas astronômicas. Normalmente a probabilidade não pode ser mais baixa que uma chance em milhares, podendo estar bem acima, na casa dos bilhões. Até na estimativa mais conservadora, a chance de uma identificação errônea é imensamente menor que numa fileira de identificação comum. "Excelência, uma fila de identificação de apenas vinte homens é grosseiramente injusta com o meu cliente. Exijo uma fila de pelo menos um milhão de homens!"

A idéia de um banco de dados nacional (contendo somente uma amostragem dos genes, é claro: o genoma completo seria desnecessário, além de caro demais) no qual a tipagem do DNA de todos os cidadãos ficaria armazenada encontra-se atualmente em discussão. Eu não vejo nisso uma idéia sinistra, inspirada no Big Brother (e escrevi ao meu médico me oferecendo como voluntário no estudo piloto, em preparação, com 500 mil pessoas). Mas há problemas potenciais, relativos às liberdades civis. Se sua casa for roubada, a polícia adotará o procedimento rotineiro de procurar as impressões digitais (tradicionais e ultrapassadas) do ladrão. Eles necessitarão também das impressões digitais das pessoas residentes, com a finalidade de eliminá-las do conjunto de impressões suspeitas, e a maioria de nós as forneceria de bom grado. Obviamente, o mesmo princípio se aplicará em relação à tipagem de DNA, mas há um grande número de pessoas que prefeririam que isso nem de longe atingisse a escala de um banco de dados nacional. Presumivelmente elas também teriam objeções a uma base de dados contendo as impressões digitais convencionais e antiquadas, mas de qualquer modo essa talvez não fosse uma medida útil, dado que o tempo despendido para se examiná-la em busca de uma impressão digital idêntica seria longo demais. Essa limitação não existiria em relação à tipagem de DNA. As buscas pelo computador em bancos de dados de DNA gigantescos poderiam ser realizadas com grande rapidez.

Quais são, então, os problemas relacionados às liberdades civis? Seguramente, aqueles que não têm nada a esconder também não teriam nada a temer. Talvez, mas há quem tem motivos legítimos para ocultar informações, não da lei, mas de outras pessoas. Um número surpreendentemente grande de indivíduos, de todas as idades, não tem nenhuma relação genética com aquele que eles supõem que seja o seu pai. Para dizer o mínimo, não me parece que desiludi-los, com o testemunho conclusivo do DNA, faria aumentar a soma da felicidade humana. Se um banco de dados de DNA nacional estivesse em uso, talvez fosse difícil garantir que pessoas não autorizadas tivessem acesso a ele. Se um tablóide viesse a descobrir que o herdeiro oficial de um duque era na verdade descendente do guarda-caça, a consternação no College of Heralds talvez nos parecesse ligeiramente divertida. Mas na população geral, não é difícil imaginar a quantidade de recriminações familiares e a absoluta infelicidade pessoal que poderiam resultar do livre acesso às informações sobre a verdadeira paternidade. Entretanto, a existência de um banco de dados nacional de DNA não alteraria muito a situação atual. Já é perfeitamente possível para um marido ciumento colher, por exemplo, uma amostra de saliva ou de sangue de um de seus supostos filhos e compará-los com os seus próprios, a fim de confirmar sua suspeita de que ele não é o verdadeiro pai. O que o banco de dados acrescentaria seria a possibilidade de uma rápida busca por computador para descobrir, dentre todos os homens, do país inteiro, aquele que *vem a ser* o verdadeiro pai!

De um modo mais geral, o estudo da diversidade humana é uma das pouquíssimas áreas em que há bons argumentos (embora, na minha opinião, eles não sejam esmagadores) contra a busca puramente desinteressada de conhecimento: uma das pouquíssimas áreas em que talvez fosse melhor que permanecêssemos ignorantes. É possível que, lá pelo final do século XXI, os médicos sejam capazes de prever com exatidão, desde o dia do nascimento de cada pessoa, a maneira e o momento de sua morte. Atualmente, esse tipo de prognóstico determinista vale apenas para aquelas que apresentam genes de doenças tais como a coréia de Huntington.* Para as outras pessoas, tudo o que temos

* O cantor folk Woody Guthrie morreu em conseqüência da coréia de Huntington, uma doença terrível que acomete o indivíduo após a meia-idade. Trata-se de um gene dominante, de maneira que cada um dos filhos de Woody sabe que tem exatamente 50% de chance de sofrer o mesmo temível destino. Algumas pessoas, dada essa probabilidade, preferem não ser testadas. Elas preferem não saber, até o momento em que isso se mostre inevitável. Atualmente,

são as vagas previsões estatísticas dos atuários das seguradoras, baseadas nos nossos hábitos relativos à bebida e ao fumo e numa rápida auscultação com um estetoscópio. Os seguros de vida, como negócio, dependem de que essas previsões sejam vagas e estatísticas. Aqueles que morrem numa idade avançada subsidiam aqueles que morrem cedo (ou, melhor dizendo, seus herdeiros). No dia em que a previsão determinista (nos moldes do que se faz em relação à coréia de Huntington) se tornar universal, o seguro de vida tal como o conhecemos entrará em colapso. Esse problema pode ser solucionado (possivelvente com os seguros de vida universais e compulsórios, sem nenhuma avaliação do risco médico individual). Mais difícil de resolver será a angústia pairando sobre cada um de nós. Do modo como as coisas se apresentam hoje em dia, sabemos que vamos morrer, mas a maioria de nós não sabe quando, de maneira que não experimentamos isso como uma *sentença* de morte. É possível que isso venha a mudar, e a sociedade deve estar preparada para enfrentar as dificuldades que advirão daí, assim como as pessoas terão que se ajustar psicologicamente a tal mudança.

ÉTICA

Na seção anterior, já abordei algumas questões éticas. A ciência não conta com um método para decidir o que é ético. Trata-se de um assunto que fica a cargo dos indivíduos e da sociedade. Mas a ciência pode ajudar a esclarecer as perguntas formuladas

---

os especialistas em fertilização *in vitro* podem antecipar o teste para o zigoto recém-fertilizado e, com base no resultado, decidir pelo implante somente daqueles zigotos que não apresentam esse gene fatal. Trata-se obviamente de um enorme benefício, mas tal procedimento é atacado pelos lobbies ignorantes temerosos de que os cientistas "façam o papel de Deus".

e pode também desfazer mal-entendidos que geram confusão. Isso corresponde, em termos gerais, a adotar o proveitoso argumento de que "é preciso ser coerente". Darei cinco exemplos e, em seguida, examinarei uma interpretação menos usual da expressão "ciência e ética".

A ciência não pode responder se o aborto é um procedimento incorreto, mas ela pode mostrar que o *continuum* (embriológico) que liga de maneira ininterrupta um feto desprovido de percepções a um adulto dotado de consciência é análogo ao *continuum* (evolutivo) que liga os humanos às outras espécies. Se o *continuum* embriológico aparenta ser mais ininterrupto, é somente porque o *continuum* evolutivo é dividido pelas contingências da extinção. Os princípios fundamentais da ética não deveriam depender das contingências acidentais da extinção.* Para dizer uma vez mais, a ciência não tem meios de responder se um aborto é um assassinato, mas ela pode nos alertar que talvez sejamos incongruentes ao afirmar que o aborto é um assassinato enquanto matar chimpanzés não é. É preciso ser coerente.

A ciência não tem meios de responder se é errado clonar um ser humano completo. Porém, ela pode esclarecer que um clone, como a Dolly, nada mais é do que um gêmeo idêntico, embora de idade diferente. A ciência pode nos ensinar que, se quisermos nos opor à clonagem de humanos, não devemos apelar para os argumentos do estilo "O clone não seria uma pessoa inteira" ou "O clone não teria alma". A ciência não tem como responder se as pessoas têm alma, mas ela pode afirmar que, se os gêmeos idênticos comuns têm almas, então os clones como a Dolly também têm.** É preciso ser coerente.

* Ver "Lacunas na mente" (p. 43) para uma discussão mais completa.

** Ver "Dolly e os porta-vozes da religião" (p. 267)

A ciência não pode responder se a clonagem de células-tronco para produzir "órgãos avulsos" é incorreta. Mas ela pode nos desafiar a explicar de que maneira a clonagem de células-tronco difere, do ponto de vista moral, de um outro procedimento aceito há muito tempo: a cultura de tecidos. A cultura de tecidos tem sido há décadas um dos principais suportes da pesquisa sobre o câncer. A famosa linhagem de células HeLa, que se originou da falecida Henrietta Lacks em 1951, é hoje cultivada em laboratórios por todo o mundo. Um laboratório padrão, na Universidade da Califórnia, produz 48 litros de células HeLa por dia, como um serviço de rotina, para os pesquisadores da universidade. A produção diária mundial total de células HeLa deve pesar algumas toneladas — toda ela um gigantesco clone de Henrietta Lacks. Durante o meio século desde que essa produção em massa começou, ninguém parece ter feito objeção alguma a ela. Os agitadores que se unem para pôr um fim à pesquisa com células-tronco hoje em dia precisam explicar por que razão eles não se opõem ao cultivo em massa de células HeLa. É preciso ser coerente.

A ciência não pode responder se é correto sacrificar "Mary" para salvar sua gêmea siamesa "Jodie" (ou se se deveria deixar que ambas morressem).* Mas a ciência pode demonstrar que uma

* Esses foram os pseudônimos amplamente divulgados dados a um par de gêmeas siamesas trazidas à Grã-Bretanha para tratamento médico nessa época. As autoridades queriam, contra a vontade dos pais, separar as irmãs, numa cirurgia muito extensa que poderia ter dado a Jodie algum tipo de vida, mas que certamente resultaria na morte de Mary. Sem a operação, ambas morreriam, uma vez que Mary, a quem faltava a maior parte dos órgãos vitais (inclusive um cérebro capaz de funcionar), subsistia de maneira parasitária em relação a Jodie. Muitas pessoas de pensamento livre consideraram que seria correto passar por cima da relutância dos pais (sustentada por princípios religiosos) em "matar" Mary para salvar Jodie. Penso que os pais estavam certos em rejeitar a operação, embora o fizessem pelas razões erradas, e que de qualquer modo o

placenta é um verdadeiro clone do bebê que ela alimenta. Poderíamos com legitimidade "inventar" que toda placenta é um irmão "gêmeo" do bebê que ela nutre, a ser descartado assim que sua função tiver se completado. Reconhecidamente, ninguém se sente tentado a chamar sua placenta de Mary, mas talvez se pudesse igualmente questionar se há algum bom senso, do ponto de vista emocional, em atribuir esse nome a uma gêmea siamesa desprovida de coração ou de pulmões, e com um cérebro apenas rudimentar. E se alguém quiser dizer que esse é um "caminho sem volta", que configura "apenas o começo de algo muito pior", deixemos que eles reflitam sobre o seguinte.

Em 1998, num programa de televisão, um gastrônomo preparou diante das telas uma nova e requintada receita: a placenta humana. Ele

> dourou tiras da placenta com cebolas e, com dois terços delas, preparou um purê. O restante foi flambado em conhaque, acrescentando-se sálvia e suco de lima. Esse prato foi servido à família do bebê em questão, acompanhada por um grupo de uns vinte amigos. O pai achou a iguaria tão deliciosa que se serviu catorze vezes.

Os jornais explicaram que aquilo tinha sido uma brincadeira. Ainda assim, aqueles que se preocupam com o "caminho sem volta" precisam perguntar a si mesmos por que razão aquele jantar transmitido pela televisão não deveria ser chamado de canibalismo. O canibalismo é um dos nossos mais antigos e profundos tabus, e os devotos do argumento do "caminho sem vol-

---

desejo deles deveria ter sido respeitado, já que era a vida deles que seria profundamente afetada pelas exigências da criança sobrevivente, cujas deficiências seriam severas.

ta" e do "começo de algo muito pior" fariam bem em se mostrar preocupados ao mais leve sinal de sua violação. Suspeito que se os diretores de televisão contassem com conhecimento científico suficiente para compreender que uma placenta *é* um verdadeiro clone de um bebê, esse jantar jamais teria ido adiante, principalmente no momento em que a controvérsia a respeito da clonagem inspirada no caso Dolly estava no auge. É preciso ser coerente.

Desejo concluir com uma abordagem um tanto idiossincrática da questão da ciência e da ética: o tratamento ético da verdade científica em si mesma. Quero sugerir que a verdade objetiva às vezes necessita do mesmo tipo de proteção que as leis contra a difamação asseguram aos indivíduos hoje em dia. Ou ao menos sugerir que o Trades Descriptions Act* poderia ser invocado de maneira mais criativa. Direi primeiro algumas palavras sobre isso, considerando a recente solicitação do príncipe Charles de que se invista dinheiro público na "medicina alternativa".

Se uma empresa farmacêutica anuncia que seus comprimidos curam a dor de cabeça, ela deve se mostrar capaz de demonstrar, em controlados testes duplo-cego, que essas pílulas o fazem de fato. Um teste duplo-cego significa que nem os pacientes nem aqueles que aplicam os testes sabem de antemão quais foram os pacientes que receberam uma dose da medicação em estudo e quais foram os pacientes que receberam o placebo. Se os comprimidos não passam nesse teste — se uma seqüência de tentativas cuidadosas fracassa em distingui-los de um placebo neutro —, eu presumo que a empresa corre o risco de ser processada sob o Trades Descriptions Act.

* Legislação em vigor na Inglaterra e no País de Gales desde 1968, cujo objetivo é evitar que os consumidores sejam enganados, em relação aos produtos que consomem, pelos produtores, varejistas ou prestadores de serviços. (N. T.)

Os remédios homeopáticos representam um grande negócio e são anunciados como eficazes em diversas mídias sem que jamais tenha sido demonstrado que eles têm algum efeito. O testemunho pessoal está presente em toda parte, mas isso não serve como demonstração, em razão do notório poder do efeito placebo. É exatamente por esse motivo que os medicamentos "ortodoxos" são obrigados a passar por testes duplo-cego.*

Não quero dizer com isso que todas as modalidades da chamada "medicina alternativa" sejam tão inúteis quanto a homeopatia. Pode ser que algumas delas tenham efeitos. Mas é preciso que isso seja *demonstrado*, por meio de teste duplo-cego controlado por placebo ou de algum outro desenho experimental equivalente. E se elas passarem nesse teste, não haverá razão alguma para que continuem a ser chamadas de "alternativas". A medicina convencional simplesmente as adotaria. Como o famoso jornalista John Diamond (que, como muitos pacientes morrendo de câncer, viu uma sucessão de charlatães tentando cruelmente lhe vender falsas esperanças) escreveu emocionadamente no *The Independent*:

> Não existe medicina alternativa, existe apenas medicina que funciona e medicina que não funciona [...]. Não há um sistema nervoso alternativo, uma fisiologia ou uma anatomia alternativas, assim como não existe um mapa alternativo de Londres que possa levá-lo de Chelsea a Battersea sem cruzar o Tâmisa.

Mas eu dei início a esta última seção num tom mais radical. Gostaria de estender o conceito de difamação de modo a incluir as mentiras que, ainda que não sejam prejudiciais às pessoas em

* A homeopatia apresenta problemas especiais em relação aos testes duplo-cego. Esse assunto é discutido em "Falsos remédios" (ver p. 312).

particular, são prejudiciais à verdade em si. Há aproximadamente vinte anos, muito antes que Dolly nos mostrasse que isso era possível, foi publicado um livro que alegava, com grande riqueza de detalhes, que um milionário na América do Sul havia sido clonado por um cientista de codinome Darwin. Como ficção científica essa história teria sido irrepreensível, mas ela foi vendida como um fato real. O autor e seus editores foram processados pelo dr. Derek Bromhall, que afirmava que sua reputação como cientista fora atingida pelo fato de ser citado no livro. Meu ponto de vista é o de que, seja qual for o dano que tenha sido feito (ou não) ao dr. Bromhall, muito mais importante foi o dano feito à própria verdade científica.

Esse livro apagou-se da memória das pessoas e, se eu o relembro, é apenas como um exemplo. É óbvio que a minha intenção é generalizar o princípio a todos os embustes e falsificações deliberadas da verdade científica. Por que razão um Derek Bromhall precisaria demonstrar que foi pessoalmente prejudicado antes que pudéssemos instaurar um processo contra um livro que intencionalmente publica mentiras sobre o universo? É claro que não sou nenhum advogado, mas, se eu fosse, em vez de me ocupar da defesa de seres humanos particulares prejudicados de alguma maneira, penso que gostaria de me levantar e defender a verdade em si mesma. Sem dúvida as pessoas me responderão — e acabarão por me convencer — que um tribunal de justiça não é o lugar adequado para se fazer isso. No entanto, em qualquer lugar do mundo onde me pedissem para, numa única expressão, caracterizar o meu papel como professor de Compreensão Pública da Ciência, creio que eu escolheria Advogado da Verdade Desinteressada.

5. Tribunais de júri[20]

Os tribunais de júri são claramente uma das piores boas idéias que alguém já teve. Mas não seria justo culpar seus inventores. Eles viveram antes que os princípios da amostragem estatística e do desenho experimental tivessem sido formulados. Eles não eram cientistas. Explicarei isso melhor por meio de uma analogia. E se, ao final dela, alguém tiver objeções ao meu ponto de vista com base no argumento de que os seres humanos não são gaivotas-argênteas, terei falhado em me fazer entender.

As gaivotas-argênteas adultas têm um bico amarelo brilhante com uma mancha vermelha bem nítida quase na ponta. Seus filhotes bicam essa mancha vermelha, o que induz os pais a regurgitarem alimento para eles. Niko Tinbergen, zoólogo ganhador do prêmio Nobel e meu antigo mestre em Oxford, apresentou aos filhotes jovens e inexperientes uma série de cabeças de gaivota de papelão variando na cor do bico e da mancha, e também na sua forma. Para cada cor, forma ou combinação entre eles, Tinbergen mensurou as preferências dos filhotes quantificando suas bicadas durante um período de tempo estabelecido.

A idéia era descobrir se os inexperientes filhotes nascem com uma preferência pré-formada para objetos longos amarelos com manchas vermelhas. Se esse fosse o caso, isso sugeriria que os genes equipam os jovens pássaros com um detalhado conhecimento prévio do mundo em que eles irão se desenvolver — um mundo no qual a comida provém dos bicos das gaivotas-argênteas adultas.

Deixemos de lado as razões dessa pesquisa e deixemos de lado suas conclusões. Levemos em conta, em vez disso, os métodos que precisamos utilizar e as ciladas que devemos evitar se quisermos assegurar um resultado correto num estudo como o citado. Estes constituem princípios gerais que valem tanto para os júris humanos como para os filhotes de gaivota.

Primeiro, é preciso, obviamente, fazer o teste com mais de um filhote. Pode ser que alguns deles tenham preferência pelo vermelho, outros pelo azul, sem que exista uma tendência geral entre as jovens gaivotas-argênteas que aponte para uma cor favorita. Por isso, ao selecionar uma única gaivota, não estaríamos registrando nada além de um pendor individual.

Desse modo, temos que realizar o teste com mais de um filhote. Mas com quantos? Será que dois é um número suficiente? Não, e tampouco três, e agora é preciso que comecemos a raciocinar em termos estatísticos. Para simplificar, suponha que em um experimento em particular a comparação seja feita apenas entre manchas vermelhas e manchas azuis, ambas sobre um fundo amarelo, e sempre apresentadas simultaneamente. Se testarmos apenas dois filhotes separados, suponha que o primeiro filhote escolha o vermelho. Havia 50% de chance de que ele o fizesse, aleatoriamente. Em seguida o segundo filhote também escolhe o vermelho. Novamente, a probabilidade de que ele o fizesse, ao acaso, era de 50%, ainda que fosse cego à diferença entre as cores. Há 50% de probabilidade de que dois filhotes escolhidos indiscriminadamente mostrem a mesma preferência (metade das quatro possibilidades: vermelho vermelho, vermelho azul, azul vermelho, azul azul). Três filhotes também não seriam suficientes. Se descrevermos todas as possibilidades, veremos que há 25% de chance de um veredicto unânime, motivado pelo puro acaso. Uma probabilidade de 25% de se chegar a uma determinada conclusão pelas razões erradas é inaceitavelmente alta.

E quanto a uma boa dúzia de filhotes? Bem, agora estamos começando a falar sério. Se oferecemos independentemente a doze filhotes uma escolha entre duas alternativas, a probabilidade de que todos cheguem ao mesmo veredicto por mero acaso é satisfatoriamente baixa, apenas uma chance em 2048.

Mas imagine agora que, em vez de testarmos nossos doze filhotes independentemente, nós os testemos como um grupo. Nós tomamos um turbilhão de doze filhotes pipilantes e colocamos no meio deles dois bonecos, um com uma mancha vermelha e outro com uma mancha azul, cada um equipado com um dispositivo elétrico que registra automaticamente o número de bicadas. E suponha que o conjunto de filhotes dê 532 bicadas no vermelho e nenhuma bicada no azul. Será que essa disparidade maciça mostra que os doze filhotes têm preferência pelo vermelho? De modo algum. As bicadas, nesse caso, não são dados independentes. Os filhotes poderiam exibir uma forte tendência a imitar uns aos outros (assim como a imitar a si mesmos, numa espécie de automatismo). Se por acaso um filhote bicasse primeiro a mancha vermelha, os outros poderiam copiá-lo e o grupo todo de filhotes se uniria num frenesi de bicadas imitativas. De fato, é precisamente isso o que se passa com os pintinhos domésticos, e é muito provável que o mesmo viesse a ocorrer com os filhotes de gaivota. Mesmo que não fosse assim, permanece o princípio de que não se trata de dados independentes, e o experimento mostra-se, portanto, inválido. Os doze filhotes são estritamente equivalentes a um único filhote, e a soma de suas bicadas, apesar de muito numerosa, corresponde, ainda assim, a uma única bicada: elas representam um único resultado independente.

Retornando agora aos tribunais, por que razão doze jurados seriam preferíveis a um único juiz? Acaso seriam eles mais sábios, mais instruídos ou mais experientes nas artes do raciocínio? Certamente não, de modo algum. Basta pensar nas indenizações astronômicas determinadas pelos júris em casos corriqueiros de difamação. Ou na forma como os júris evocam o que há de pior nos advogados histriônicos e populistas. Preferem-se doze jurados a um juiz simplesmente porque eles são em maior número. Deixar que um único juiz decida um veredicto seria como deixar que um único filhote falasse por toda a espécie das gaivotas-argênteas. Doze cabeças pensam melhor que uma, porque elas representam doze avaliações das evidências.

Entretanto, para que esse argumento seja válido, as doze avaliações devem ser realmente independentes. E é claro que elas não são. Doze homens e mulheres trancados numa sala do júri se assemelham muito à nossa ninhada de gaivotas. Não podemos afirmar que eles imitem um ao outro, mas é possível que o façam. Isso é o bastante para invalidar o princípio pelo qual um júri seria preferível a um único juiz.

Na prática, como se encontra bem documentado e como eu mesmo posso me recordar tomando por base os três júris dos quais eu infelizmente participei, os júris são muito influenciados por um ou dois indivíduos mais eloqüentes. Há também uma pressão significativa para que se chegue a um veredicto unânime, o que abala ainda mais o princípio da independência dos dados. Aumentar o número de jurados não seria de grande ajuda (ou de ajuda alguma, se nos ativermos estritamente ao princípio). É preciso aumentar o número de unidades independentes que chegarão ao veredicto.

Curiosamente, o bizarro sistema americano de transmissão televisiva dos julgamentos abre uma possibilidade real de se melhorar o sistema de júri. Ao final de julgamentos como os de Louise Woodward ou de O. J. Simpson,* literalmente milhares de pessoas por todo o país haviam dedicado sua atenção às evidências de maneira tão assídua quanto os membros do júri oficial. Uma votação maciça pelo telefone seria capaz de produzir um veredicto mais legítimo do que um júri. Mas infelizmente a discussão jornalística, os programas de entrevista no rádio e as costumeiras fofocas violariam o Princípio dos Dados Independentes e então nos veríamos de volta ao ponto em que iniciamos. A transmissão dos julgamentos, de todo modo, tem conseqüências terríveis. Na esteira do julgamento de Louise Woodward, a internet fervilhou com depravações repletas de erros de gramática e de ortografia, os jornalistas vendidos fizeram fila e o desventurado juiz que presidia o julgamento teve que mudar seu número de telefone e contratar um guarda-costas.

Então, como podemos melhorar o sistema? Seria o caso de trancar os doze jurados em doze câmaras isoladas e de receber seus votos separadamente de tal maneira que estes pudessem constituir dados genuinamente independentes? Se alguém levantar a objeção de que alguns deles poderiam ser demasiado ineptos ou desarticulados para alcançar um veredicto próprio, resta perguntar então por que tais indivíduos seriam aceitos num júri. Talvez se possa dizer que há uma sabedoria coletiva que emerge

* Louise Woodward: babá inglesa que em 1997 foi acusada de matar o bebê de que cuidava, em Massachusetts, Estados Unidos. O júri a condenou, mas o juiz reverteu a decisão, livrando-a da prisão perpétua. O. J. Simpson: astro do futebol americano dos anos 70 que em 1994 foi acusado de matar a esposa e um amigo dela. O julgamento durou 372 dias e por fim o júri o absolveu. (N. E.)

quando um grupo de pessoas senta ao redor de uma mesa para discutir um tema em profundidade. Mas isso ainda não satisfaz o princípio dos dados independentes.

Deveriam todos os casos ser julgados por dois júris separados? Ou por três? Ou por doze? Isso seria caro demais, se cada júri for composto por doze membros. Dois júris de seis membros ou três júris de quatro membros provavelmente representariam uma melhora em relação ao sistema atual. Mas não haveria uma maneira de avaliar os méritos relativos dessas diferentes opções, ou de comparar os méritos do julgamento pelo júri e do julgamento pelo juiz?

Sim, há uma maneira. Vou chamá-la de Teste de Concordância de Dois Veredictos. O teste se baseia no princípio de que, se uma decisão é válida, duas tentativas independentes de se chegar a ela produzirão o mesmo resultado. Com o propósito de testá-lo, apenas, arcamos com a despesa de ter dois júris ouvindo o mesmo caso, proibindo os membros de cada um deles de se comunicar com os membros do outro. Ao final, fechamos os dois júris em salas separadas e verificamos se eles chegam ao mesmo veredicto. Se eles não chegarem, nenhum dos veredictos terá se mostrado incontestável, e isso deveria lançar dúvidas razoáveis sobre o sistema de júri em si.

Para fazer a comparação experimental com o julgamento pelo juiz, precisamos que dois juízes experientes ouçam o mesmo caso e cheguem a seus veredictos em separado, sem falar um com o outro. Entre os dois sistemas, o julgamento pelo júri e o julgamento pelo juiz, aquele que produzir o maior número de resultados concordantes numa certa quantidade de julgamentos é o melhor sistema, e poderá, se o seu índice de concordância for alto, ser aprovado para uso futuro com uma certa confiança.

Você apostaria que dois júris independentes conseguiriam chegar ao mesmo veredicto no caso Louise Woodward? Você consegue imaginar pelo menos um segundo júri chegando ao mesmo veredicto no caso O. J. Simpson? Em contrapartida, parece-me que seria muito provável que dois juízes se sairiam bastante bem no teste de concordância. E, caso eu fosse acusado de um crime sério, eis o modo como eu gostaria de ser julgado. Se eu for culpado, escolherei o comportamento descontrolado de um júri, e quanto mais ignorante, preconceituoso e caprichoso ele se mostrar, melhor. Mas se eu for inocente, e o sistema ideal dos decididores múltiplos e independentes não estiver disponível, por favor, concedam-me um juiz.

6. A verdade cristalina e as bolas de cristal[21]

Uma estrela de cinema "coloca cristais de quartzo nos quatro cantos da banheira antes de cada banho". Não há dúvida de que isso tem alguma conexão mística com a seguinte receita para meditação:

> Cada um dos quatro cristais de quartzo na sala de meditação deve ser "programado" para projetar uma energia suave, terna, relaxante e cristalina em direção a todos os participantes do grupo de meditação presentes. Os cristais de quartzo passarão então a gerar um campo de energia cristalina positiva em torno de cada pessoa na sala.

Esse tipo de linguagem é um engodo. Ele soa suficientemente "científico" para enganar as pessoas ingênuas. "Programar" é algo que fazemos com os computadores. Aplicada aos cristais, a palavra não tem significado algum. "Energia" e "campo" são noções cuidadosamente definidas pela física. Não existe uma coisa tal como energia "terna" ou "cristalina", seja ela positiva ou não.*

O saber da Nova Era nos aconselha também a colocar um cristal de quartzo em nossa moringa d'água. "Você logo sentirá na água a pureza cintilante do cristal." Observe como o truque funciona. Uma pessoa sem compreensão alguma do mundo real poderia estabelecer uma certa associação "poética" entre o cristal e a água "cristalina". Mas isso não faz mais sentido do que tentar ler à luz de uma idéia "brilhante". Ou do que se deitar num colchão duro como uma tábua para auxiliar uma ereção.

> Faça a seguinte experiência na próxima vez que você tiver uma gripe: segure seu cristal de quartzo e visualize uma luz amarela irradiando através dele. Então, coloque-o numa jarra com água e beba essa água no dia seguinte; um copo d'água a intervalos de duas horas. Você ficará surpreso com o resultado!

Beber água a intervalos de duas horas é certamente uma boa idéia quando se está com gripe. Mas colocar na água um cristal de quartzo não acrescentará nenhum efeito. Ou seja, não importa quanta luz colorida se visualize, isso não alterará a composição do cristal, nem a da água.

Disparates pseudocientíficos como esses são perturbadoramente comuns na cultura de nossa época. Restringi meus exemplos aos cristais apenas porque precisava estabelecer um limite em algum ponto. Mas os "signos astrológicos" teriam servido igualmente bem. Ou os "anjos", a "comunicação com os espíritos", a "telepatia", a "cura quântica", a "homeopatia", e a "radieste-

* E, a propósito, na próxima vez que você consultar um terapeuta "alternativo", e ele afirmar que vai "equilibrar seus campos de energia", desafie-o a dizer o que isso significa. A resposta será um absoluto nada.

sia". Não há nenhum limite óbvio para a credulidade humana. Somos dóceis vaquinhas ingênuas, vítimas ávidas dos curandeiros e charlatães que mamam e engordam às nossas custas. Há uma verdadeira fortuna à espera de quem quer que se disponha a prostituir a linguagem — e o milagre — da ciência.

Mas tudo isso — a cristalomancia, a astrologia, as pedras do zodíaco, as *ley-lines** e todo o resto — não representaria apenas um pouco de diversão inofensiva? Se as pessoas desejam acreditar em bobagens como os horóscopos ou a cura pelos cristais, por que não deixá-las em paz? Mas é muito triste pensar em tudo aquilo que elas estão perdendo. A verdadeira ciência é repleta de fatos extraordinários. O mundo é misterioso o suficiente para dispensar a ajuda de feiticeiros, xamãs e vigaristas "paranormais". Na melhor das hipóteses, eles oferecem uma distração que enfraquece a alma. Nos piores casos, trata-se mesmo de aproveitadores que representam um perigo verdadeiro.

O mundo real, desde que compreendido de forma correta pela via da ciência, é profundamente belo e infalivelmente interessante. Ele merece que empreendamos uma boa dose de esforço honesto para entendê-lo de maneira apropriada, sem nos deixarmos distrair pelos falsos milagres e pela desonrada pseudociência. Como ilustração disso, é suficiente olharmos para os próprios cristais.

Num cristal como o quartzo ou o diamante os átomos se dispõem num arranjo que se repete com muita precisão. No diamante, os átomos — todos eles átomos idênticos de carbono — se distribuem como os soldados num desfile, exceto por dois fa-

* Linhas que supostamente interligam sítios pré-históricos ou outros locais sagrados, como os círculos de pedra, os marcos erigidos sobre os túmulos e as igrejas. Os ocultistas da Nova Era acreditam que as *ley-lines* constituem fontes de poder e energia. (N. T.)

tos: a exatidão de seu alinhamento supera de longe a do mais treinado regimento e a quantidade de soldados atômicos ultrapassa o número de pessoas que já existiram ou que existirão um dia. Tentemos imaginar a nós mesmos reduzidos em tamanho até nos tornarmos um dos átomos de carbono no interior de um diamante. Nós nos transformamos em um dos soldados dessa parada colossal, mas ela nos parecerá um tanto estranha, uma vez que suas filas se dispõem em três dimensões. Talvez um prodigioso cardume de peixes nos forneça uma imagem mais próxima.

Cada peixe no cardume é um átomo de carbono. Imagine-os flutuando no espaço, cada um mantendo-se a uma certa distância do outro e numa posição precisa que é resultado da ação de forças que não podemos ver, mas que os cientistas podem compreender. No entanto, se estamos falando de um cardume de peixes, esse é um cardume que (proporcionalmente) ocuparia todo o oceano Pacífico. Ao olharmos para qualquer diamante de um tamanho decente, é provável que estejamos diante de arranjos em que cada uma das linhas retas comporta centenas de milhões de átomos.

Nos cristais, os átomos de carbono podem assumir outros arranjos. Para voltar à analogia militar, eles podem adotar outras convenções de formação. O grafite é um carbono também, mas obviamente ele não é como os diamantes. No grafite, os átomos formam camadas de hexágonos semelhantes aos aramados com os quais construímos os galinheiros. Cada uma delas se une frouxamente às camadas acima e abaixo dela e, na presença de impurezas, deslizam com facilidade umas contra as outras, o que faz do grafite um bom lubrificante. O diamante está bem longe de ser um lubrificante. Sua dureza lendária pode produzir abrasão nos materiais mais resistentes. No grafite, com sua maleabilidade, e no diamante, com toda a sua dureza, os átomos são idênticos. Se pudéssemos convencer os átomos nos cristais de grafite a adotar as regras de formação dos diamantes, ficaríamos milionários. É possível fazer isso, mas são necessárias altas temperaturas e pressões colossais, presumivelmente as condições que produzem naturalmente os diamantes nas profundezas da terra.

Se os hexágonos formam uma camada plana no grafite, podemos imaginar que, ao entremear alguns pentágonos entre os hexágonos, faríamos essa camada se dobrar, formando uma curva. Se colocarmos estrategicamente doze pentágonos em meio a vinte hexágonos, a curva se fechará formando uma esfera completa. Os geômetras chamam isso de um icosaedro truncado. Esse é exatamente o padrão das suturas numa bola de futebol. Na teoria, a bola de futebol mostra, portanto, um padrão que os átomos do carbono podem espontaneamente adotar.

Mirabile dictu, descobriu-se que os átomos de carbono podiam assumir exatamente esse padrão. A equipe responsável pela descoberta, incluindo Sir Harry Kroto da Universidade de Sussex, ganhou o prêmio Nobel de Química em 1996. A elegante esfera de sessenta átomos de carbono, ligados entre si na forma de vinte hexágonos entremeados por doze pentágonos, foi chamada de buckminsterfullereno. Seu nome homenageia o visionário arquiteto americano Buckminster Fuller (que eu tive o privilégio de conhecer quando ele já se encontrava numa idade bastante avançada),* e as esferas são carinhosamente chamadas de "bolas de Buck". Elas podem se combinar entre si para formar cristais maiores. Assim como as camadas de grafite, as bolas de Buck funcionam bem como lubrificantes, provavelmente devido a seu formato esférico: presume-se que elas funcionam como minúsculos rolamentos.

* A programação previa uma conferência breve, mas, sem recorrer a nenhum texto escrito, ele nos manteve fascinados por um período de três horas.

Desde a descoberta das bolas de Buck, os químicos se deram conta de que esse é apenas um caso especial de uma grande família de "tubos de Buck" e outros "fullerenos". Teoricamente, os átomos de carbono podem se juntar para compor uma verdadeira caverna de Aladim de formas cristalinas fascinantes — outro aspecto da propriedade singular que faz do carbono o elemento fundamental da vida.

Nem todo átomo tem a mesma vocação dos átomos de carbono para se ligar a cópias de si mesmo. Há outros cristais que contêm mais de um tipo de "soldado", alternados em algum padrão elegante. Nos cristais de quartzo, em vez do carbono, os soldados são o silício e o oxigênio; no sal comum, são os átomos de sódio e de cloro, carregados de eletricidade. Os cristais quebram naturalmente ao longo de linhas que evidenciam seu padrão regimental de formação. É por essa razão que os cristais de sal são quadrados, que as colunas em formato de favos de mel da Giant's Causeway têm essa forma e que os cristais de diamante são, ora essa, do formato de diamantes.

Todos os cristais "se auto-organizam" sob regras que agem localmente. Seus "soldados" componentes, flutuando livres em solução, espontaneamente se inserem nas "lacunas" na superfície do cristal existente, onde se encaixam com exatidão. Assim, um cristal pode se formar numa solução a partir de uma minúscula "semente" — talvez uma impureza como o grão de areia no centro de uma pérola. Não há um design inteligente por trás das bolas de Buck, dos cristais de quartzo, dos diamantes ou em nenhum outro. Esse princípio da auto-organização opera também nas estruturas vivas. O próprio DNA (a molécula genética, a molécula no centro de toda forma de vida) pode ser considerado uma longa espiral de cristal em que uma das metades da hélice dupla se junta a um molde fornecido pela outra. Os vírus se auto-organizam de maneira semelhante a aglomerados de cristais intrincadamente complexos. A cabeça do bacteriófago T4 (um vírus que infecta bactérias) se assemelha de fato a um cristal.

Vá a qualquer museu e observe a coleção de minerais. Ou então vá a uma loja esotérica e olhe os cristais em exibição, ao lado de todos os outros utensílios kitsch feitos para a bruxaria e a charlatanice. Os cristais não responderão às suas tentativas de "programá-los" para meditação ou de aplicar a eles pensamentos suaves e ternos. Eles não o curarão de nada, nem preencherão sua sala com "paz interior" ou "energia mediúnica". Mas muitos se mostrarão extremamente belos, e a beleza deles aumenta ainda mais quando compreendemos que os formatos dos cristais, os ângulos de suas facetas e as cores do arco-íris que reluzem de seu interior têm todos uma explicação precisa profundamente enraizada nos arranjos ordenados de seus átomos.

Os cristais não vibram com uma energia mística e amorosa. Mas eles de fato vibram, de uma maneira muito mais estrita e interessante. Alguns cristais contêm uma carga de eletricidade que se altera quando os deformamos fisicamente. Esse efeito "piezoelétrico", descoberto em 1880 pelos irmãos Curie (o marido de Marie e seu irmão), é usado nas agulhas dos toca-discos (a "deformação" é feita pelo sulco do disco que gira) e em alguns microfones (a "deformação" é feita pelas ondas sonoras no ar). O efeito piezo funciona também na direção inversa. Quando um cristal adequado é submetido a um campo de eletricidade, ele sofre uma deformação ritmada. Com freqüência o ritmo dessa oscilação é extremamente preciso. Ele serve como o equivalente do pêndulo ou do oscilador num relógio de quartzo.

Permitam-me dizer uma última coisa a respeito dos cristais, e talvez ela seja a mais fascinante de todas. A metáfora militar nos leva a pensar que cada soldado se mantém a um ou dois metros de seu vizinho. Mas, na realidade, quase todo o interior de um cristal é um espaço vazio. Minha cabeça tem dezoito centímetros de diâmetro. Proporcionalmente, meus vizinhos mais próximos na parada dos cristais teriam que se manter a mais de um quilômetro de distância. Não surpreende que as minúsculas partículas que são chamadas de neutrinos (ainda menores que os elétrons) atravessem o planeta e saiam do outro lado como se ele não existisse (somos atravessados por uma delas a cada segundo, em média).

Mas se as coisas sólidas são em sua maior parte um espaço vazio, por que não as enxergamos dessa forma? Por que um diamante se mostra tão duro e sólido e não quebradiço e cheio de buracos? A resposta está na nossa evolução. Nossos órgãos sensoriais, como todas as partes de nosso corpo, foram modelados pela seleção natural darwiniana ao longo de inumeráveis gerações. Poderíamos pensar que eles foram moldados para nos dar um retrato "verdadeiro" do mundo como ele "realmente" é. É mais seguro presumir que eles foram moldados para nos fornecer um *retrato útil do mundo*, que nos auxilie em nossa sobrevivência. De certo modo, o que os órgãos sensoriais fazem é ajudar o nosso cérebro a construir um modelo útil do mundo, e é nesse modelo que nos movemos. É um tipo de "realidade virtual", de simulação do mundo real. Os neutrinos podem passar através de uma rocha, mas nós não podemos. Se tentarmos fazê-lo, acabaremos por nos machucar. Ao construir sua simulação da rocha, o cérebro a representa, portanto, como um objeto duro e sólido. É quase como se os nossos órgãos sensoriais estivessem nos dizendo: "Você não pode atravessar objetos desse tipo". É isso o que "sólido" significa. É por essa razão que os percebemos como "sólidos".

É por essa mesma razão que consideramos muitas coisas no universo, do modo como a ciência as descreve, difíceis de compreender. A relatividade de Einstein, a inconstância do quantum, os buracos negros, o universo em expansão, a vasta lentidão do tempo geológico — tudo isso é de difícil apreensão. Não é de se admirar que a ciência assuste algumas pessoas. Mas a ciência pode até mesmo explicar por que essas coisas são difíceis de compreender, e por que o esforço nos amedronta. Nós somos macacos que, um belo dia, ficaram de pé, e nossos cérebros foram projetados apenas para entender os detalhes mundanos relativos à sobrevivência na savana africana na idade da pedra.

Estas são questões profundas, e um artigo breve como este não é o lugar para me dedicar a elas. Terei alcançado meu objetivo se tiver convencido o leitor de que uma abordagem científica dos cristais é mais esclarecedora, mais inspiradora e também mais extraordinária do que tudo o que tenha sido imaginado nos mais loucos sonhos dos gurus ou dos pregadores paranormais da Nova Era. A verdade nua e crua é que os sonhos e as visões dos gurus e pregadores estão longe de ser loucos o suficiente. Para os padrões da ciência, é claro.

7. O pós-modernismo desnudado[22]

Resenha de Imposturas intelectuais,
de Alan Sokal e Jean Bricmont

Suponha que você fosse um impostor intelectual que não tivesse nada a dizer, mas cultivasse a grande ambição de alcançar o sucesso na vida acadêmica, de contar com um grande círculo de discípulos reverenciosos e de ter alunos pelo mundo afora consagrando as páginas de seus livros com respeitosos marcadores de texto amarelos. Que tipo de estilo literário você cultivaria? Com certeza não seria um estilo transparente, pois a clareza exporia a sua falta de conteúdo. É mais provável que você produzisse algo semelhante ao que se segue:

> Podemos ver claramente que não há nenhuma correspondência biunívoca entre relações significantes lineares ou de arquiescritura, dependendo do autor, e essa catálise maquínica multirreferencial e multidimensional. A simetria de escala, a transversalidade, o caráter pático não discursivo de sua expansão: todas essas dimensões nos afastam da lógica do terceiro excluído e nos levam a renunciar ao binarismo ontológico que já criticamos anteriormente.

Essa é uma citação do psicanalista Félix Guattari, um dos muitos "intelectuais" da moda franceses denunciados por Alan Sokal e Jean Bricmont em seu esplêndido livro *Imposturas intelectuais*, que causou sensação ao ser publicado em francês no ano passado [1997] e que agora foi lançado numa edição inglesa totalmente reescrita e revista. Guattari prossegue indefinidamente nesse estilo e oferece, na opinião de Sokal e Bricmont, "a mais brilhante miscelânea de jargão científico, pseudocientífico e filosófico que já encontramos". O colaborador próximo de Guattari, o falecido Gilles Deleuze, tinha um talento semelhante para a escrita:

> Em primeiro lugar, as singularidades-eventos correspondem a séries heterogêneas que são organizadas em um sistema que não é nem estável nem instável, mas sim "metaestável", dotado de uma energia potencial na qual as diferenças entre as séries se distribuem [...] Em segundo lugar, as singularidades contam com um processo de auto-unificação, sempre móvel e substituído uma vez que um elemento paradoxal atravesse as séries e as faça ressoar, circunvolvendo os pontos singulares correspondentes em um único ponto aleatório, e todas as emissões, todos os lances de dados, em um único lance.

Isso traz à lembrança a descrição feita anteriormente por Peter Medawar de um certo tipo de estilo intelectual francês (note-se, de passagem, o contraste oferecido pela prosa elegante e clara do próprio Medawar):

> O estilo se tornou um objeto de primeira importância, e que estilo! A meu ver, há nele um caráter empinado, convencido, orgulhoso, arrogante, a bem da verdade, que guarda uma certa semelhança com um balé, em que se faz uma pequena pausa de tempos em tempos, em poses bem estudadas, à espera de uma explosão de

aplausos. Isso teve uma influência deplorável na qualidade do pensamento moderno...

Voltando a atacar os mesmos alvos de um outro ângulo, Medawar afirma:

> Eu poderia mencionar indícios de uma verdadeira campanha de difamação contra as virtudes da clareza. Alguém que escreveu sobre o estruturalismo no suplemento literário do *Times* sugeriu que pensamentos que se mostram, em virtude de sua profundidade, confusos e tortuosos ficam melhor quando expressos num estilo de prosa deliberadamente obscuro. Essa idéia é absurdamente tola! Ela me faz lembrar de um encarregado na época dos ataques aéreos durante a guerra, em Oxford, que, quando o brilho da lua cheia desfazia o espírito do blecaute, nos aconselhava a usar óculos escuros. Mas, nesse caso, ele estava deliberadamente fazendo uma piada.

Essa é uma passagem da conferência sobre "Ciência e literatura" de Medawar, de 1968, reeditada em *Pluto's Republic*[23] [República de Plutão]. Desde a época de Medawar, a campanha de difamação só aumentou.

Deleuze e Guattari foram escritores e colaboradores de livros descritos pelo célebre Michel Foucault como "os maiores entre os maiores [...] É possível que, um dia, nosso século seja descrito como deleuziano". Sokal e Bricmont, no entanto, observam que "esses textos contêm um pequeno número de sentenças inteligíveis — às vezes banais, às vezes equivocadas — e comentamos algumas delas nas notas de rodapé. Quanto ao restante, deixamos que o leitor julgue por si mesmo".

Porém, essa é uma tarefa espinhosa para o leitor. Sem dúvida há ali pensamentos tão profundos que a maior parte de nós não conseguirá compreender a linguagem em que eles foram expressos. E sem dúvida há também ali uma linguagem formulada para ser ininteligível de modo a esconder a ausência de pensamento genuíno. Mas como conseguiremos distinguir uma coisa da outra? E se for realmente necessário um expert para detectar se o rei está vestido? Em particular, como saberemos se a "filosofia" francesa em voga, cujos discípulos e expoentes tomaram posse de vastos segmentos da vida acadêmica americana, é verdadeiramente profunda ou se é uma retórica vazia de impostores e charlatães?

Sokal e Bricmont são professores de física na Universidade de Nova York e na Universidade de Louvain, respectivamente. Eles limitaram sua crítica aos livros que se aventuraram a invocar conceitos da física e da matemática. Nesses campos, ambos sabem do que estão falando, e seu veredicto é claro: a respeito de Lacan, por exemplo, cujo nome é reverenciado em muitos departamentos de ciências humanas nas universidades americanas e britânicas (em parte, sem dúvida, porque ele simula um profundo conhecimento de matemática), os autores afirmam que, "embora Lacan use um bocado de palavras-chave da teoria matemática sobre a compacidade, ele as mistura arbitrariamente e sem a menor consideração com seu significado. Sua 'definição' de compacidade não é apenas errada: ela é um blablablá".

Eles prosseguem com a citação da seguinte formulação extraordinária de Lacan:

> Assim, calculando-se a significação segundo o método algébrico que utilizamos aqui, a saber:
>
> $$\frac{S \text{ (significante)}}{s \text{ (significado)}} = s \text{ (o enunciado)}$$
>
> Com $S = (-1)$, tem-se: $s = \sqrt{-1}$

Não é preciso ser matemático para perceber que isso é ridículo. Isso nos faz lembrar o personagem de Aldous Huxley que provava a existência de Deus dividindo zero por um número, e dessa forma derivando o infinito. Em outra formulação que é inteiramente típica do gênero, Lacan chega à conclusão de que o órgão erétil

> é igualável a $\sqrt{-1}$ da significação produzida acima, do gozo que ele restitui pelo coeficiente de seu enunciado à função de falta de significante (−1).

Não é necessário o conhecimento matemático de Sokal e Bricmont para nos assegurar de que o autor dessa tolice é um tapeador. Talvez ele seja genuíno quando fala de assuntos não científicos? Mas um filósofo que faz equivaler o órgão erétil à raiz quadrada de menos um, aos meus olhos, rasgou suas credenciais quando se trata de temas dos quais eu não entendo *nada*.

Outro autor a merecer um capítulo inteiro no livro de Sokal e Bricmont é a "filósofa" feminista Luce Irigaray. Numa passagem que parece uma notória descrição feminista dos *Principia* de Newton (um "manual de violação"), Irigaray alega que $E = mc^2$ é uma "equação marcada pela diferenciação entre os sexos". Por quê? Porque "ela *privilegia* a velocidade da luz em relação a outras (velocidades) que são uma necessidade vital para nós" (ênfase minha para aquela que é verdadeiramente uma palavra da moda, como rapidamente descobri). Igualmente típica da escola de pensamento analisada é a tese de Irigaray sobre a mecânica dos fluidos. Os fluidos, veja você, foram injustamente negligenciados. A "física masculina" *privilegia* as coisas sólidas, rígidas. Sua comentadora americana Katherine Hayles cometeu o engano de recolocar as idéias de Irigaray numa linguagem (comparativamente) clara. Por um momento, olhamos para o rei de uma maneira razoavelmente desobstruída e, sim, podemos ver que ele está nu:

> O privilégio da mecânica dos sólidos sobre a mecânica dos fluidos, e, com efeito, a incapacidade da ciência de lidar de algum modo com o fluxo turbulento, é algo que ela atribui à associação entre fluidez e feminilidade. Enquanto os homens possuem órgãos sexuais que se projetam e ficam rígidos, as mulheres têm aberturas que gotejam sangue menstrual e fluidos vaginais [...] Dessa perspectiva, não surpreende que a ciência não tenha sido capaz de chegar a um modelo bem-sucedido para a turbulência. O problema do fluxo turbulento não pode ser resolvido porque as concepções sobre os fluidos (e sobre as mulheres) foram formuladas com vistas a produzir obrigatoriamente restos não articulados.

Não é preciso ser um físico para perceber a insensatez desse tipo de argumento (o tom em que ele é formulado se tornou demasiadamente familiar), mas contamos com Sokal e Bricmont para nos fornecer uma explicação da verdadeira razão pela qual o fluxo turbulento constitui um problema árduo (as equações Navier-Stokes são difíceis de resolver).

De maneira semelhante, Sokal e Bricmont desmascaram a confusão entre relatividade e relativismo na obra de Bruno Latour, a "ciência pós-moderna" de Lyotard e os freqüentes e previsíveis maus usos do teorema de Gödel, da teoria quântica e da teoria do caos. O renomado Jean Baudrillard é apenas um entre muitos a considerar a teoria do caos uma ferramenta útil para confundir os leitores. Uma vez mais, Sokal e Bricmont nos prestam um auxílio, ao analisar os truques empregados. A sentença a seguir, "embora construída a partir da terminologia própria à ciência, é desprovida de significado de um ponto de vista científico":

> Talvez a história em si mesma deva ser considerada uma formação caótica, em que a aceleração põe fim à linearidade e a turbulência criada pela aceleração desvia a história definitivamente de seu fim, do mesmo modo como essa turbulência distancia os efeitos de suas causas.

Deixarei de lado as citações pois, como afirmam Sokal e Bricmont, o texto de Baudrillard "continua num *crescendo* gradual de afirmações disparatadas". Novamente eles chamam atenção para a "alta densidade de terminologia científica e pseudocientífica — inserida em sentenças que são, até onde podemos ver, desprovidas de significado". Sua síntese do pensamento de Baudrillard valeria igualmente para qualquer um dos autores criticados aqui, e tratados como celebridades em toda parte dos Estados Unidos:

> Em resumo, pode-se encontrar nos trabalhos de Baudrillard uma profusão de termos científicos, usados com total desconsideração por seu significado, e, acima de tudo, em um contexto em que eles são manifestamente irrelevantes. Quer os interpretemos ou não como metáforas, permanece difícil ver que papel esses termos poderiam aí desempenhar, exceto o de conferir uma aparente profundidade a observações triviais sobre a sociologia ou a história. Além disso, a terminologia científica é misturada a um vocabulário não científico empregado de maneira igualmente descuidada. No final das contas, nos perguntamos o que restaria do pensamento de Baudrillard se todo o verniz verbal que o encobre fosse removido.

Mas os pós-modernistas não afirmam estar somente "brincando"? O ponto central de sua filosofia não é justamente o de que vale tudo, o de que não há verdade absoluta, de que qualquer coisa escrita tem o mesmo estatuto que outra coisa qualquer, e de que nenhum ponto de vista é preferível a outro? Dados seus próprios padrões de verdade relativa, não é um tanto injusto censurá-los por gracejar com jogos de palavras e pregar pequenas peças nos leitores? Talvez, mas nesse caso ficamos a nos perguntar por que seus escritos são tão espantosamente enfadonhos. Os jogos não deveriam ser, ao menos supostamente, algo divertido, em vez de mal-humorados, solenes e pretensiosos? Mais revelador ainda, se eles estão apenas brincando, por que reagem com tamanhos gritos de consternação quando alguém lhes prega uma peça? A gênese de *Imposturas intelectuais* foi uma peça brilhante pregada por Alan Sokal, e o sucesso formidável de sua jogada de mestre não foi recebido com as risadas divertidas que seriam de se esperar após semelhante proeza em termos de desconstrução. Aparentemente, ao nos tornamos parte do sistema, deixamos de achar engraçado quando alguém fura o balão de gás do nosso palavrório instituído.

Como é hoje um fato bem conhecido, Sokal submeteu, em 1996, um artigo intitulado "Transgressão das fronteiras: por uma hermenêutica transformativa da gravidade quântica" ao periódico americano *Social Text*. O artigo era sem sentido do começo ao fim. Tratava-se de uma paródia cuidadosamente construída da metatagarelice pós-moderna. O que inspirou Sokal a fazer isso foi o livro de Paul Gross e Norman Levitt, *Higher superstition: the academic left and its quarrels with science* [Alta superstição: a esquerda acadêmica e suas querelas com a ciência], uma obra importante que merece tornar-se tão conhecida na Grã-Bretanha quanto ela é nos Estados Unidos. Mal podendo crer no que o livro dizia, Sokal foi atrás das referências da literatura pós-moderna e descobriu que Gross e Levitt não estavam exagerando. Ele decidiu fazer algo a respeito. Nas palavras de Gary Kamiya:

> Qualquer um que tenha passado muito tempo atravessando a linguagem pia, obscurantista e repleta de jargão que hoje é entendida como o pensamento "avançado" nas ciências humanas sabia que isso inevitavelmente aconteceria mais cedo ou mais tarde: algum intelectual perspicaz, armado com as senhas não tão secretas ("hermenêutica", "transgressivo", "lacaniano", "hegemonia", para mencionar apenas algumas), escreveria um artigo completamente espúrio, o submeteria a um periódico da moda e teria seu artigo aceito [...] O texto de Sokal emprega todos os termos esperados. Ele cita todos os grandes. Ele bate forte nos pecadores (os homens brancos, o "mundo real"), aplaude os virtuosos (as mulheres, os disparates metafísicos em geral) [...] E ele vem a ser uma total e completa embromação — um fato que de alguma forma escapou à atenção dos poderosos editores do *Social Text*, que devem agora experimentar a mesma sensação nauseante que afligiu os troianos no dia seguinte, quando eles receberam aquele gigantesco e belo cavalo de presente e o arrastaram para dentro de sua cidade.

O artigo de Sokal deve ter sido visto como um presente por esses editores, pois se tratava de um físico fazendo todas as afirmações em voga que eles desejavam ouvir, atacando a "hegemonia pós-iluminista" e outras idéias pouco bacanas como a existência do mundo real. Eles não sabiam que Sokal havia também abarrotado seu artigo com erros científicos notórios e clamorosos, de um tipo que mesmo um parecerista que ainda estivesse cursando a graduação em física teria detectado imediatamente. O artigo não foi enviado a nenhum parecerista. Os editores, Andrew Ross e outros, se contentaram com o fato de que a ideologia do texto correspondia à deles e é possível que tenham ficado lisonjeados com as referências a seus próprios trabalhos. Esse vergonhoso trabalho de edição rendeu a eles, justificadamente, o Prêmio Ig Nobel de literatura em 1996.

Não obstante os ovos atirados neles, e malgrado todas as suas pretensões feministas, esses editores são os machos dominantes na arena acadêmica. O próprio Andrew Ross tem a autoconfiança canhestra daqueles que dispõem de um emprego estável para dizer coisas como "Estou satisfeito de ficar livre do Departamento de Inglês. Para começar, porque eu odeio literatura, e os departamentos de inglês geralmente estão cheios de pessoas que adoram literatura", e tem também a complacência de um brutamontes para iniciar um livro sobre "estudos da ciência" com as seguintes palavras: "Este livro é dedicado a todos os professores cientistas que eu nunca tive. Ele só poderia ter sido escrito sem eles". Ele e seus companheiros, os barões dos "estudos culturais" e dos "estudos da ciência", não são excêntricos inofensivos trabalhando em faculdades de terceira categoria. Muitos deles têm posições estáveis no corpo docente de algumas das melhores universidades americanas. Homens desse tipo têm assento em comissões de seleção, exercendo poder sobre jovens acadêmicos que talvez aspirem secretamente a uma carreira acadêmica *honesta* em estudos literários ou em antropologia, por exemplo. Tenho conhecimento — porque muitas dessas pessoas me disseram — de que nesses lugares há pesquisadores genuínos que denunciariam a situação, se tivessem coragem, mas que são intimidados a permanecer em silêncio. Para eles, Alan Sokal deve ser um herói, e ninguém com senso de humor ou com senso de justiça discordaria disso. A propósito, embora seja algo estritamente irrelevante, conta também em favor de Sokal que suas credenciais de esquerda sejam impecáveis.

Numa autópsia detalhada de seu famoso embuste, submetida ao *Social Text*, mas, como era de se prever, rejeitada por eles e publicada em outro lugar, Sokal observa que, além das numerosas meias-verdades, afirmações falsas e *non sequiturs*, seu artigo original continha algumas "sentenças sintaticamente corretas que não tinham significado algum". Ele lamenta que essas sentenças não fossem em maior número: "Tentei arduamente produzi-las, mas descobri que, salvo por raros repentes de inspiração, eu simplesmente não levo jeito para isso". Se estivesse escrevendo sua paródia hoje, sem dúvida ele teria o auxílio de um eficiente programa de computador criado por Andrew Bulhak, de Melbourne: o gerador pós-modernista. Toda vez que o visitarmos no endereço <http://elsewhere.org/cgi-bin/postmodern/> ele espontaneamente gerará para nós, empregando princípios gramaticais irrepreensíveis, um novo e formidável discurso pós-moderno, totalmente inédito. Acabo de entrar nesse site, e ele produziu para mim um artigo de 6 mil palavras intitulado "A teoria capitalista e o paradigma subtextual do contexto" de "David I. L. Werther e Rudolf du Garbandier do Departamento de Inglês da Universidade de Cambridge" (há uma certa "justiça poética" aqui, uma vez que a Universidade de Cambridge considerou apropriado dar um título honorário a Jacques Derrida). Eis um trecho típico desse trabalho admiravelmente erudito:

> Ao examinarmos a teoria capitalista, nos vemos diante de um impasse: rejeitar o materialismo neotextual ou concluir que a sociedade tem valor objetivo. Se o dessituacionismo dialético tem validade, temos que escolher entre o discurso habermasiano e o paradigma subtextual do contexto. Pode-se dizer que o sujeito é contextualizado num nacionalismo textual que inclui a verdade como uma realidade. Num certo sentido, a premissa do paradigma subtextual do contexto afirma que a realidade advém do inconsciente coletivo.

Visite o gerador pós-modernista. Ele é uma fonte literalmente infinita de baboseiras sintaticamente corretas geradas de modo aleatório que se diferenciam do verdadeiro discurso pós-modernista somente pelo fato de que são mais divertidas de se ler. Você pode gerar milhares de artigos por dia, cada um deles inédito e pronto para a publicação, incluindo as notas de rodapé numeradas. Os manuscritos devem ser submetidos à "Comissão Editorial" do *Social Text*, em três cópias com espaço duplo.

Quanto à tarefa mais difícil de exigir a presença de pensadores genuínos nos departamentos de humanidades e de estudos sociais, Sokal e Bricmont se uniram a Gross e Levitt, dando um exemplo amigável e solidário do mundo da ciência. Esperemos que ele seja seguido.

8. O prazer de viver perigosamente: Frederick William Sanderson, da Oundle School[24]

Faz algum tempo que minha vida é dominada pela educação. Com a vida doméstica eclipsada pelos horrores dos exames *A-level*,* escapei em direção a Londres para fazer uma conferência dirigida a professores de ciência. No trem, pensando nervosamente na aula inaugural, a "Oundle Lecture", que eu daria na minha antiga escola** na semana seguinte, li a biografia de seu famoso diretor escrita por H. G. Wells: *The story of a great schoolmaster: being a plain account of the life and ideas of Sanderson of Oundle*[25] [A história de um grande diretor: um relato simples da

* *Advanced-levels*: exames realizados ao final do ensino secundário, dos quais depende em grande medida a aceitação do aluno pelas universidades britânicas. Os *A-levels* são famosos por traumatizar os adolescentes, uma vez que seu resultado costuma determinar o futuro dos estudantes. As escolas competem entre si na classificação nacional baseada nos resultados desses exames, e é bem conhecido o fato de que há escolas ambiciosas que desencorajam os alunos menos capazes a até mesmo prestar o exame, temendo prejudicar sua classificação.

** Oundle School, em Northamptonshire, na região central da Inglaterra, fundada em 1556.

vida e idéias de Sanderson, da Oundle]. O livro começa num tom que, de início, me pareceu um tanto exagerado: "Eu o considero, sem sombra de dúvida, o maior entre os homens que conheci com algum grau de intimidade". Mas esse livro me levou a ler sua biografia oficial, *Sanderson of Oundle*,[26] escrita por um grupo grande e anônimo de seus antigos alunos (Sanderson acreditava na cooperação, mais do que na busca do reconhecimento individual).

Agora entendo o que Wells quis dizer. E tenho certeza de que Frederick William Sanderson (1857-1922) teria ficado aterrorizado ao tomar conhecimento do que ouvi dos professores que encontrei na minha platéia em Londres: os efeitos sufocantes dos exames e a obsessão do governo em medir, por meio deles, o desempenho das escolas. Ele teria ficado desolado ao saber dos malabarismos antieducativos que os alunos são obrigados a desempenhar para ingressar na universidade. Ele teria desprezado explicitamente o legalismo e a cautela enfadonhos da "Comissão de Saúde e de Segurança"* e a contabilidade das tabelas que dominam a educação moderna e encorajam ativamente as escolas a colocar seus próprios interesses acima dos interesses de seus alunos. Citando Bertrand Russell, ele tinha aversão à competição e à "possessividade" como motivações para o que quer que fosse em matéria de educação.

Sanderson, da Oundle School, só não chegou a ser tão famoso quanto Arnold, da Rugby School, mas ele não foi feito para o mundo das *public schools*. Suponho que nos dias de hoje ele

* No original, "Health and Safety". Dawkins refere-se à comissão estabelecida pelo Health and Safety Work Act de 1974, com o objetivo de reduzir o número de acidentes e de doenças causados pelo trabalho no Reino Unido. O trabalho dessa comissão inclui, por exemplo, um guia de orientação às escolas com medidas para assegurar a saúde e a segurança dos alunos em visitas educativas. (N. T.)

teria dirigido uma escola *comprehensive** mista e de grande porte. Sua origem humilde, seu sotaque do Norte e a ausência de ordenação religiosa lhe renderam maus bocados com os "reitores" clássicos que ele encontrou ao chegar à pequena e decadente Oundle de 1892. Os primeiros cinco anos foram tão difíceis que Sanderson chegou a redigir sua carta de demissão. Felizmente, nunca chegou a enviá-la. Quando ele morreu, trinta anos depois, o número de alunos de Oundle havia aumentado de cem para quinhentos, a escola havia alcançado o primeiro lugar em ciência e engenharia no país e Sanderson conquistara o amor e o respeito de gerações de alunos e colegas agradecidos. Mais importante que isso, Sanderson desenvolveu uma filosofia da educação à qual necessitamos urgentemente dar atenção nos dias de hoje.

Dizem que ele não tinha fluência como orador, mas seus sermões na capela da escola podiam atingir alturas dignas de Churchill:

> Poderosos homens da ciência e poderosas façanhas. Newton, unificando todo o universo numa só lei; Lagrange, Laplace e Leibniz com suas extraordinárias harmonias matemáticas; Coulomb, medindo a eletricidade [...] Faraday, Ohm, Ampère, Joule, Maxwell, Hertz e Röntgen; em outro ramo da ciência, Cavendish, Davy, Dalton e Dewar; em outro ainda, Darwin, Mendel, Pasteur, Lister e Sir Ronald Ross. Todos esses e muitos outros, e alguns cujos nomes não são lembrados, formam uma hoste de heróis, um exército de soldados — dignos companheiros daqueles a quem os

* *Public schools* são, como o leitor talvez imagine, escolas privadas! Somente as famílias relativamente abastadas podem arcar com seu custo, o que as coloca, no espectro político, no extremo oposto das escolas do governo, as *Comprehensive schools* (que não existiam na época de Sanderson), nas quais a educação é gratuita.

> poetas cantaram [...] Newton, encabeçando essa lista, comparando si mesmo a uma criança que, brincando, apanha seixos à beira do mar, vendo de maneira profética o imenso oceano da verdade ainda inexplorado diante dele [...]

Quantas vezes você ouviu esse tipo de coisa numa missa? Ou algo como sua polida acusação ao patriotismo estúpido, proferida no Empire Day* ao final da Primeira Guerra Mundial? Percorrendo os versos do "Sermão da montanha", cada uma das bênçãos era concluída com um zombeteiro "Impera, Bretanha".**

> Bem-aventurados os que choram, pois eles serão consolados. Impera, Bretanha!
>
> Bem-aventurados os mansos, pois eles possuirão a Terra. Impera, Bretanha!
>
> Bem-aventurados os pacíficos, pois serão chamados filhos de Deus. Impera, Bretanha!
>
> Bem-aventurados os que sofrem perseguição por amor à justiça. Impera, Bretanha!
>
> Meus caros! Meus caros! Eu não os desencaminharia por nada neste mundo.

O desejo apaixonado de Sanderson de deixar os garotos livres para encontrar satisfação no que fizessem teria provocado um acesso de fúria na Comissão de Saúde e de Segurança e dei-

* Vinte e quatro de maio, dia do aniversário de nascimento da rainha Vitória, também chamado de Commonwealth Day. (N. T.)

** No original, "Rule, Britannia", verso e título de um hino patriótico originado de um poema de James Thomson, musicado por Thomas Arne em 1740. O hino, que se tornou um símbolo do poderio naval inglês, tem como estribilho os versos "*Rule, Britannia! Britannia rules the waves: Britons never will be slaves*". (N. T.)

xado os advogados de hoje lambendo os beiços antecipadamente. Ele ordenou que os laboratórios permanecessem destrancados o tempo todo, para que os rapazes pudessem entrar e trabalhar em seus próprios projetos de pesquisa, ainda que sem supervisão. As substâncias químicas mais perigosas permaneciam trancadas, "mas havia material suficiente à disposição para perturbar a tranqüilidade dos professores que tinham menos fé do que o diretor na providência que protege os jovens". A mesma política de portas abertas era aplicada às oficinas da escola, as melhores do país, equipadas com máquinas avançadas que eram o orgulho e o contentamento de Sanderson. Foi nessas condições que um garoto estragou uma "placa" ao usá-la como uma bigorna para bater um rebite. O acusado relata o episódio em *Sanderson of Oundle*:

> Ao descobrir o ocorrido, o diretor ficou momentaneamente desconcertado.* Mas minha punição foi inteiramente oundliana. Tive que fazer um estudo sobre a fabricação e o uso desse instrumento, trazer um relatório e explicá-lo em detalhes. Depois disso eu aprendi a olhar duas vezes para um instrumento refinado de trabalho antes de utilizá-lo.

Incidentes desse tipo levaram, por fim (o que não chega a ser surpreendente), ao fechamento das oficinas e laboratórios nos períodos em que não havia supervisão de um adulto. Mas alguns garotos se ressentiram profundamente dessa restrição e, num estilo verdadeiramente sandersoniano, se puseram a fazer, nas oficinas e também na biblioteca (outro motivo de orgulho para Sanderson) um estudo intensivo sobre cadeados e fechaduras.

* Como seria de se esperar, uma vez que a placa em questão era uma "surface plate", um instrumento de precisão, usado para verificar o nivelamento dos objetos.

> Em nosso entusiasmo, fizemos chaves falsas para toda Oundle, não apenas para os laboratórios como também para as salas de uso privado. Durante semanas usamos os laboratórios e oficinas como havíamos nos habituado a fazer, agora porém com enorme cuidado com os custosos instrumentos e tomando precauções para não deixar nenhuma desordem que pudesse denunciar nossas visitas. Aparentemente o diretor nada percebeu; ele tinha um grande talento para simular uma cegueira — até que chegou o dia do encerramento do ano letivo, quando ficamos estupefatos ao ouvi-lo relatar sorrindo, para os pais reunidos, o episódio todo: "E o que vocês imaginam que meus garotos têm feito agora?".

A aversão que Sanderson nutria por toda porta trancada que pudesse se interpor entre um aluno e algum entusiasmo que valesse a pena era um símbolo de sua atitude geral em relação à educação. Havia um aluno que estava tão ardentemente envolvido com o projeto em que estava trabalhando que ele costumava escapulir do quarto às escondidas às duas horas da manhã para ler na biblioteca (que permanecia, é claro, destrancada). O diretor o surpreendeu lá, certa vez, e rugiu com indignação diante dessa quebra de disciplina (ele era famoso por seu temperamento explosivo e uma de suas máximas era "Jamais castigue, exceto com raiva"). Uma vez mais, o garoto relata a história:

> A tempestade havia passado. "E o que é que você está lendo, rapaz, a essas horas?" Contei sobre o trabalho que parecia ter me possuído, trabalho para o qual as atividades do dia não deixavam tempo suficiente. Sim, sim, ele compreendia. Ele examinou as anotações que eu vinha tomando e elas puseram suas idéias em movimento. Sentou-se ao meu lado para lê-las. Elas descreviam o desenvolvimento de processos metalúrgicos e Sanderson começou a conversar comigo sobre as descobertas e o valor que elas tinham, sobre a

incessante busca de conhecimento e poder por parte do homem, sobre o significado desse desejo de saber e de fazer e sobre aquilo que nós, na escola, estávamos aprendendo em relação a isso. Conversamos, e ele falou por quase uma hora naquele ambiente ainda noturno. Foi um dos melhores e mais significativos momentos de formação de toda a minha vida [...] "Volte para a cama, meu rapaz. Encontraremos algum tempo durante o dia para você fazer isso."

Não sei quanto a você, mas essa história quase me faz chorar. Longe de privilegiar os alunos mais carreiristas, almejando os primeiros lugares nas classificações de desempenho das escolas,

> Sanderson se empenhava mais vigorosamente no interesse dos alunos medianos, e sobretudo dos garotos mais obtusos. Ele jamais admitiria o uso dessa palavra: se um aluno se mostrava obtuso era porque estava sendo forçado a seguir numa direção errada, e ele então fazia infindáveis experimentos para descobrir os interesses do aluno [...] ele conhecia cada garoto pelo nome e tinha um retrato mental completo de suas habilidades e de sua personalidade [...] Para ele, não era suficiente que a maioria se saísse bem. "Não gosto de fracassar em relação a um aluno."

A despeito do desprezo de Sanderson pelos exames públicos — e talvez por isso mesmo —, Oundle saía-se bem neles. Um recorte de jornal apagado e amarelado caiu de dentro da minha edição de segunda mão do livro de Wells: "Entre os melhores resultados nos exames feitos pelas escolas de Oxford e Cambridge, Oundle lidera uma vez mais, com 76 alunos aprovados. Shrewsbury e Marlborough empatam em segundo lugar com 49 alunos cada uma".

Sanderson morreu em 1922, depois de lutar para terminar uma conferência dirigida a um grupo de cientistas na University College, em Londres. O presidente da reunião, o próprio H. G. Wells, acabara de convidar a platéia a fazer sua primeira pergunta quando Sanderson caiu morto no púlpito. A conferência não havia sido planejada como uma despedida, mas nossos sentimentos podem reconhecer no texto publicado o testamento educacional de Sanderson, um resumo final de tudo o que ele aprendera em trinta anos como um diretor de escola extremamente bem-sucedido e profundamente querido.

Com as últimas palavras desse homem ressoando em minha mente, fechei o livro e segui minha viagem rumo à University College, em Londres, local de seu canto do cisne e da minha própria modesta conferência num encontro de professores de ciência.

O assunto de minha conferência, sob a presidência de um esclarecido pastor, era a evolução. Apresentei uma analogia que os professores poderiam empregar para fazer com que seus alunos se dessem conta da verdadeira antigüidade do universo. Se a história fosse escrita à velocidade de um século por página, qual seria a grossura do livro em questão? Na visão de um Criacionista da Terra jovem, toda a história do universo caberia confortavelmente numa esbelta brochura. E quanto à resposta da ciência para a mesma pergunta? Para acomodar todos os volumes da história, mantendo-se a mesma escala, seria necessária uma prateleira com mais de quinze quilômetros de extensão. Isso nos dá a dimensão do imenso abismo que separa a verdadeira ciência, de um lado, e do outro o ensino criacionista privilegiado por algumas escolas. Não se trata de uma discordância em relação a um detalhe científico. Trata-se da diferença entre uma única brochura e uma biblioteca de milhões de livros. Sanderson teria considerado ofensivo o ensino da visão de que a Terra é jovem, não apenas por sua falsidade, mas porque se trata de uma visão trivial, estreita, paroquial, desprovida de imaginação e de poesia, uma visão francamente *enfadonha*, em comparação com a verdade estremecedora, que é capaz de expandir nossas mentes.

Depois de almoçar com os professores, fui convidado a participar de suas deliberações no período da tarde. Quase todos se mostravam profundamente preocupados com o conteúdo do *A-level* e com os efeitos da pressão dos exames sobre a genuína educação. Um após o outro, eles se aproximaram e me contaram em segredo que, por mais que quisessem, não *se atreviam* a fazer justiça à evolução em suas aulas. A razão disso não era que eles se sentissem intimidados pelos pais fundamentalistas (o que teria sido o motivo em certos ambientes dos Estados Unidos). Era simplesmente em virtude da matéria a ser ensinada para o *A-level*. A evolução tem apenas uma brevíssima menção nesse programa, e somente ao final do curso preparatório para o exame. Isso é absurdo, uma vez que, como me disse um dos professores, citando o grande biólogo russo-americano Theodosius Dobzhansky (que era um cristão devoto, como o próprio Sanderson), "nada em biologia faz sentido senão à luz da evolução".

Sem a evolução, a biologia se resume a uma miscelânea de fatos heterogêneos. Até que as crianças aprendam a raciocinar em termos evolutivos, os fatos que elas vierem a conhecer serão apenas fatos, sem nenhuma articulação entre eles e sem nada que os torne significativos ou coerentes. Com a evolução, há uma luz que penetra os mais íntimos recessos, os espaços mais remotos da ciência da vida. Não só se compreendem os fatos, como as razões deles. Como é possível ensinar biologia a menos que se *comece* pela evolução? Como, a bem da verdade, alguém pode se considerar uma pessoa instruída se nada sabe sobre a razão de sua própria existência? E, no entanto, repetidamente escutei dos professores o mesmo relato. A despeito de seu desejo de apresentar aos alunos o teorema central da vida, eles se viam subitamente estancados nesse percurso: "Isso faz parte da matéria que eu tenho que saber? Isso vai cair no meu exame?". Lamentavelmente, eles tinham que reconhecer que a resposta era "não", e retornar à memorização de fatos desconexos necessária ao bom desempenho nos exames *A-level*.

Sanderson teria se enfurecido:

> Concordo com Nietzsche que "o segredo de uma vida prazerosa é viver perigosamente". Uma vida prazerosa é uma vida ativa — e não o monótono estado estático que se costuma chamar de felicidade. Cheia do fogo ardente do entusiasmo, anárquica, revolucionária, vigorosa, demoníaca, dionisíaca, transbordando com o enorme anseio de criar — assim é a vida do homem que arrisca segurança e felicidade por crescimento e felicidade.

Seu espírito perdurou em Oundle. Seu sucessor imediato, Kenneth Fisher, presidia uma reunião com os professores quando se ouviu uma batida tímida na porta e um garotinho entrou na sala: "Com licença, senhor, há gaivinas-pretas lá no rio". "A reunião pode esperar", disse Fisher, num tom decidido, aos professores reunidos. Ele se levantou, apanhou seus binóculos e saiu de bicicleta na companhia de seu pequeno ornitólogo, e — não consigo deixar de imaginar — com o bondoso fantasma de Sanderson, de faces coradas, irradiando atrás deles. Ora, *isso* é que é educação — e que se danem todas as estatísticas e tabelas de classificação, todos os programas empanturrados de fatos e todas as listas intermináveis de exames.

Esse episódio me foi relatado pelo inspirador professor de zoologia que eu mesmo tive em Oundle, Ioan Thomas, que havia se candidatado ao emprego nessa escola justamente porque desejava lecionar seguindo essa tradição. Eu me recordo de uma aula sobre a hidra, um pequeno habitante de águas paradas, uns 35 anos depois da morte de Sanderson. O sr. Thomas perguntou a um de nós: "Que animal se alimenta da hidra?". Um a um, fizemos nossos palpites. Ao chegar ao último garoto, estávamos ansiosos pela resposta correta. "Senhor, senhor, qual é o animal que se alimenta da hidra?" O sr. Thomas esperou até que se fizesse completo silêncio. Então ele falou, lentamente e de modo bem claro, fazendo uma pausa depois de cada palavra: "Não sei... (*Crescendo*) Não sei... (*Molto crescendo*) E também não acredito que o sr. Coulson saiba. (*Fortissimo*) Sr. Coulson! Sr. Coulson!".

Ele abriu violentamente a porta da sala de aula ao lado, interrompendo de maneira dramática a aula de seu colega mais velho e trazendo-o até a nossa sala. "Sr. Coulson, o senhor sabe qual é o animal que se alimenta da hidra?" Se houve alguma piscadela entre os dois professores eu não sei, mas o sr. Coulson desempenhou seu papel com perfeição: ele não sabia. Novamente o espírito paternal de Sanderson deu uma risadinha disfarçada no canto da sala, e nenhum de nós jamais esquecerá essa lição. O que importa não são os fatos, mas o modo como nós os descobrimos e refletimos sobre eles: isso é educação, no verdadeiro sentido da palavra, algo muito diferente da nossa cultura de hoje, louca por avaliações e exames.

A tradição de Sanderson de que não apenas o coral mas toda a escola, incluindo aqueles sem ouvido musical, deveria ensaiar e tomar parte do oratório anual também sobreviveu a ele, tendo sido amplamente imitada por outras escolas. Sua mais famosa inovação, a Semana nas Oficinas (uma semana inteira para todos os alunos de todas as séries, com suspensão de todas as outras atividades), não sobreviveu, mas ainda ocorria na minha época, nos anos 50. Ela foi finalmente eliminada pela pressão exercida pelos exames — é claro —, porém uma encantadora fênix sandersoniana emergiu de suas cinzas. Os garotos, e hoje em dia as garotas, o que muito me alegra, trabalham fora do horário escolar para construir carros esportivos (e cartes off-road) segundo os projetos especiais desenvolvidos na Oundle. Cada carro é construído por um aluno individual, com ajuda, é claro, especialmente em relação às técnicas avançadas de soldagem. Quando visitei Oundle na semana passada, encontrei dois jovens, um rapaz e uma moça, vestindo macacões, que haviam deixado a escola recentemente mas que retornaram de suas respectivas universidades para terminar seus carros. Mais de quinze carros foram levados para casa por seus orgulhosos criadores durante os últimos três anos.

Então, meu caro sr. Sanderson, sopra no senhor uma leve e palpitante brisa de imortalidade, naquele único sentido de imortalidade a que um homem esclarecido pode aspirar. Façamos com que o país todo seja varrido pela ventania da reforma, sopremos para bem longe os fanáticos por avaliações e pelo ciclo infindável de exames desmoralizantes que destroem a infância e retornemos à verdadeira educação!

II. A LUZ SERÁ LANÇADA

O título desta seção — e de seu primeiro capítulo — é uma citação de *A origem das espécies*. Darwin falava sobre lançar luz nas origens do homem, o que ele realizou em *A origem do homem*, mas me agrada pensar no quanto as suas idéias lançaram luz em diferentes campos. Na verdade, essa era a nossa segunda escolha para o título deste livro. O primeiro ensaio desta seção, "A luz será lançada", é o prefácio que escrevi há pouco para uma nova edição escolar de *A origem do homem*, publicada pela Gibson Square Books. Ao escrevê-lo, me dei conta de que Darwin enxergava ainda mais longe do que eu supunha até então.

"Darwin triunfante" foi minha contribuição ao segundo simpósio *Man and Beast*, realizado em Washington D. C., em 1991, tendo como subtítulo "O darwinismo como verdade universal". A expressão "darwinismo universal" foi introduzida por mim na conferência comemorativa do centenário da morte de Darwin ocorrida em Cambridge em 1982. A evolução darwiniana não é simplesmente a base da vida em nosso planeta. É possível defender o argumento de que ela é essencial à vida em si mesma, um fenômeno universal onde quer que haja vida. Se essa suposição estiver correta, a luz lançada por Darwin vai muito mais longe do que jamais sonhou aquele homem gentil e modesto.

Um lugar que faríamos bem em iluminar é o submundo sombrio da propaganda criacionista. Os produtores de televisão contam com um poder tão evidente na ilha de edição e na sala de corte que chega a ser espantoso que abusem dele com tão pouca freqüência. Dizem que o deputado Tony Benn, um veterano socialista, tem o hábito de ligar o seu próprio gravador para servir como testemunha de uma desonestidade potencial a cada vez que é entrevistado. É surpreendente que eu nunca tenha considerado isso necessário, e a única ocasião em que fui deliberadamente enganado foi por um criacionista australiano. Esse episódio vergonhoso, que me instigou a publicar "O 'desafio da informação'", é relatado no próprio ensaio.

"É um demônio, um demônio de nascença, em cuja natureza jamais pôde atuar a educação."* Por mais grato que Shakespeare pudesse se sentir ao saber quantos de seus versos se tornaram bem conhecidos do público em geral, minha suspeita é de que ele talvez se contorcesse com a superexposição moderna do clichê natureza-educação.** Em 1993, uma torrente de publicidade a respeito do assim chamado "gene gay" no cromossomo X resultou num convite do *Daily Telegraph* para deslindar os mitos do "determinismo genético". O artigo em questão foi reproduzido aqui como "Os genes não somos nós".

Meu agente literário, John Brockman, possui o carisma necessário para persuadir seus clientes e também outros autores a deixar de lado o que quer que estejam fazendo e contribuir com

* No original, "*A devil, a born devil, on whose nature, Nurture can never stick*" Shakespeare, *A tempestade*, ato IV, cena 1. (N. T.)
** No original, "*nature/nurture cliché*". (N. T.)

os livros que ele edita, ainda que isso entre em franca contradição com os conselhos que ele lhes daria quanto ao sucesso comercial do projeto. A eminência de sua lista de convidados os seduz a entrar em seu portal <http://www.edge.org/> e, antes mesmo que saibam onde estão, eles se vêem corrigindo as provas de seus textos para uma nova publicação. "A filha da Lei de Moore" foi minha contribuição futurológica para um fascinante simpósio on-line, intitulado *The next fifty years* [Os próximos cinqüenta anos].

1. A luz será lançada

Prefácio a uma nova edição para estudantes de A origem do homem, *de Darwin*[27]

O ser humano é o convidado que falta no banquete de *A origem das espécies.* A famosa frase "A luz será lançada sobre a origem do homem e sua história" mostra um eufemismo calculado, comparável, nos anais da ciência, somente à declaração "Não nos escapou à observação que o pareamento específico que postulamos sugere imediatamente o possível mecanismo de cópia para o material genético" de Watson e Crick. No momento em que Darwin finalmente deu conta de lançar essa luz, em 1871, outros já haviam chegado lá antes dele. E a maior parte de *A origem do homem* não fala sobre os humanos, mas sobre a "outra" teoria de Darwin, a da seleção sexual.

A origem do homem foi concebido como um único livro, mas acabou por se transformar em três, os dois primeiros unidos sob o mesmo título, com o segundo tópico assinalado pelo subtítulo "A seleção sexual". Segundo Darwin, o terceiro deles, *A expressão das emoções*, do qual não me ocuparei aqui, nasceu do *A origem* original, e começou a ser escrito imediatamente após a conclusão deste último. Dado que a divisão do livro fazia parte dos planos de

Darwin, surpreende, à primeira vista, que ele não tenha separado num outro livro também a seleção sexual. Teria sido natural publicar os capítulos 8 a 18 como *A seleção sexual*, seguido de um segundo livro, *A origem do homem*, constituído pelos capítulos 1 a 8 e 19 a 21 da edição que conhecemos. O resultado disso seria uma divisão clara em dois livros com onze capítulos cada um, e muitas pessoas já se perguntaram por que Darwin fez isso. Seguirei a mesma ordem — falando da seleção sexual primeiro e, em seguida, da descendência do homem — para então retornar, ao final, à questão de se os dois temas deveriam ter sido apresentados em separado. Além de discutir o livro de Darwin, tentarei fornecer algumas indicações da direção que esse tema vem tomando nos dias atuais.

A ligação visível entre a seleção sexual e a descendência do homem está no fato de que Darwin acreditava que a primeira constituía uma chave para o entendimento da segunda, em especial no que diz respeito à questão das raças humanas, um tópico que preocupava os vitorianos bem mais do que nos preocupa hoje em dia. Mas, como observou o historiador e filósofo da ciência Michael Ruse, havia uma conexão mais estreita entre os dois temas. Eles eram a única fonte de discordância entre Darwin e seu co-descobridor da seleção natural. Alfred Russell Wallace nunca simpatizou com a idéia de seleção sexual, pelo menos não na forma radical como Darwin a entendia. E Wallace, embora tivesse cunhado o termo "darwinismo" e descrevesse a si mesmo como "mais darwiniano que Darwin", não aderiu ao materialismo embutido na visão de Darwin sobre a mente humana. Esses pontos de discordância em relação a Wallace assumiam, para Darwin, uma importância ainda maior na medida em que os dois concordavam em quase tudo o mais. O próprio Darwin escreveu, numa carta a Wallace de 1867:

> O motivo por que estou atualmente tão interessado na seleção sexual é que me encontro quase decidido a publicar um pequeno ensaio sobre a origem do homem, e ainda acredito fortemente (embora não tenha conseguido convencê-lo, o que, para mim, constitui o mais pesado dos golpes) que a seleção sexual foi o principal agente na formação das raças humanas.[28]

A origem do homem e a seleção sexual poderia ser visto, então, como uma dupla resposta a Wallace. Mas é possível também — e qualquer um que leia esses capítulos poderia perdoá-lo por isso — que Darwin simplesmente tenha se deixado levar por seu entusiasmo pela seleção sexual.

Os pontos de discordância entre Darwin e Wallace a respeito da seleção sexual foram desvelados pela filósofa e historiadora darwiniana Helena Cronin em seu elegante livro *The ant and the peacock*[29] [A formiga e o pavão]. Ela chega mesmo a seguir os desdobramentos das duas tendências até o momento atual, classificando os teóricos da seleção sexual que vieram depois como "wallacianos" e "darwinianos". Darwin exultava com a seleção sexual. Como naturalista, ele se mostrava fascinado pela extravagante ostentação dos lucanos e dos faisões, ao passo que, como teorizador, sabia que a sobrevivência é somente um meio para atingir a finalidade da reprodução. Wallace não admitia que capricho estético fosse explicação suficiente para a evolução de cores gritantes e dos outros traços conspícuos para os quais Darwin invocava a escolha por fêmeas (ou em algumas espécies por machos). Mesmo quando persuadido de que certos traços dos machos haviam se desenvolvido como uma forma de propaganda dirigida às fêmeas, Wallace insistia que as qualidades assim anunciadas eram necessariamente utilitárias. As fêmeas escolhem os machos não porque eles são belos, mas porque são bons provedores, ou porque possuem alguma outra qualidade igualmente valiosa. Wallacianos modernos como William Hamilton[30] e Amotz Zahavi[31] consideram as cores brilhantes e outras formas de propaganda destinadas à seleção sexual sinais verdadeiros e infalsificáveis de qualidades reais: boa saúde, por exemplo, ou resistência a parasitas.

Darwin também aceitava essa idéia, mas estava igualmente pronto a sustentar que o puro capricho estético constituía uma força seletiva na natureza. Alguma coisa no cérebro da fêmea simplesmente a levaria a apreciar as penas de um colorido berrante, ou qualquer que fosse o equivalente disso numa determinada espécie, e isso seria o suficiente para que os machos as desenvolvessem, ainda que isso se mostrasse desvantajoso em relação à sua própria sobrevivência. Foi R. A. Fisher, o mais importante entre os darwinianos do século XX, que construiu uma fundamentação teórica sólida para essa idéia, ao sugerir a hipótese de que a preferência por parte das fêmeas se encontra sob o controle genético e, portanto, sujeita à seleção natural, exatamente do mesmo modo que as qualidades masculinas preferidas.[32] A interação entre a seleção sobre os genes que determinam a preferência feminina (herdados por ambos os sexos) e a seleção sobre os genes que determinam os traços ostentados pelos machos (igualmente herdados por ambos os sexos) produz a força propulsora coevolutiva para o desenvolvimento de propagandas sexuais cada vez mais extravagantes. Suspeito que o elegante raciocínio de Fisher, complementado por teóricos mais recentes como R. Lande, poderia ter reconciliado Wallace e Darwin, uma vez que Fisher não deixou o capricho feminino inexplicado, como um fato arbitrário. O ponto-chave é que os caprichos femininos futuros estão em concordância com aqueles herdados do passado.[33]

Deve-se manter em mente, então, na leitura da longa seção intermediária de *A origem do homem*, essa diferença entre a seleção sexual darwiniana e a wallaciana. É importante lembrarmos também que Darwin fez uma distinção clara entre seleção natural e seleção sexual, uma distinção que nem sempre é compreendida hoje em dia. A seleção sexual diz respeito à competição entre membros do mesmo sexo pelo sexo oposto. Ela geralmente produz adaptações nos machos para que eles suplantem outros machos, seja através da luta com esses últimos ou da atração exercida sobre as fêmeas. Isso não inclui todo o resto do aparato de reprodução sexual. A capacidade de um pênis como órgão de penetração é uma manifestação da seleção natural, e não da seleção sexual. Um macho necessita de um pênis para se reproduzir, estejam os machos competidores presentes ou não. Mas os machos dos macacos-verdes (*Cercopithecus aethiops*) têm um pênis vermelho brilhante acentuado por um saco escrotal azul-celeste que, juntos, funcionam como manifestações de dominância em relação aos outros machos. É em relação às suas cores, e não aos órgãos em si mesmos, que Darwin invocaria a seleção sexual.

Para decidirmos se algo é uma adaptação sexualmente selecionada ou não, façamos o seguinte experimento mental. Imaginemos que todos os competidores do mesmo sexo pudessem desaparecer por alguma razão. Se a pressão para a adaptação desaparecesse, isso mostraria que ela era selecionada sexualmente. No caso dos macacos-verdes é razoável supor, como Darwin decerto teria feito, que, se a competição representada pelos machos rivais tivesse sido removida por uma varinha de condão, o pênis e o saco escrotal permaneceriam, mas seu esquema de cores azul e vermelho se esmaeceria. As colorações ostensivas são um produto da seleção sexual, ao passo que os órgãos utilitários da produção e da introdução do esperma são manifestações da seleção natural. Darwin teria adorado os pênis pontudos e barrocos documentados por W. G. Eberhard em seu livro *Sexual selection and animal genitalia*[34] [A seleção sexual e a genitália dos animais].

O renomado filósofo americano Daniel Dennett atribuiu a Darwin a mais grandiosa idéia que já ocorreu à mente humana.[35] Trata-se da seleção natural, é claro, e eu incluiria a seleção sexual como parte da mesma idéia. Mas Darwin não era apenas um grande pensador, era também um naturalista dotado de um profundo conhecimento enciclopédico e (o que não necessariamente decorre disso) de um habilidoso talento para memorizá-lo e estendê-lo em direções produtivas. Ele foi um mestre enciclopedista, que examinou vastas quantidades de informação e observações solicitadas a naturalistas do mundo todo e agradeceu meticulosamente a cada um desses cavalheiros por sua contribuição ao assunto, elogiando-os, muitas vezes, por sua "confiável observação". Para mim, há uma fascinação adicional no estilo vitoriano de sua prosa, algo inteiramente à parte do sentimento que o leitor experimenta na presença de um dos grandes intelectos de todos os tempos.

Com toda a sua antevisão (Michael Ghiselin afirmou que ele se encontrava pelo menos um século à frente de seu tempo),[36] Darwin era ainda assim um vitoriano, e seu livro deve ser lido no contexto de sua época, isto é, levando-se em conta todos os seus problemas. O que mais irritará o ouvido moderno é a incontestada presunção vitoriana de que os animais em geral, e os humanos em particular, estão dispostos numa escala de superioridade crescente. Como todos os vitorianos, Darwin tranqüilamente se referia a espécies particulares como "inferiores na escala da natureza". Até mesmo alguns biólogos modernos fazem isso, embora não devessem, pois todas as espécies viventes são parentes que vêm se desenvolvendo desde seu ancestral comum há exatamente o mesmo período de tempo.[37] O que as pessoas cultas não fazem nos dias de hoje, mas seus equivalentes vitorianos faziam, é pensar nas raças humanas da mesma maneira hierárquica. Ler um texto como o que se segue sem sentir repugnância é algo que exige de nós um esforço especial:

> Parece à primeira vista uma suposição monstruosa que a cor preto azeviche do negro tenha sido alcançada através da seleção sexual [isto é, que ela seja atrativa para o sexo oposto] [...] A semelhança do *Pithecia satanas** — com sua pele preto azeviche, os olhos esbugalhados e o cabelo dividido no alto da cabeça — com um negro em miniatura é quase burlesca.[38]

É uma marca de infantilidade histórica enxergar os escritos produzidos em um determinado século com as lentes politicamente tingidas de outro século. O próprio título, *A descendência do homem*, provoca arrepios naqueles ingenuamente trancafiados nas tradições de nossa época. Mas é possível argumentar que a leitura de documentos históricos que violam os tabus do nosso século fornece valiosas lições a respeito do caráter efêmero de tais costumes. Quem pode saber de que modo os nossos descendentes nos julgarão?

Menos óbvias, mas igualmente importantes de se compreender, são as mudanças em relação ao clima científico da época. Em particular, é sempre bom lembrar o fato de que a genética de Darwin era pré-mendeliana. A teoria da herança por mistura, embora intuitivamente plausível, não estava apenas equivocada, e sim desastrosamente equivocada, e desastrosa sobretudo no que diz respeito à idéia de seleção natural. A incompatibilidade do darwinismo com a herança por mistura foi apontada numa crítica hostil à *Origem das espécies* feita pelo engenheiro escocês Fleeming Jenkin. A variação tende a desaparecer a cada geração

* Trata-se do cuxiú, macaco da família dos cebídeos. (N. T.)

nascida de uma nova mistura, não deixando espaço para a seleção natural operar. O que Jenkin deveria ter percebido é que a herança por mistura é incompatível com a teoria darwiniana e também com os fatos. Se o desaparecimento da variação fosse verdadeiro, toda nova geração teria que se mostrar mais uniforme que a anterior. A estas alturas, os indivíduos todos deveriam ser tão indistinguíveis quanto os clones. Bastaria que Darwin tivesse respondido a Jenkin: "Qualquer que seja o motivo, é evidente que há uma variação copiosa, e isso basta para os meus propósitos".

É comum afirmar que a resposta para a charada se encontrava nas estantes de Darwin, nas páginas ainda fechadas dos anais da Brunn Natural History Society, que guardavam o artigo de Gregor Mendel sobre os *Versuche über Pflanzen-Hybriden* [Experimentos sobre híbridos de plantas]. Infelizmente, é muito provável que essa história pungente seja uma lenda urbana. Os dois pesquisadores (em Cambridge e em Down House) que estariam em melhor posição para saber o que havia na biblioteca pessoal de Darwin nunca encontraram indícios de que ele tivesse um dia assinado esses anais, e não parece provável que ele o tenha feito.[39] Eles não têm idéia do que deu origem à lenda das "páginas ainda fechadas". Tendo essa lenda surgido, no entanto, é fácil ver que sua própria contundência aceleraria sua propagação. O caso todo daria um belo projeto de pesquisa em memética, complementando outra lenda urbana que se tornou bastante popular, a história encantadoramente falsa de que Darwin recusou a oferta de Marx de dedicar *Das Kapital* a ele.[40]

Mendel tivera realmente o insight de que Darwin necessitava. Contudo, a relação entre o insight e a crítica feita por Jenkin não teria sido óbvia para o pensamento vitoriano. Mesmo depois que o trabalho de Mendel foi redescoberto em 1900 e inspirou a Lei de Hardy-Weinberg em 1908, foi necessário que Fisher entrasse em cena, em 1930,* para que sua extrema relevância para o darwinismo fosse amplamente compreendida. Se a herança é particulada, a variação não desaparece, ela é reconstituída a cada geração. Evolução neodarwiniana quer dizer exatamente mudança em freqüências gênicas em uma população. O que é de fato comovente é que o próprio Darwin chegou tentadoramente perto de compreender isso. Fisher menciona sua carta a Huxley, em 1857:

> Ultimamente, tenho me sentido inclinado a especular, de modo ainda muito grosseiro e vago, que a propagação através da fertilização verdadeira se confirmará como uma espécie de mistura, e não de uma verdadeira fusão, de dois indivíduos distintos, ou, antes, de inúmeros indivíduos, uma vez que cada um dos genitores tem seus próprios pais e antepassados. Não posso entender de outra maneira como as formas cruzadas retornam, em tão larga medida, às formas ancestrais. Mas tudo isso ainda é infinitamente prematuro.[41]

Fisher observou com perspicácia que o mendelismo, em face de sua plausibilidade obrigatória, poderia ter sido deduzido por qualquer pensador vitoriano, sem que se empreendessem maiores esforços (citado na p. 149). Ele poderia ter acrescentado que a herança particulada está bem diante dos nossos olhos a cada vez que contemplamos o sexo em si (o que fazemos com certa freqüência). Todos nós temos um genitor feminino e um genitor masculino, e ainda assim cada um de nós é homem ou mulher, e não um hermafrodita intermediário. O que é fascinante é que o próprio Darwin tenha formulado esse argumento, explicitamen-

* Antes disso, na realidade, mas 1930 foi o ano em que Fisher publicou sua obra fundamental.

te, numa carta a Wallace de 1866, que Fisher com certeza teria mencionado caso tivesse conhecimento dela:

> Meu caro Wallace [...] Não me parece que o senhor tenha compreendido o que quero dizer com ausência de mistura de certas variedades. Não me refiro à fertilidade. Um exemplo me permitirá esclarecê-lo. Cruzei as ervilhas Painted Lady e as Purple, que são variedades de cores muito diferentes, e obtive, inclusive numa mesma vagem, versões perfeitas de ambas as variedades, mas não obtive nenhuma intermediária. Penso que algo semelhante deve ocorrer com suas borboletas e as três formas de Lythrum. Embora esses três casos pareçam tão extraordinários, não penso que eles realmente sejam mais extraordinários do que o fato de que cada fêmea no mundo produz descendências distintas, femininas e masculinas [...]
> Do sempre sinceramente teu,
> Ch. Darwin[42]

Nessa carta, Darwin se aproxima mais de uma antecipação da descoberta mendeliana do que na passagem citada por Fisher, chegando mesmo a mencionar seus próprios experimentos, semelhantes aos de Mendel, com as ervilhas. Sou muito grato ao dr. Seymour J. Garte da Universidade de Nova York , que, encontrando por acaso essa carta num volume da correspondência entre Darwin e Wallace na British Library em Londres, imediatamente reconheceu a importância dela e enviou-me uma cópia.

Outro problema não solucionado por Darwin, e do qual Fisher se ocupou posteriormente, foi o da proporção entre os sexos e o modo como ela se desenvolve sob os efeitos da seleção natural. Fisher começa citando a segunda edição de *A origem do homem*, em que Darwin afirmou prudentemente: "De início, eu pensava que quando a tendência de se produzirem os dois sexos

Down Bromley SE
Tuesday

My dear Wallace

After I had despatched my last note, the simple explanation which you give had occurred to me, & seems satisfactory.

I do not think you understand what I mean by the non-blending of certain varieties. It does not refer to fertility; an instance will explain; I crossed the Painted Lady & Purple sweet-peas, which are very differently coloured vars, & got, even out of the same pod, both varieties perfect but none intermediate. Something of this kind I shd think must occur at first with your butterflies & the 3 forms of Lythrum; tho' these cases are in appearance so wonderful, I do not know that they are really more so than every female in the world producing distinct male & female offspring.

I am heartily glad that you mean to go on preparing your journal.

Believe me yours
very sincerely
Ch. Darwin

em quantidades iguais se mostrava vantajosa para a espécie, ela seria o resultado da seleção natural, mas hoje vejo que o problema todo é tão intrincado que é mais seguro deixar sua solução para o futuro".

A solução encontrada pelo próprio Fisher[43] não faz apelo algum à noção de vantagem para a espécie. Em vez disso, ele chama a atenção para o fato de que, uma vez que todo indivíduo que nasce tem um pai e uma mãe, a contribuição masculina total para a posteridade é necessariamente equivalente à contribuição feminina total. Se a proporção entre os sexos for diferente de 50/50, portanto, um indivíduo do sexo minoritário pode esperar, se as outras variáveis forem mantidas, uma cota maior de descendentes, e isso fará com que a seleção natural entre em ação para favorecer o reequilíbrio da proporção entre os sexos. Fisher, corretamente, utilizou a terminologia econômica para descrever as decisões estratégicas envolvidas: trata-se de decisões sobre como distribuir os gastos parentais. A seleção natural favorecerá os pais que gastarem proporcionalmente mais recursos (como o alimento) nos descendentes do sexo minoritário. Essa seleção corretiva prosseguirá até que, na população em questão, o gasto total com os filhos seja proporcional ao gasto total com as filhas. Isso resultará num número equivalente de machos e fêmeas, exceto naqueles casos em que o custo de criar a prole de um sexo seja maior que o do outro sexo. Se, por exemplo, o gasto com alimento fosse duas vezes maior para criar um filho do que uma filha (talvez para produzir filhos grandes o suficiente para competir com eficácia com os machos rivais), a proporção estável entre os sexos seria de duas vezes mais fêmeas do que machos. Isso porque, em termos estratégicos, a alternativa para um filho não seria uma filha, mas duas. A poderosa lógica de Fisher foi estendida e refinada de diversas maneiras, por exemplo, por W. D. Hamilton[44] e E. L. Charnov.[45]

Uma vez mais, não obstante a passagem acima extraída da segunda edição de *A origem do homem*, o próprio Darwin, na primeira edição, chegara extraordinariamente próximo de antecipar a formulação de Fisher, embora sem utilizar o vocabulário econômico dos gastos parentais:

> Tomemos agora o caso de uma espécie, dentre os casos desconhecidos a que acabamos de aludir, que produza excesso de um dos sexos — por exemplo, de machos —, sendo estes supérfluos e inúteis, ou quase inúteis. Poderiam os sexos atingir um número proporcional por meio da ação da seleção natural? Uma vez que todas as características são variáveis, podemos ter certeza de que alguns pares produziriam um excesso relativamente menor de machos sobre fêmeas do que outros pares. Os primeiros, supondo-se que o número real de descendentes permanecesse constante, produziriam necessariamente mais fêmeas, e seriam portanto mais produtivos. De acordo com a doutrina das probabilidades, um número maior de descendentes dos pares mais produtivos sobreviveria, e estes herdariam uma tendência a procriar menos machos e mais fêmeas. Assim, haveria uma tendência ao equilíbrio entre os sexos.

Lamentavelmente, Darwin eliminou essa passagem notável ao preparar a segunda edição de *A origem*, preferindo o parágrafo mais cauteloso que foi mais tarde mencionado por Fisher. A antecipação parcial de Fisher produzida por Darwin na primeira edição revela-se ainda mais impressionante porque, como me fez ver Alan Grafen, o argumento de Fisher depende crucialmente de um fato que não era do conhecimento de Darwin, a saber, que a contribuição genética dos dois genitores em relação a todo descendente é igual. De fato, no passado, diferentes escolas de pensamento (os espermistas e os ovulistas, respectivamente) sustentaram que o sexo masculino, ou o feminino, detinha o monopólio da hereditariedade.

O professor A. W. F. Edwards da Universidade de Cambridge,[46] ele próprio um dos mais brilhantes alunos de Fisher, analisou meticulosamente as fontes utilizadas por este último para formular a teoria da proporção entre os sexos. Edwards não chama atenção apenas para a prioridade de Darwin em relação ao argumento essencial e para o estranho fato de que ele o tenha apagado da segunda edição. Ele mostra também como o argumento de Darwin foi assumido e desenvolvido por diversos outros cientistas cujos escritos eram provavelmente do conhecimento de Fisher. Em 1884, Carl Düsing, de Jena, reiterou e esclareceu o ponto de vista de Darwin. Mais tarde, em 1908, o estatístico italiano Corrado Gini discutiu o mesmo argumento de maneira mais crítica. Por fim, em 1914, o eugenista J. A. Cobb deu a ele uma forma que aparentemente apresenta todos os refinamentos do trabalho de Fisher publicado em 1930, incluindo a idéia econômica dos gastos parentais. Cobb não parecia ter conhecimento da precedência de Darwin, mas Edwards afirma de modo persuasivo que Fisher conhecia o trabalho de Cobb. Edwards observa que:

> Os comentadores assumiram, e muitos deles afirmaram com segurança, que o argumento original fora formulado por Fisher, embora ele próprio não afirmasse sua originalidade, nem fizesse referência alguma a isso nem antes de 1930 nem depois, em nenhuma de suas demais publicações. Com efeito, não há evidências de que ele o visse como particularmente original, memorável ou mesmo especialmente produtivo, no sentido de levar a desenvolvimentos mais importantes na biologia evolutiva [...] é bem possível que ele considerasse que em 1930 o argumento em questão era de domínio público.

O próprio Edwards é (como eu mesmo) um daqueles que, de início, negligenciaram a diferença crucial entre a primeira e a segunda edição de *A origem do homem*.

A teoria econômica de Fisher sobre o sexo foi desenvolvida em maiores detalhes por Robert L. Trivers, num artigo publicado num volume comemorativo do centenário de *A origem do homem*.[47] A aplicação sutil feita por Trivers da teoria do investimento parental (sua denominação para o que Fisher descrevera como gasto parental) em relação aos papéis do macho e da fêmea na seleção sexual esclarece em grande medida os fatos coligidos por Darwin nos capítulos intermediários de *A origem do homem*. Trivers define investimento parental (IP) como o custo da oportunidade, lançando mão da terminologia dos economistas. O custo para os pais do investimento num filho em particular é medido pela correspondente oportunidade que se perde de investir em outros filhos, presentes ou futuros. A desigualdade sexual é sobretudo econômica. A mãe tipicamente investe mais em qualquer um de seus descendentes individualmente do que o pai, e essa desigualdade tem conseqüências de longo alcance, tanto mais porque ela opera de maneira auto-alimentadora. Quando um membro do sexo que investe menos (em geral o macho) convence um membro do sexo que investe mais (em geral a fêmea) a acasalar, ele obtém um prêmio econômico pelo qual vale a pena lutar (ou competir de outra forma). Essa é a razão por que os machos tipicamente se dedicam mais a competir com outros machos, ao passo que as fêmeas tipicamente deixam de lado a competição com outras fêmeas e concentram seus esforços no investimento em sua prole. É por isso que, quando um sexo tem uma coloração mais vívida do que o outro, costuma ser o sexo masculino. É por isso que, quando um sexo é mais caprichoso na seleção de um parceiro, costuma ser o sexo feminino. E é por isso que a variação no sucesso reprodutivo é tipicamente mais alta entre os machos do que entre as fêmeas: os machos mais bem-sucedidos podem ter um número muitas vezes maior de descendentes do que os machos menos bem-sucedidos. É interessante ter em mente as desigualdades econômicas entre os sexos descritas por Fisher e por Trivers durante a nossa leitura da cativante análise da seleção sexual no reino animal escrita por Darwin. Trata-se de um dos mais notáveis exemplos de uma idéia única articulando e explicando, de uma só vez, uma profusão de fatos aparentemente díspares.

E agora passemos à descendência do homem propriamente dita. A suposição de Darwin de que a nossa espécie teve origem na África — hipótese, hoje em dia, amplamente confirmada por um grande número de fósseis, nenhum dos quais se encontrava disponível àquela época — estava tipicamente à frente de seu tempo. Somos monos africanos, primos mais próximos dos chimpanzés e dos gorilas do que eles o são dos orangotangos e dos gibões, isso sem falar dos outros macacos. A categoria dos "quadrúmanos" empregada por Darwin excluía os humanos: ela compreendia todos os monos e macacos, dotados de polegar oponível nas mãos e de pés preênseis. Os primeiros capítulos de seu livro são dedicados a reduzir a lacuna percebida entre nós mesmos e os quadrúmanos, uma lacuna que os leitores de Darwin veriam como uma distância abismal entre o degrau superior de uma escada e o seu degrau seguinte. Hoje, não veríamos aí (ou não deveríamos ver, em absoluto) escada alguma. Em vez disso, deveríamos manter em mente o diagrama na forma de árvore ramificada que é a única ilustração apresentada em *A origem das espécies*. A espécie humana é apenas um galhinho, abrigando-se entre muitos outros no meio de uma moita de monos africanos.

Duas técnicas essenciais que não se encontravam disponíveis à época de Darwin são a datação radioativa das rochas e as evidências moleculares, incluindo o "relógio molecular". Embora

Darwin, na sua tentativa de demonstrar a similaridade entre os quadrúmanos e nós mesmos, pudesse contar somente com a anatomia comparada, complementada por anedotas cativantes a respeito das nossas semelhanças psicológicas e emocionais (argumentos desenvolvidos em *A expressão das emoções*), nós temos o privilégio de conhecer a seqüência exata, letra por letra, de enormes textos de DNA. Afirma-se que mais de 98% do genoma humano, medido dessa maneira, é idêntico ao dos chimpanzés. Darwin teria ficado fascinado. Tamanha proximidade e uma medição tão precisa o teriam deleitado para além do que ele poderia sonhar.

Entretanto, devemos nos acautelar quanto à euforia que isso tudo provoca. Esses 98% não significam que somos 98% chimpanzés. Na realidade, a unidade que escolhemos para fazer essa comparação é de grande importância. Se contarmos o número total de genes que são idênticos, a cifra para os humanos e os chimpanzés será próxima de zero. E não há paradoxo algum nisso. Pensemos no genoma humano e no genoma do chimpanzé como duas edições de um mesmo livro, por exemplo, a primeira e a segunda edição de *A origem do homem*. Se contarmos o número de letras que são idênticas às da outra edição, provavelmente chegaremos a uma cifra bem superior a 90%. Mas se contarmos os números de capítulos que são idênticos, talvez o resultado seja zero. Isso porque basta uma única letra diferente, em qualquer lugar de um capítulo, para que o capítulo inteiro seja considerado diferente numa e noutra edição. Quando medimos a porcentagem de semelhança entre dois textos, quer se trate de duas edições de um livro, quer se trate de duas edições de um macaco africano, a unidade de comparação que escolhemos (letra ou capítulo, par de bases do DNA ou gene) faz uma enorme diferença na porcentagem final de semelhança.

A questão é que deveríamos empregar tais porcentagens não como valores absolutos, e sim como comparações entre os animais. A cifra de 98% para os humanos e os chimpanzés começa a fazer sentido quando a comparamos com os 96% de semelhança entre os humanos e os orangotangos (são os mesmos 96% entre os chimpanzés e os orangotangos, e a mesma porcentagem entre os gorilas e os orangotangos, uma vez que todos os monos africanos são aparentados com os orangotangos asiáticos por meio de um ancestral comum africano). Pela mesma razão, todos os grandes monos [gorilas, chimpanzés e orangotangos] partilham 95% de seus genomas com os gibões e os siamangues. E todos os grandes monos partilham 92% de seus genomas com todos os outros macacos do Velho Mundo.

A hipótese do relógio molecular nos permite usar esses valores percentuais para estabelecer o momento de cada uma das separações na nossa árvore genealógica. Essa hipótese presume que a mudança evolutiva, no nível genético molecular, se dá numa velocidade aproximadamente fixa para cada gene. Isso está de acordo com a teoria neutra do geneticista japonês Motoo Kimura, que é amplamente aceita. A teoria neutra de Kimura é em geral vista como antidarwiniana, mas na realidade não é. Ela é *neutra* em relação à seleção darwiniana. Uma mutação neutra é uma mutação que não faz diferença alguma para o funcionamento da proteína produzida. A versão pós-mutação não é nem melhor nem pior que a versão pré-mutação, e ambas podem ser vitais para a vida do organismo.

Do ponto de vista darwiniano, mutações neutras simplesmente não são mutações. Mas do ponto de vista molecular são mutações extremamente úteis porque a velocidade fixa delas torna o relógio confiável. O único ponto controverso introduzido por Kimura diz respeito ao *número* de mutações neutras. Kimura acreditava que a grande maioria delas era neutra, o que, caso fosse verdade, seria muito bom para o relógio molecular. A seleção darwiniana continua a ser a única explicação para a evolução adaptativa, e é possível sustentar (e eu sustentaria) que grande parte das mudanças evolutivas, se não todas, que podemos ver no mundo macroscópico (em oposição àquelas escondidas entre as moléculas) são adaptativas e darwinianas.

De acordo com as descrições feitas até o presente, o relógio molecular fornece tempos relativos, e não absolutos. Ele nos possibilita ler o tempo transcorrido desde as divisões evolutivas, mas somente em unidades arbitrárias. Felizmente, um outro grande avanço que teria extasiado Darwin é a descoberta de diversos relógios absolutos disponíveis para a datação de fósseis. Eles incluem os conhecidos índices de decomposição radioativa dos isótopos nas rochas vulcânicas que circundam os estratos sedimentários em que os fósseis são encontrados. Tomando-se um grupo de animais com um registro fóssil abundante e datando-se as divisões em sua árvore familiar de duas maneiras — pelo relógio molecular e pelos relógios radioativos —, as unidades arbitrárias do relógio genético podem ser validadas e simultaneamente calibradas em milhões de anos reais. É desse modo que podemos estimar que a separação entre os humanos e os chimpanzés ocorreu entre 5 e 8 milhões de anos atrás, a separação entre os monos africanos e os orangotangos há aproximadamente 14 milhões de anos e a separação entre os monos e os outros macacos do Velho Mundo há aproximadamente 25 milhões de anos.

Fósseis descobertos depois da publicação de *A origem do homem* nos fornecem uma visão esporádica de alguns possíveis intermediários que nos ligam ao nosso ancestral comum com os chimpanzés. Infelizmente não há fósseis ligando os chimpanzés modernos a esse ancestral partilhado, mas a descoberta de novos fósseis vem acontecendo numa velocidade que eu considero arrebatadora, e que Darwin seguramente teria considerado também. Retrocedendo em passos de aproximadamente 1 milhão de anos encontramos *Homo erectus*, *Homo habilis*, *Australopithecus afarensis*, *Australopithecus anamensis*, *Ardipithecus*, *Orrorin* e, uma descoberta recente que pode datar de até 7 milhões de anos atrás, *Sahelanthropus*. Essa última descoberta vem do Chade, situado a uma grande distância a oeste do grande Rift Valley, que até bem pouco tempo era visto como uma barreira geográfica separando a nossa linhagem da dos chimpanzés. Um abalo de tempos em tempos faz muito bem às nossas ortodoxias.

Devemos ter o cuidado de não pressupor que essa série temporal de fósseis represente uma série de ancestrais e descendentes. É sempre mais seguro assumir que os fósseis são primos, em vez de ancestrais, mas não precisamos nos refrear em relação à suposição de que os primos mais remotos podem nos revelar pelo menos alguma coisa sobre os nossos verdadeiros ancestrais, seus contemporâneos.

Quais foram as principais mudanças que ocorreram desde nossa separação dos chimpanzés? Algumas delas, como a perda dos pêlos do corpo, são interessantes, mas os fósseis não podem nos revelar nada sobre elas, diretamente. As duas principais mudanças acerca das quais os fósseis podem nos ajudar, colocando-nos em posição de grande vantagem em relação a Darwin, são aquelas relativas ao aparecimento do nosso bipedalismo e ao crescimento espantoso de nossos cérebros. Qual das duas transformações ocorreu primeiro, ou terão elas ocorrido ao mesmo tempo? As três hipóteses já foram sustentadas, e a controvérsia a esse respeito tem oscilado de uma resposta a outra durante décadas. Darwin acreditava que as duas mudanças haviam ocorrido numa combinação, e apresenta argumentos plausíveis em defesa de tal idéia. Mas essa é uma das raras ocasiões em que sua conclusão especulativa mostrou estar errada. Os fósseis fornecem uma resposta satisfatoriamente decisiva e clara.[48] O bipedalismo veio primeiro, e sua evolução estava mais ou menos completa antes que o cérebro começasse a se expandir. Três milhões de anos atrás, o *Australopithecus* era bípede e tinha pés como os nossos, embora ele provavelmente ainda se refugiasse nas árvores. Mas seu cérebro, em relação ao corpo, tinha o tamanho do cérebro de um chimpanzé, e presumivelmente o mesmo tamanho que o cérebro do ancestral que partilhamos com os chimpanzés. Não se sabe se a postura bípede originou novas pressões seletivas que estimularam o cérebro a crescer, porém os argumentos originais de Darwin para a evolução simultânea podem ser adaptados de modo a se tornarem plausíveis. Talvez o aumento do cérebro tenha tido algo a ver com a linguagem, mas não temos conhecimentos sobre isso e a esse respeito as discordâncias são copiosas. Há indícios de que regiões particulares do cérebro humano são pré-programadas de maneira exclusiva para lidar com universais especificamente lingüísticos, embora a língua particular adquirida seja, é claro, aprendida localmente.[49]

Outra idéia do século XX que provavelmente é importante em relação à evolução humana, e que também teria intrigado Darwin, é a da neotenia: a infantilização evolutiva. O *axolotle*, um anfíbio encontrado num lago mexicano, se parece com a larva de uma salamandra, mas é capaz de se reproduzir, tendo eliminado o estágio de salamandra adulta da sua história de vida. Trata-se de um girino maduro sexualmente. Sugeriu-se que essa neotenia seria o caminho pelo qual uma linhagem pode iniciar de súbito uma direção inteiramente nova e imprevista em termos de evolução. Os macacos não têm um estágio larval discernível como um girino ou uma lagarta, mas uma versão mais gradualista de neotenia pode ser identificada na evolução humana. Na fase juvenil, os chimpanzés mostram uma semelhança muito maior com os humanos do que o fazem na idade adulta. A evolução humana pode ser vista como uma infantilização. Somos macacos que se tornaram sexualmente maduros numa fase ainda juvenil do ponto de vista morfológico.[50] Se nós, os humanos, fôssemos capazes de viver duzentos anos, será que finalmente nos tornaríamos "adultos", cairíamos de quatro e desenvolveríamos enormes mandíbulas prognatas como as dos chimpanzés? Os escritores de ficção com um pendor para a ironia não perderam de vista essa idéia, notadamente Aldous Huxley em *Também o cisne morre*. Presumivelmente, ele tomou conhecimento da neotenia por intermédio de seu irmão mais velho Julian, que foi um dos pioneiros da idéia e que fez uma fantástica pesquisa sobre os *axolotles*, injetando hormônios neles e transformando-os em salamandras nunca vistas antes.

Concluirei reunindo uma vez mais as duas metades do livro de Darwin. Ele não mediu esforços em relação ao tema da seleção sexual em *A origem do homem*, pois acreditava que era importante no entendimento da evolução humana, e em especial porque apostava que a seleção sexual era a chave para compreender as diferenças entre as raças humanas. O problema das raças, nos tempos vitorianos, não era o campo minado político e emocional que é hoje, quando a simples menção da palavra "raça" pode ser considerada ofensiva. Embora calculando meus passos cuidadosamente, não deixarei de lado esse tópico, dado que ele é proeminente no livro de Darwin e tem uma relação especial com a maneira como suas duas partes se unificam.

Darwin, como todos os vitorianos, era extremamente cônscio das diferenças entre os humanos, mas, ao mesmo tempo, mais do que muitos de seus contemporâneos, ele enfatizava a unidade fundamental da nossa espécie. Em *A origem*, ele examinou com cuidado e rejeitou definitivamente a idéia, bastante aceita na sua época, de que as diferentes raças humanas deveriam ser consideradas espécies distintas. Hoje sabemos que, do ponto de vista genético, nossa espécie é mais uniforme do que o comum. Tem-se afirmado que há mais variação genética entre os chimpanzés de uma pequena região da África do que entre toda a população mundial dos humanos (o que sugere que tenhamos passado por um gargalo nos últimos 100 mil anos, aproximadamente). Além disso, a maior parte da variação genética humana é encontrada no interior de uma mesma raça, e não entre elas. Isso significa que se todas as raças humanas, exceto uma, fossem varridas do planeta, a maior parte da variação genética humana seria preservada. A variação entre as raças constitui um pequeníssimo fragmento acrescentado à variação no interior das raças, comparativamente muito maior. É por essa razão que muitos geneticistas advogam o completo abandono do conceito de raça.

Ao mesmo tempo — o paradoxo é similar àquele reconhecido por Darwin —, os traços superficialmente salientes característicos das populações locais ao redor do mundo parecem bastante diferentes. Um taxonomista marciano que não soubesse que todas as raças humanas procriam alegremente entre si, e que não soubesse que quase toda a variação genética subjacente em nossa espécie é partilhada por todas as raças, poderia ver-se tentado, com base nas nossas diferenças regionais na cor da pele, nos traços faciais, no cabelo, no tamanho e nas proporções corporais, a nos separar em diferentes espécies. Qual é a solução desse paradoxo? E por que essas diferenças superficiais tão pronunciadas se desenvolveram em áreas geográficas distintas ao passo que a maior parte da variação menos visível é encontrada em pontos aqui e ali nas diversas áreas geográficas? Estaria Darwin correto o tempo todo? Seria a seleção sexual a resposta para esse paradoxo? O eminente biólogo Jared Diamond acredita que sim,[51] e estou inclinado a concordar com ele.

Respostas utilitárias foram sugeridas para a questão da evolução das diferenças raciais, e pode bem ser que haja alguma verdade nelas. Talvez a pele escura proteja contra o câncer de pele nos trópicos e a pele clara deixe passar os raios salutares em latitudes com pouco sol, onde há risco de deficiência de vitamina D. A estatura pequena provavelmente beneficia os caçadores numa floresta densa, como no caso dos pigmeus da África central e dos vários povos caçadores que se desenvolveram de maneira independente na floresta amazônica e no sudeste da Ásia. A capacidade de digerir leite na vida adulta parece ter se desenvolvido nas populações que, por razões culturais, prolongam o uso desse alimento a princípio juvenil. Mas eu me impressiono com a diversidade de traços que são superficiais e salientes, enquanto as diferenças mais profundas são tão exíguas.

O que a seleção sexual explica, mais satisfatoriamente do que a seleção natural, é a diversidade que parece arbitrária, até mesmo guiada por caprichos estéticos. Especialmente se a variação em questão for geográfica. E especialmente também se alguns dos traços em questão — como a barba, a distribuição de pêlos no corpo e os depósitos de gordura subcutâneos — diferem entre os sexos. A maior parte das pessoas não tem dificuldade alguma em aceitar um análogo da seleção sexual para os padrões que são mediados pela cultura, como os penteados, a pintura corporal, o uso de capas para o pênis, os rituais de mutilação e as vestimentas ornamentais. Dado que as diferenças culturais, como a língua, a religião e os costumes, com certeza fazem resistência à miscigenação e à circulação genética, penso que é inteiramente plausível que as diferenças genéticas entre os povos de diferentes regiões, ao menos no que diz respeito a traços superficiais, proeminentes externamente, tenham se desenvolvido através da seleção sexual. Nossa espécie parece apresentar de fato diferenças superficiais extraordinariamente evidentes, até mesmo ostensivas, entre populações locais, a despeito do grau surpreendentemente pequeno de variação genética total. Essa dupla circunstância traz, a meu ver, o selo da seleção sexual.

A esse respeito, as raças humanas são muito parecidas com as raças de cães,[52] outro dos temas favoritos de Darwin. Na superfície, as raças domésticas de cães são espantosamente variadas, até mais do que as raças humanas, embora as diferenças genéticas subjacentes sejam pequenas e todos os cães tenham claramente se originado dos lobos nos últimos milhares de anos.[53] O isolamento reprodutivo é hoje mantido por disciplinados criadores de pedigree, e as formas e cores dos próprios cães são guiadas no curso de sua rápida evolução mais pelos caprichos do olho humano do que pelo capricho das cadelas. Mas os traços essenciais da situação, como Darwin compreendeu, são similares aos da seleção sexual.

Nisso, como em muitas coisas mais, eu suspeito que Darwin estivesse certo. A seleção sexual é realmente um bom candidato para explicar um número considerável de problemas relativos à evolução singular de nossa espécie. Pode ser também que ela seja responsável por alguns traços singulares da nossa espécie que são partilhados igualmente por todas as raças, como o nosso enorme cérebro. Geoffrey Miller, em *A mente seletiva*,[54] desenvolveu com vigor esse ponto de vista, e Darwin não o teria apreciado nem um pouco menos porque Miller assume uma visão wallaciana da seleção sexual. Começa a nos parecer que, a despeito das aparências iniciais, Darwin realmente estava certo em reunir em um só volume *A seleção sexual* e *A origem do homem*.

2. Darwin triunfante[55]

O darwinismo como verdade universal

Se formos visitados por criaturas superiores de outro sistema estelar — elas serão necessariamente superiores, pois caso contrário não teriam como chegar até aqui —, o que teremos em comum para debater com elas? As barreiras entre nós serão superadas tão-somente pelo aprendizado da língua uns dos outros ou as questões que interessam às nossas duas culturas se mostrarão tão divergentes a ponto de impedir uma conversação séria? É bastante improvável que os viajantes estelares queiram conversar sobre boa parte daquilo que faz parte do nosso repertório disponível: crítica literária ou música, religião ou política. Shakespeare talvez não signifique nada para criaturas sem experiências ou emoções humanas e, se a literatura ou a arte fizerem parte de sua cultura, é provável que elas sejam estrangeiras demais para despertar a nossa sensibilidade. Para mencionar dois pensadores que foram mais de uma vez comparados a Darwin, tenho dúvidas de que os nossos visitantes se interessariam em conversar sobre Marx ou Freud, senão talvez como curiosidades antropológicas. Não há razões para supor que o trabalho desses homens tenha mais do que uma importância limitada, paroquial, circunscrita aos humanos, terráqueos, pós-Pleistoceno (alguns diriam ainda, europeus e do sexo masculino).

A matemática e a física constituem outra questão, inteiramente diferente. Talvez os nossos convidados considerem nosso nível de sofisticação estranhamente baixo, mas haverá algo em comum. Concordaremos que certas indagações sobre o universo são importantes e é quase certo que nos mostraremos de acordo sobre as respostas a muitas dessas questões. A conversação brotará, ainda que boa parte das questões flua numa direção e boa parte das respostas noutra. Se discutirmos a história de nossas respectivas culturas, nossos visitantes certamente chamarão a atenção, com orgulho, para os seus equivalentes de Einstein e Newton, Planck e Heisenberg, não importa há quanto tempo tenham vivido. Mas eles não mencionarão um equivalente de Freud ou de Marx, do mesmo modo como nós, em visita a uma tribo até então desconhecida, numa clareira distante da floresta, também não mencionaríamos os equivalentes, em nossa civilização, do fazedor de chuva ou do feiticeiro local.

E quanto a Darwin? Será que nossos visitantes reverenciarão um outro Darwin como um de seus maiores pensadores de todos os tempos? Poderemos conversar seriamente com eles sobre evolução? Sugiro uma resposta positiva (a menos, como uma colega me sugere, que o Darwin em questão faça parte da expedição e que nós sejamos os Galápagos dela).* A conquista de Darwin, assim como a de Einstein, é universal e atemporal, ao passo que a de Marx é local e efêmera. Que a *questão* de Darwin seja universal, onde quer que haja vida, é certamente inegável. A

* Foi assim que minha amiga formulou sua sugestão. A brincadeira perdeu-se, em parte, pelos escrúpulos políticos do editor do artigo original, que mudou "os Galápagos dela" para "os Galápagos dele ou dela".

qualidade da matéria viva que demanda mais fortemente explicação é a sua quase inimaginável complexidade e também o fato de que esta se apresenta em direções que transmitem uma poderosa ilusão de um desenho intencional. A questão de Darwin, ou melhor, a mais fundamental e importante das muitas questões de Darwin, é como um *desenho* tão complicado se originou. Todas as criaturas vivas, em toda parte do universo e em todo momento da história, suscitam essa questão. Que a *resposta* de Darwin a esse enigma — a evolução cumulativa através da sobrevivência não aleatória das mudanças hereditárias aleatórias — seja universal é algo menos óbvio. À primeira vista, é admissível que essa resposta possa ter validade apenas local, limitada ao tipo de vida que por acaso existe em nossa própria e diminuta clareira da floresta universal. Num trabalho anterior, argumentei que isso não é verdade,[56] sustentando que a forma geral da resposta de Darwin não é apenas incidentalmente verdadeira, ou verdadeira apenas em relação ao nosso tipo de vida, mas que ela é quase certamente verdadeira em relação a toda forma de vida, em toda parte do universo. Aqui, limitar-me-ei a fazer a afirmação mais modesta de que, no mínimo, a imortalidade de Darwin fica mais próxima, no espectro, da de Einstein do que da de Marx. O darwinismo tem realmente uma importância universal.

Nos tempos em que eu era estudante, no início da década de 1960, nos ensinavam que, muito embora Darwin fosse uma figura importante em sua época, o neodarwinismo moderno havia feito avanços tão grandes que mal merecia ser chamado de darwinismo. Na geração de meu pai, os alunos de biologia aprendiam, numa impositiva *Short history of biology*, que

> a luta das formas vivas levando à seleção natural pela sobrevivência dos mais aptos é certamente menos enfatizada pelos naturalis-

tas de hoje do que nos anos imediatamente seguintes ao aparecimento do livro de Darwin. Na época, contudo, tratava-se de uma sugestão extremamente estimulante.[57]

E a geração anterior de biólogos podia ler, nas palavras de William Bateson, talvez o geneticista britânico mais proeminente naquele momento:

> Nos voltamos para Darwin em virtude de sua incomparável coleção de fatos [mas] [...] para nós, ele já não fala com autoridade filosófica. Lemos seu esquema da evolução como leríamos o de Lucrécio ou o de Lamarck [...] A transformação das massas populacionais por meio de passos imperceptíveis guiados pela seleção é, como a maioria de nós hoje em dia pode ver, tão inaplicável à realidade que só podemos ficar admirados [...] com a falta de discernimento demonstrada por aqueles que advogam tal proposição.[58]

E, no entanto, os editores deste livro me incumbem de escrever um artigo com o título "Darwin triunfante". Normalmente não me agrada escrever artigos com títulos propostos por outras pessoas, mas este eu posso aceitar sem reservas. Parece-me que no último quarto do século XX a reputação de Darwin entre os biólogos sérios (em oposição aos não-biólogos influenciados por preconceitos religiosos) é, corretamente, a mais alta já alcançada desde sua morte. Uma história semelhante, de um apagamento ainda mais extremo nos primeiros anos, seguido recentemente de uma reabilitação triunfante, se deu com relação à "outra teoria" de Darwin, a teoria da seleção sexual.*

É de se esperar que, 125 anos depois, a versão de sua teoria de que dispomos seja diferente da original. O darwinismo mo-

* Ver "A luz será lançada" (p. 118).

derno significa o darwinismo mais o weismannismo mais o fisherismo mais o hamiltonismo (para alguns, mais o kimuraísmo e ainda alguns outros *ismos*). Mas, quando leio o próprio Darwin, me surpreendo a todo momento com sua atualidade. Levando em conta que ele estava absolutamente equivocado em relação ao tópico crucial da genética, fico admirado com seu misterioso talento para compreender com propriedade quase tudo o mais. Talvez sejamos neodarwinistas hoje, mas seria o caso de escrevermos *neo* com um *n* bem pequenininho! Nosso neodarwinismo apresenta-se bem de acordo com o espírito do próprio Darwin. As mudanças que ele encontraria se retornasse nos dias de hoje são, na maioria dos casos, mudanças que, arrisco-me a sugerir, ele aprovaria de imediato e acolheria alegremente como respostas elegantes e obviamente adequadas para os enigmas que o perturbaram em sua época. Ao tomar conhecimento de que evolução significa mudança nas *freqüências* no interior de um reservatório de elementos hereditários *particulados*, é bem possível que ele citasse a observação supostamente feita por T. H. Huxley ao ler *A origem das espécies*: "Que extrema estupidez não ter pensado nisso!".*

Eu falei da vocação de Darwin para compreender as coisas da maneira correta, mas, seguramente, isso só pode significar "correta" do nosso ponto de vista atual. Não seria o caso de ser-

* Das duas histórias sobre Huxley que se tornaram anedotas conhecidas por todos, aprecio muito mais esse episódio do que aquele de seu suposto "debate" com o bispo de Oxford, Sam Wilberforce. Há algo admiravelmente honesto na exasperação de Huxley por não haver pensado antes numa idéia tão simples. Por muito tempo considerei um completo mistério que ninguém tivesse pensado nisso antes do século XIX. Os feitos de Arquimedes e de Newton são, aparentemente, muito mais difíceis. Mas o fato de que não se pensou na seleção natural antes do século XIX prova claramente que estou errado. O mesmo se pode dizer do fato de que muitas pessoas, mesmo hoje em dia, não compreendem essa idéia.

mos humildes o bastante para admitir que o nosso "correto" pode estar completamente errado na opinião das futuras gerações de cientistas? A resposta é "não". Há ocasiões em que a humildade por parte de uma geração pode mostrar-se imprópria, para não dizer pedante. Atualmente podemos afirmar com confiança que a teoria de que a Terra gira em torno do Sol não apenas é correta no nosso tempo como será correta em todo momento futuro, ainda que a hipótese da Terra plana venha a reviver e a tornar-se universalmente aceita numa nova era das trevas da história humana. Não é possível afirmar exatamente que o darwinismo se encontra na mesma categoria incontestável. Pode ser que uma oposição respeitável a ele venha a ser produzida, e pode-se argumentar com seriedade que a atual reputação elevada do darwinismo nas mentes instruídas talvez não perdure ao longo de todas as gerações futuras. Darwin pode mostrar-se triunfante ao final do século XX, contudo temos que reconhecer a possibilidade de que novos fatos venham à luz, forçando nossos sucessores do século XXI a abandonar o darwinismo ou a modificá-lo até que ele se torne irreconhecível. Mas será que há um núcleo essencial do darwinismo, um núcleo que o próprio Darwin pudesse ter descrito como o cerne irredutível de sua teoria, que poderíamos situar como uma teoria virtualmente candidata a permanecer fora do alcance da refutação factual?

Vou sugerir que o darwinismo nuclear vem a ser a teoria mínima de que a evolução é guiada em direções adaptativas não aleatórias pela sobrevivência não aleatória de pequenas mudanças hereditárias aleatórias. Chamo a atenção, em especial, para os termos *pequenas* e *adaptativas. Pequenas* implica que a evolução adaptativa é gradualista, e veremos a razão disso a seguir. *Adaptativas* não implica que toda evolução seja adaptativa, mas apenas que o darwinismo se ocupa daquela parcela da evolução que o é. Não há razão para supor que toda mudança evolutiva seja adaptativa.[59] Mas, ainda que boa parte da mudança evolutiva talvez não o seja, o que é inegável é que há uma parcela suficiente da mudança evolutiva que é adaptativa para justificar a necessidade de algum tipo de explicação especial. É essa parcela da mudança evolutiva que Darwin explicou de maneira tão primorosa. Muitas teorias podem ser formuladas para explicar a evolução não adaptativa. A evolução não adaptativa pode ser ou não um fenômeno real em qualquer planeta em particular (ela provavelmente é um fenômeno real no nosso planeta, sob a forma de incorporações em larga escala de mutações neutras), mas não constitui um fenômeno que clama avidamente por uma explicação. As adaptações, em contrapartida, e em especial as adaptações complexas, despertam um anseio de tal modo poderoso que foram elas que, tradicionalmente, forneceram a principal motivação para a crença num Criador sobrenatural. O problema da adaptação, portanto, era verdadeiramente um grande problema, um problema merecedor da grande solução formulada por Darwin.

R. A. Fisher argumentou, sem nenhum apelo a fatos particulares, que as leis de Mendel inevitavelmente acabariam por ser deduzidas.

> Chama a atenção o fato de que qualquer pensador que em meados do século XIX tivesse assumido a tarefa de construir, como uma análise teórica e abstrata, uma teoria particulada da hereditariedade, teria sido levado, com base em alguns poucos pressupostos muito simples, a produzir um sistema idêntico ao esquema moderno das leis mendelianas ou dos fatores hereditários.[60]

Será que o mesmo poderia ser afirmado em relação ao núcleo da teoria de Darwin acerca da evolução pela seleção natural? Será que se tratava de uma dedução inevitável? Embora tanto

Darwin como Wallace fossem naturalistas que se ocupavam eles próprios do trabalho de campo e ainda que eles tenham feito uso extensivo de informações factuais para sustentar suas teorizações, será que poderíamos hoje argumentar, retrospectivamente, que não havia necessidade alguma do *Beagle* nem dos arquipélagos de Galápagos e Malaio? Teria qualquer pensador, diante do problema adequadamente formulado, sido capaz de chegar à solução — o núcleo do darwinismo — sem se levantar da poltrona?

Parte do núcleo do darwinismo se origina quase automaticamente do problema que ele soluciona, desde que o expressemos de um modo particular, como um problema de investigação matemática. O problema é o de encontrar, no gigantesco espaço matemático de todos os organismos possíveis, aquela minoria diminuta de organismos que se mostra adaptada para sobreviver e se reproduzir nos ambientes disponíveis. Fisher, novamente, formulou essa idéia com a clareza poderosa que lhe é peculiar.

> Um organismo é considerado adaptado a uma situação particular, ou à totalidade das situações que constituem seu ambiente, apenas na medida em que possamos imaginar um conjunto de situações ou de ambientes ligeiramente diferentes em relação aos quais o animal se mostraria menos adaptado como um todo; e, igualmente, apenas na medida em que possamos imaginar um conjunto de formas orgânicas ligeiramente diferentes que se mostrariam menos adaptadas àquele ambiente.

Imagine o pesadelo de uma coleção matemática em que se pudesse encontrar aproximadamente todo o conjunto infinitamente grande de formas animais passíveis de serem construídas variando-se de maneira aleatória todos os genes em todos os genomas em todas as combinações possíveis. Para resumir, embora não se trate de uma locução tão exata quanto o seu tom matemático nos leva a supor, vou me referir a isso como o conjunto de todos os animais possíveis (felizmente, o argumento que estou formulando diz respeito à ordem de magnitude, e não depende de precisão numérica). A maior parte dos membros desse desagradável bestiário jamais chegará a se desenvolver para além do estágio unicelular. Entre os pouquíssimos que chegarem a nascer, a maioria será de monstruosidades espantosamente malformadas que morrerão precocemente. Os animais que efetivamente existem, ou que existiram um dia, serão um pequeníssimo subconjunto do conjunto de todos os animais possíveis. A propósito, o termo *animal* é empregado aqui por pura conveniência. Com certeza eu poderia dizer *planta* ou *organismo*.

É conveniente imaginar o conjunto de todos os animais possíveis disposto numa paisagem genética multidimensional.* *Distância*, nessa paisagem, significa distância genética, isto é, o número de mudanças genéticas que teriam que ser produzidas para transformar um animal em outro. Não está claro de que maneira poderíamos realmente computar a distância genética entre dois animais quaisquer (uma vez que nem todos os animais têm o mesmo número de locos genéticos), mas, volto a dizer, o argumento não depende da precisão, e é intuitivamente óbvio o que significa dizer, por exemplo, que a distância genética entre um

* Considero essa imagem, que é uma modificação daquela descrita por Sewall Wright, o venerável estudioso americano de genética populacional, uma forma proveitosa de refletir sobre a evolução. Eu a utilizei pela primeira vez em *O relojoeiro cego* e dediquei dois capítulos a ela em *A escalada do monte Improvável*, onde me referi a um "museu" de todos os animais possíveis. "Museu" é superficialmente melhor que "paisagem" porque é tridimensional, embora estejamos na verdade, é claro, lidando com muito mais que três dimensões. A versão de Daniel Dennett, em *A perigosa idéia de Darwin*, é uma biblioteca, que recebe o nome palpitante de "Biblioteca de Mendel".

rato e um ouriço é maior que a distância genética entre um rato e um camundongo. O que estamos fazendo é introduzir também, no mesmo sistema de eixos multidimensional, o conjunto muito maior de animais que nunca existiram. Estamos incluindo aqueles que jamais teriam sobrevivido, ainda que tivessem um dia chegado a existir, assim como aqueles que talvez tivessem sobrevivido caso tivessem existido um dia, mas que, na realidade, jamais existiram.

O movimento de um ponto a outro da paisagem constitui uma mutação, interpretada em seu sentido mais amplo, de modo a incluir mudanças em larga escala no sistema genético assim como mutações pontuais nos locos no interior dos sistemas genéticos existentes. Em princípio, graças a um bom trabalho de engenharia genética — a mutação artificial —, é possível mover-se de qualquer ponto da paisagem para qualquer outro. Há uma receita por meio da qual podemos transformar o genoma de um humano no genoma de um hipopótamo ou de um outro animal qualquer, seja ele real ou possível. Normalmente, essa seria uma receita enorme, envolvendo mudanças em muitos genes, a deleção de muitos genes e a duplicação de outros tantos, bem como reorganizações radicais do sistema genético. Entretanto, a receita é em princípio passível de descoberta, e segui-la seria o equivalente a dar um único salto gigantesco de um ponto a outro em nosso espaço matemático. Na prática, as mutações viáveis são em geral passos relativamente pequenos nessa paisagem: as crianças são apenas um pouco diferentes de seus pais, ainda que, teoricamente, elas pudessem ser tão diferentes deles quanto um hipopótamo é de um humano. A evolução consiste numa trajetória passo a passo no interior do espaço genético, e não em grandes saltos. Em outras palavras, ela é gradualista. Há uma razão geral para isso, que desenvolverei a seguir.

Ainda que sem um tratamento matemático formal, podemos fazer algumas afirmações estatísticas sobre o nosso quadro. Primeiro, na paisagem de todas as combinações genéticas possíveis e dos "organismos" que elas poderiam gerar, a proporção de organismos viáveis em relação aos organismos não viáveis é muito pequena. "Por muitas que sejam as maneiras de estar vivo, há certamente muito mais maneiras de estar morto."[61] Segundo, tomando-se qualquer ponto inicial dado nesse quadro, por muitas que sejam as maneiras de ser ligeiramente diferente, é óbvio que há muito mais maneiras de ser muito diferente. O número de vizinhos próximos nessa paisagem pode ser grande, mas ele é pequeno em comparação ao número de vizinhos distantes. À medida que tomamos em consideração hiperesferas de tamanho cada vez maior, o número de vizinhos genéticos progressivamente mais distantes aumenta de modo exponencial e muito rápido se torna, para propósitos práticos, infinito.

A natureza estatística desse argumento chama a atenção para a ironia presente na alegação, freqüentemente feita pelos opositores leigos da evolução, de que a teoria da evolução viola a Segunda Lei da Termodinâmica, a lei da entropia crescente ou do caos* no interior de todo sistema fechado. A verdade é exatamente o contrário disso. Se algo aparentemente violasse essa lei (nada o faz, na realidade), seriam os *fatos*, e não uma explicação particular dos fatos em questão! A explicação darwiniana, na verdade, é a única explicação viável para esses fatos que demonstra como eles puderam vir a ocorrer *sem* violar as leis da física. A lei da entropia crescente é, de todo modo, sujeita a um mal-entendido interessante, merecedor de uma breve digressão, uma vez que ele ajudou a alimentar a afirmação errônea de que a idéia de evolução viola essa lei.

* O termo "caos" é empregado aqui em seu significado original e coloquial, e não no sentido técnico que adquiriu recentemente.

A Segunda Lei se originou da teoria dos motores térmicos,[62] mas sua forma relevante em relação ao debate em torno da evolução pode ser expressa em termos estatísticos mais gerais. A entropia foi caracterizada pelo físico Willard Gibbs como a "desordem" de um sistema. A lei afirma que a entropia total de um sistema e daquilo que o cerca não diminuirá. Deixado a si mesmo, sem interferências do exterior, todo sistema fechado (a vida não é um sistema fechado) tenderá a se tornar mais confuso, menos ordenado. Há um número abundante de analogias despretensiosas — ou talvez elas sejam mais do que analogias. Sem um trabalho constante da parte de um bibliotecário, a organização dos livros nas prateleiras de uma biblioteca sofrerá uma degradação inexorável devido à probabilidade inevitável, ainda que baixa, de que os usuários devolverão os livros na prateleira errada. Temos que importar de fora um bibliotecário esforçado que, à maneira do Demônio de Maxwell,* metódica e energicamente restaure a ordem das prateleiras.

O erro comum a que me referi é o de personificar a Segunda Lei: investir o universo de um anseio ou de um impulso interior em direção ao caos; um empenho positivo em direção a um nirvana final de perfeita desordem. É em parte esse erro o que leva as pessoas a aceitar a idéia tola de que a evolução é uma misteriosa exceção à lei. O erro pode ser demonstrado com extrema simplicidade fazendo-se referência à analogia com a biblioteca. Quando dizemos que uma biblioteca negligenciada, à medida que o tempo passa, tende ao caos, não estamos querendo dizer que as prateleiras estão rumando para algum estado particular, como se a biblioteca estivesse trabalhando em direção a um objetivo. Ao contrário. O número de maneiras possíveis de guardar

* Criatura imaginária inventada pelo matemático James Clerk Maxwell para contestar a segunda lei da termodinâmica. (N. T.)

os *n* livros de uma biblioteca pode ser calculado, e para toda biblioteca não trivial trata-se de um número grande, muito grande mesmo. Dentre essas várias maneiras, apenas uma, ou algumas poucas, seriam reconhecidas por nós como um estado de ordem. Isso é tudo. Longe de existir aí alguma urgência mística em direção à desordem, trata-se simplesmente de que há muito mais estados que reconheceríamos como desordem do que estados que reconheceríamos como ordem. Então, se um sistema, movimentando-se ao léu, atinge outro ponto qualquer no espaço de todos os arranjos possíveis, é quase certo — a menos que medidas especiais, como a do bibliotecário, sejam tomadas — que perceberemos a mudança como um aumento da desordem. No contexto da biologia evolutiva, o tipo particular de ordem que tem relevância é a adaptação, o estado de encontrar-se equipado para a sobrevivência e a reprodução.

Voltando ao argumento geral em favor do gradualismo, encontrar formas de vida viáveis no espaço de todas as formas possíveis é como procurar um número parco de agulhas em um palheiro extremamente grande. A probabilidade de encontrar uma das agulhas dando-se um grande salto mutacional aleatório em nosso palheiro é de fato muito pequena. Mas podemos afirmar que o ponto inicial de todo salto mutacional tem que ser necessariamente um organismo viável das raras e preciosas agulhas no palheiro. Isso é assim porque apenas os organismos bons o suficiente para sobreviver até a idade reprodutiva podem ter descendentes de algum tipo, incluindo os descendentes mutantes. Encontrar uma forma corporal viável através da mutação aleatória pode equivaler a encontrar uma agulha num palheiro, mas, dado que já tenhamos encontrado uma forma corporal viável, é certo que as nossas chances de encontrar uma outra aumentam significativamente se procurarmos na vizinhança imediata, e não num ponto mais distante.

O mesmo vale em relação a encontrarmos uma forma corporal melhorada. À medida que consideramos saltos mutacionais de magnitude cada vez menor, o número absoluto de locais de chegada diminui, mas aumenta a proporção daqueles que podem ser entendidos como melhoras. Fisher formulou um argumento de uma simplicidade elegante para mostrar que esse aumento se aproxima de 50% para alterações mutacionais de magnitude muito pequena.* Seu argumento parece inescapável para cada dimensão de variação considerada por si só. Se seu cálculo exato (de 50%) pode ser generalizado para o cenário multidimensional, é um ponto que não discutirei, mas a direção do argumento é certamente indiscutível. Quanto maior o salto no espaço genético, menor é a probabilidade de que a mudança resultante seja viável, e menor ainda a probabilidade de uma melhora. O movimento gradual, passo a passo, nas vizinhanças imediatas das agulhas já descobertas parece ser a única maneira viável de encontrar mais e melhores agulhas. É provável que a evolução adaptativa ocorra geralmente sob a forma de um rastejar vagaroso no interior do espaço genético, e não de uma série de saltos.

Mas há ocasiões especiais em que macromutações são incorporadas à evolução? É certo que as macromutações ocorrem no laboratório.** Nossas considerações teóricas afirmam apenas que macromutações *viáveis* devem ser extremamente raras em comparação com as micromutações viáveis. No entanto, mesmo

* Ele lançou mão de uma analogia com o aperfeiçoamento do foco de um microscópio. Um movimento muito pequeno da objetiva tem 50% de chance de ser um movimento na direção correta (o que acarretará a melhora do foco). Um movimento amplo tornará o foco pior (mesmo que seja um movimento na direção correta, ele ultrapassará o ponto adequado).

** Macromutações, ou saltos, são mutações de grande magnitude. Um exemplo famoso entre as moscas-da-fruta é a *antennapedia*. Moscas mutantes desenvolvem uma pata no lugar onde deveria ficar a antena.

que sejam muito raras as ocasiões em que os saltos de maior magnitude se mostram viáveis e são incorporados à evolução, mesmo que eles tenham ocorrido apenas uma vez ou duas em toda a história de uma linhagem desde o Pré-cambriano até o presente, isso é o bastante para transformar o curso inteiro da evolução. Considero plausível, por exemplo, que a invenção da segmentação tenha se dado num único salto macromutacional, uma vez durante a história de nossos ancestrais vertebrados e, de novo, uma vez nos ancestrais dos artrópodes e anelídeos. Depois de ocorrido, em cada uma dessas duas linhagens, esse salto ocasionou uma mudança no clima inteiro em que a seleção cumulativa usual de micromutações se desenvolvia. Deve ter sido semelhante, de fato, a uma súbita mudança catastrófica no clima externo. Assim como uma linhagem pode, após uma perda de vidas de dimensão assustadora, recuperar-se e adaptar-se a uma mudança catastrófica no clima externo, ela também pode, por meio da seleção micromutacional subseqüente, adaptar-se à catástrofe de uma macromutação tão significativa quanto a primeira segmentação.

Na paisagem de todos os animais possíveis, nosso exemplo da segmentação se pareceria com o seguinte: um salto macromutacional extravagante em relação a um antecedente perfeitamente viável aterrissa num lugar remoto do palheiro, distante de qualquer agulha viável. Nasce o primeiro animal segmentado: uma aberração; um monstro, dotado de detalhadas características corporais que de modo algum o tornam equipado a sobreviver a essa nova e segmentada arquitetura. É provável que ele morra. Mas por acaso o salto no espaço genético coincidiu com um salto no espaço geográfico. O monstro segmentado se vê num local virgem, onde a sobrevivência é fácil e há pouca competição. O que pode acontecer quando um animal comum qualquer se encontra num espaço estranho, um novo continente, por exemplo, é que, mesmo mal adaptado às novas condições, ele consegue sobreviver. No vácuo da competição, seus descendentes sobrevivem por um número de gerações suficiente para que se adaptem, por meio da seleção natural cumulativa de micromutações, às novas condições. Isso pode ter ocorrido com o nosso monstro segmentado. Ele sobreviveu por um triz, e seus descendentes se adaptaram, pela seleção cumulativa micromutacional comum, às condições radicalmente novas impostas pela macromutação. Embora o salto macromutacional tenha aterrissado longe de qualquer agulha no palheiro, o vácuo competitivo tornou os descendentes do monstro capazes de se aproximar, centímetro por centímetro, da agulha mais próxima. Como resultado, quando toda a evolução compensatória em outros locos genéticos se completou, o projeto corporal representado por aquela agulha mais próxima finalmente emergiu como superior ao projeto corporal não segmentado de seu ancestral. As condições mais favoráveis do local para onde a linhagem saltou loucamente mostraram-se, no final das contas, superiores às condições mais favoráveis do local no qual anteriormente ela estivera aprisionada.

Esse é o tipo de especulação que deveríamos nos permitir somente como um último recurso. Permanece o argumento de que apenas o movimento gradual, centímetro por centímetro, no interior da paisagem genética é compatível com o tipo de evolução cumulativa capaz de produzir a adaptação detalhada e complexa. Mesmo que a segmentação, no nosso exemplo, tenha resultado numa forma corporal superior, ela se iniciou como uma catástrofe que teve que ser atravessada, semelhante a uma catástrofe climática ou vulcânica no ambiente externo. Foi a seleção cumulativa e gradualista que executou a recuperação passo a passo desde a catástrofe da segmentação, assim como ela executa recuperações das catástrofes climáticas externas. De acordo com a especulação apresentada acima, a segmentação sobreviveu não por ter sido favorecida pela seleção natural, mas porque a seleção natural encontrou maneiras compensatórias de sobrevivência *apesar da segmentação*. O fato de que as vantagens no projeto corporal segmentado tenham emergido ao final constitui um bônus irrelevante. O projeto corporal segmentado foi incorporado à evolução, mas talvez ele nunca tenha sido favorecido pela seleção natural.

De todo modo, o gradualismo vem a ser apenas uma das teses do darwinismo nuclear. Acreditar na onipresença da evolução gradualista não necessariamente nos compromete com a seleção natural darwiniana como o mecanismo que dirige a procura no interior do espaço genético. É altamente provável que Motoo Kimura esteja certo em insistir que a maior parte dos passos evolutivos empreendidos no espaço genético sejam passos não dirigidos. Em grande medida, a trajetória dos passos pequenos e graduais efetivamente produzidos pode constituir um movimento ao acaso, mais do que um movimento guiado pela seleção. Mas isso é irrelevante se — pelas razões apresentadas acima — nosso objeto de discussão é a evolução adaptativa, e não a mudança evolutiva em si mesma. O próprio Kimura corretamente insiste* que a sua "teoria neutra não é antagônica em relação ao respeitado ponto de vista de que a evolução da forma e da função é guiada pela seleção darwiniana". Além disso,

* É possível que a palavra "insiste" seja um pouco forte demais. Agora que o professor Kimura já morreu, a terna história contada por John Maynard Smith pode ser incluída. É bem verdade que o livro de Kimura contém a afirmação de que a seleção natural está necessariamente envolvida na evolução adaptativa, mas, segundo Maynard Smith, Kimura não agüentou escrever essa frase ele mesmo, e pediu a seu amigo, o eminente geneticista americano James Crow, que a escrevesse para ele. O livro é *The neutral theory of molecular evolution*, de M. Kimura (Cambridge, Cambridge University Press, 1983).

> a teoria não nega o papel da seleção natural em determinar o curso da evolução adaptativa, mas pressupõe que apenas uma fração minúscula das mudanças do DNA tem natureza adaptativa, ao passo que a grande maioria das substituições moleculares silenciosas do ponto de vista fenotípico não exerce nenhuma influência significativa na sobrevivência e na reprodução e ocorre aleatoriamente no interior das espécies.

Os fatos da evolução nos induzem à conclusão de que as trajetórias evolutivas não são todas aleatórias. Tem de haver algo que as guia em direção às soluções adaptativas, uma vez que a não-aleatoriedade é justamente o que as soluções adaptativas revelam. Nem passos aleatórios nem saltos aleatórios conseguiriam dar conta disso sozinhos. Mas será que o mecanismo subjacente deve ser necessariamente o mecanismo darwiniano da sobrevivência não aleatória da variação espontânea aleatória? A categoria óbvia de teorias alternativas é a daquelas que postulam alguma forma de *variação* não aleatória, ou seja, de variação dirigida.

"Não aleatória", nesse contexto, significa "orientada na direção da adaptação". Não significa "desprovida de causa". As mutações são, é claro, causadas por eventos físicos, como, por exemplo, o bombardeamento de raios cósmicos. Quando as chamamos de aleatórias, queremos dizer apenas que elas são aleatórias no que diz respeito à melhora adaptativa.[63] Poderíamos dizer portanto que, por uma questão de lógica, uma teoria da variação dirigida é a única alternativa à seleção natural como explicação para a adaptação. Obviamente, combinações dos dois tipos de teoria são possíveis.

A teoria hoje atribuída a Lamarck é um exemplo típico de uma teoria da variação dirigida. Ela é normalmente expressa por dois princípios mais essenciais. Primeiro, os organismos melhoram durante o curso de sua vida pelo princípio do uso e do desuso; os músculos exercitados quando o animal se esforça para obter um tipo específico de alimento aumentam de volume, por exemplo, e o animal se torna, conseqüentemente, mais bem equipado para buscar aquele alimento no futuro. Segundo, as características adquiridas — nesse caso, as melhorias adquiridas em função do uso — são herdadas, de tal modo que, com a passagem das gerações, a linhagem melhora. Os argumentos apresentados contra as teorias lamarckianas são quase sempre factuais. Na verdade, as características adquiridas não são herdadas. A conclusão, muitas vezes explicitada, é a de que, caso elas fossem, o lamarckismo seria defensável como teoria da evolução. Ernst Mayr, por exemplo, escreveu: "Caso aceitássemos suas premissas, a teoria de Lamarck seria tão legítima como teoria da adaptação quanto a de Darwin. Infelizmente, essas premissas mostraram-se inválidas".[64]

Francis Crick demonstrou ter clareza quanto à possibilidade de que argumentos gerais *a priori* talvez pudessem ser oferecidos, quando escreveu: "Até onde sei, ninguém jamais apresentou razões teóricas gerais que provassem que um tal mecanismo seria menos eficiente do que a seleção natural".[65]

Desde então apresentei duas razões, seguindo o argumento de que a herança de características adquiridas é *em princípio* incompatível com a embriologia que conhecemos hoje.[66]

Primeiro, as melhorias adquiridas só poderiam, em princípio, ser herdadas se a embriologia fosse *pré-formacionista* em vez de *epigenética*. Embriologia pré-formacionista significa embriologia da planta arquitetônica. Sua alternativa vem a ser a embriologia da receita, ou do programa de computador. O ponto importante a respeito da embriologia da planta arquitetônica é que ela é reversível. Se temos uma casa, podemos, seguindo regras simples, reconstruir sua planta. Mas, se temos um bolo, não há nenhum conjunto de regras simples que nos possibilite reconstruir sua receita. Todas as coisas vivas neste planeta se desenvolvem pela embriologia da receita, e não pela embriologia da planta arquitetônica. As regras de desenvolvimento operam apenas na direção adiante, como as regras numa receita ou num programa de computador. Não podemos, ao examinar um animal, reconstruir seus genes. As características adquiridas são atributos do animal. Para que elas sejam herdadas, o animal teria que ser escaneado, e seus atributos transcritos de volta nos genes. Talvez existam planetas onde os animais se desenvolvem por uma embriologia da planta arquitetônica. Nesse caso, características adquiridas poderiam, quem sabe, ser herdadas. Esse argumento significa que se quisermos encontrar uma forma lamarckiana de vida, é inútil procurá-la num planeta cujas formas de vida se desenvolvam pela epigênese e não pelo pré-formacionismo. Minha intuição é a de que talvez exista um argumento geral, *a priori*, contra a embriologia pré-formacionista, ou da planta arquitetônica, mas eu ainda não o desenvolvi.

Segundo, a maior parte das características adquiridas não são melhorias. Não há nenhuma razão geral por que elas deveriam ser, e as noções de uso e desuso, em relação a isso, não representam ajuda alguma. Na realidade, por analogia com a deterioração que o uso provoca nas máquinas, talvez devêssemos esperar que o uso e o desuso fossem verdadeiramente contraproducentes. Se as características adquiridas fossem herdadas indiscriminadamente, os organismos seriam museus ambulantes da decrepitude ancestral, cheios de cicatrizes das pestes de tempos passados, ruínas claudicantes dos infortúnios de outras épocas. Como o organismo poderia "saber" como responder ao ambiente de modo a adquirir melhorias? Se há uma pequena parte das características adquiridas que constituem melhoras, o organismo teria que dispor de algum meio para selecioná-las e transmiti-las à geração seguinte, evitando o número muito maior de características adquiridas que se mostram danosas. Selecionar, nesse caso, significa que alguma forma do processo descrito por Darwin obrigatoriamente intervém aí. O lamarckismo não pode funcionar, a menos que tenha um fundamento darwiniano.

Terceiro, ainda que houvesse algum modo de escolher quais características adquiridas deveriam ser herdadas e quais deveriam ser descartadas pela geração presente, o princípio do uso e do desuso não é poderoso o suficiente para moldar adaptações tão sutis e intrincadas quanto nós sabemos que elas são. Um olho humano, por exemplo, funciona bem devido a um número incontável de ajustes meticulosos em seus detalhes. A seleção natural pode produzir delicados ajustes porque cada melhora, não importa quão pequena nem quão profundamente enterrada na arquitetura interna, pode ter um efeito direto sobre a sobrevivência e a reprodução. O princípio do uso e desuso, por outro lado, é em tese incapaz de produzir tais ajustes. A razão disso é que ele se baseia na regra grosseira e crua de que quanto mais um animal utiliza uma parte de seu corpo, maior ela deveria ser. Essa regra poderia ajustar o braço do ferreiro a seu trabalho, ou o pescoço da girafa às árvores altas. Mas dificilmente poderia ser responsável pela melhora na lucidez do cristalino ou no tempo de reação do diafragma da íris. A correlação entre uso e tamanho é demasiadamente vaga para que se possa entendê-la como responsavel por ajustes tão finos.

Farei referência a esses três argumentos como os argumentos do "darwinismo universal". Estou confiante de que eles constituem argumentos do tipo exigido por Crick, embora isso não signifique que ele ou quem quer que seja aceite esses três argumentos em particular. Se eles estiverem corretos, o darwinismo, na sua forma mais geral, fica enormemente fortalecido.

Suspeito que outros argumentos sobre a natureza da vida em todo o universo, mais poderosos e indubitáveis do que os meus, estão à espera de dedução por parte de pessoas mais capazes do que eu. Mas não posso me esquecer de que o triunfo de Darwin, ainda que *pudesse* ter sido lançado de qualquer poltrona no universo, foi na verdade o fruto de um período de cinco anos navegando neste nosso planeta.

3. O "desafio da informação"[67]

Em setembro de 1997, permiti que uma equipe de filmagem australiana entrasse em minha casa em Oxford sem me dar conta de que o objetivo deles era a propaganda criacionista. Ao longo de uma entrevista cujo amadorismo levantava suspeitas, eles me desafiaram de maneira truculenta a "fornecer um exemplo de uma mutação genética ou de um processo evolutivo que levasse ao aumento da informação contida no genoma". Esse é o tipo de questão que apenas um criacionista formularia nesses termos, e naquele momento compreendi que eu fora ludibriado e levado a conceder uma entrevista a criacionistas — algo que eu normalmente não faço, e por boas razões.* Furioso, eu me recusei a continuar discutindo a questão e ordenei a eles que interrompessem a filmagem. No final, contudo, voltei atrás na minha recusa peremptória de prosseguir a entrevista, diante do argumento de que eles tinham viajado desde a Austrália exclusivamente para realizar a entrevista comigo. Ainda que essa afirmação fosse um tanto

* Ver "Correspondência inconclusa com um peso-pesado darwiniano" (p. 382).

exagerada, me pareceu, ao refletir um pouco mais, que seria mesquinho rasgar a autorização de uso da entrevista e expulsar a equipe. Desse modo, acabei cedendo.

Minha generosidade foi recompensada de uma maneira que toda pessoa familiarizada com as táticas fundamentalistas seria capaz de prever. Quando por fim assisti ao filme, um ano mais tarde,* descobri que ele havia sido editado para produzir a falsa impressão de que eu era *incapaz* de responder à questão sobre o conteúdo informativo.** Na realidade, pode ser que não tenha havido aí tanta má-fé quanto parece à primeira vista. É preciso entender que essas pessoas realmente *acreditam* que *não pode* haver respostas para as suas perguntas! Por mais patético que isso possa soar, a viagem toda desde a Austrália parece ter tido como propósito filmar um evolucionista malogrando em respondê-la.

Em retrospecto — dado que, para começar, eu fora vítima de uma trapaça ao admitir a entrada deles em minha casa —, talvez tivesse sido mais sábio simplesmente responder à pergunta. Mas eu gosto de ser entendido toda vez que abro a boca — tenho horror à idéia de cegar as pessoas com a ciência —, e essa não era uma pergunta que pudesse ser respondida em uma frase. Em primeiro lugar, é preciso explicar o significado técnico do termo "informação". Além do mais, também a relevância disso no que diz respeito à evolução é algo complicado — não que seja

* Os produtores jamais se dignaram a me mandar uma cópia da entrevista: eu esqueci o assunto por completo até que um colega americano chamou minha atenção para ele.

** Ver Barry Williams, "Creationist deception exposed", *The Skeptic* 18 (1998), 3, pp. 7-10, para um relato de como se fez com que a minha longa interrupção (na tentativa de decidir se deveria ou não expulsá-los) sugerisse uma incapacidade hesitante de responder à pergunta, seguida por uma resposta aparentemente evasiva a uma outra pergunta completamente diferente.

realmente difícil de entender, mas sua explicação toma tempo. Em vez de me alongar em recriminações e controvérsias sobre o que exatamente ocorreu à época dessa entrevista, tentarei reparar o problema de forma construtiva ao responder à questão original, o "desafio da informação", de maneira suficientemente extensa — no espaço de que dispomos num artigo propriamente dito.

A definição técnica de "informação" foi introduzida pelo engenheiro americano Claude Shannon em 1948. Como funcionário da Bell Telephone Company, Shannon estava preocupado em medir a informação como mercadoria. É dispendioso enviar mensagens por uma linha telefônica. Boa parte do que circula numa mensagem não é informação, visto que é *redundante*. Poder-se-ia economizar dinheiro codificando novamente a mensagem de modo a remover sua redundância. Redundância, definida como o inverso da informação, foi um segundo termo técnico introduzido por Shannon. Ambas as definições são matemáticas, mas é possível transmitir em palavras o significado intuitivo dos conceitos de Shannon.* A redundância diz respeito a toda parcela de uma mensagem que não se mostra informativa, seja porque o destinatário já tem conhecimento dela (não é surpreendido por ela), seja porque ela duplica outras partes da mensagem. Na

* É importante que Shannon não seja responsabilizado pela minha maneira intuitiva e verbal de expressar o que eu penso que seja a essência de sua idéia. Os leitores versados em matemática devem ir direto ao original, *The mathematical theory of communication*, de C. Shannon e W. Weaver (University of Illinois Press, 1949). Claude Shannon, a propósito, tinha um senso de humor criativo. Numa certa ocasião, ele construiu uma caixa com um único interruptor do lado de fora. Se apertássemos o interruptor, a tampa da caixa se abria vagarosamente, uma mão mecânica surgia lá de dentro, alcançava o interruptor e o desligava. Ela então se recolhia e a tampa se fechava. Como Arthur C. Clarke afirmou: "Há algo indizivelmente sinistro numa máquina que não faz nada — absolutamente nada — exceto desligar a si mesma".

sentença "Rover é um cão poodle", a palavra "cão" é redundante, porque "poodle" já nos informa que Rover é um cão. Um telegrama econômico omitiria essa palavra, aumentando desse modo a proporção de informação da mensagem. "Chego JFK sex noite Cncrd BA" veicula a mesma informação que a versão muito mais longa, mas muito mais redundante, "Chego ao aeroporto John F. Kennedy na sexta-feira à noite; favor me encontrar no desembarque do vôo do Concorde da British Airways". Obviamente a mensagem breve, telegráfica, tem um custo de envio mais baixo (embora o destinatário, em princípio, tenha que se esforçar mais para decifrá-la — a redundância tem suas virtudes, se esquecermos o aspecto econômico). Shannon queria encontrar uma maneira matemática de capturar a idéia de que toda mensagem poderia ser dividida entre a *informação* (pela qual vale a pena pagar), a *redundância* (que pode, com vantagem econômica, ser suprimida da mensagem porque, na realidade, ela pode ser reconstruída pelo destinatário) e o *ruído* (as bobagens sem importância, produzidas acidentalmente).

"Choveu em Oxford todos os dias, essa semana" veicula relativamente pouca informação, uma vez que o receptor não se surpreende com isso. De outro lado, "Choveu no deserto do Saara todos os dias, essa semana" seria uma mensagem com um alto conteúdo informativo, que valeria um custo de envio maior. Shannon pretendia capturar esse sentido de "valor de surpresa" ao tratar do conteúdo informacional. Ele tem uma relação próxima com o outro sentido — "aquilo que não se encontra duplicado em outras partes da mensagem" — porque as repetições implicam perda no poder de surpreender. Note que a definição formulada por Shannon da quantidade de informação é independente da veracidade ou não da mensagem. A unidade de medida criada por ele era engenhosa e intuitivamente satisfatória. Estimemos, sugeriu ele, a ignorância ou a incerteza do receptor *antes* de receber a mensagem, e a comparemos com a ignorância do receptor que subsiste *depois* de recebida a mensagem. A quantidade de redução da ignorância equivale ao conteúdo informativo. A unidade de informação de Shannon é o bit, abreviação de "dígito binário" [binary digit]. Um bit é definido como a quantidade de informação necessária para reduzir a incerteza do receptor à metade, não importando o tamanho dessa incerteza (os leitores matemáticos notarão que o bit é, portanto, uma medida logarítmica).

Na prática, é preciso primeiro encontrar uma maneira de medir a incerteza anterior — aquela que é reduzida com a chegada da informação. Para certos tipos de mensagens simples, isso pode ser feito facilmente em termos de probabilidade. Um pai expectante assiste ao parto de seu filho através de uma janela. Ele não pode ver nenhum detalhe, então a enfermeira concordou em levantar um cartão cor-de-rosa caso seja uma menina ou um cartão azul caso seja um menino. Que quantidade de informação é transmitida quando, por exemplo, a enfermeira exibe o cartão cor-de-rosa para o pai exultante? A resposta é um bit — a incerteza anterior é reduzida à metade. O pai sabe que um bebê de algum sexo nasceu, de modo que sua incerteza soma somente duas possibilidades — menino e menina —, e elas são (para os propósitos da presente discussão) igualmente prováveis. O cartão rosa *reduz* a incerteza anterior do pai de duas possibilidades para uma (menina). Se não tivesse havido nenhum cartão cor-de-rosa, mas em vez disso um médico tivesse saído da sala, apertado a mão do pai e dito "Parabéns, meu caro, tenho o prazer de ser o primeiro a lhe informar que o senhor é pai de uma menina", a informação transmitida pela mensagem de 21 palavras teria, ainda assim, totalizado somente um bit.

A informação nos computadores fica contida numa seqüência de zeros e uns. Como existem apenas duas possibilidades, cada 0 ou 1 contém um bit. A capacidade de memória de um computador, ou a capacidade de armazenagem de um disco ou fita é quase sempre medida em bits, e vem a ser o número total de zeros ou uns que ele pode conter. Para algumas finalidades, unidades de medida mais convenientes são o byte (oito bits), o quilobyte (mil bytes), o megabyte (1 milhão de bytes) ou o gigabyte (1 bilhão de bytes).* Note-se que essas cifras se referem à capacidade total disponível, equivalente à quantidade máxima de informação que o equipamento pode armazenar. A quantidade real de informação armazenada é outra coisa. Por exemplo, a capacidade do meu disco rígido é de 4,2 gigabytes. Desses, aproximadamente 1,4 gigabyte está sendo efetivamente utilizado para armazenar dados no momento. Mas mesmo isso não representa o verdadeiro conteúdo informacional presente no disco, de acordo com a definição de Shannon. O verdadeiro conteúdo informacional é menor, porque a informação poderia ser armazenada de maneira mais econômica. Podemos ter alguma idéia do verdadeiro conteúdo informacional usando um desses engenhosos programas de compressão como o "Stuffit". O Stuffit procura redundância na seqüência de zeros e uns e remove boa parte dela por meio de uma recodificação — eliminando aquilo que é internamente previsível. O conteúdo máximo de informação se-

* Esses números exatos são todos aproximações decimais. No universo dos computadores, os prefixos padrão "quilo", "giga" etc. derivam das convenientes potências de dois mais próximas. Assim, um quilobyte não é mil bytes, mas 2^{10} ou 1 024 bytes; um megabyte não é 1 milhão de bytes, mas 2^{20} ou 1 048 576 bytes. Se tivéssemos desenvolvido oito dedos ou dezesseis, em vez de dez, o computador talvez houvesse sido inventado um século antes. Teoricamente, poderíamos decidir ensinar às crianças de hoje a aritmética octal em vez da decimal. Eu adoraria experimentar, mas reconheço, de maneira realista, que os custos a curto prazo da transição seriam imensos e ultrapassariam os benefícios a longo prazo decorrentes da mudança. Para começar, todos nós teríamos que aprender nossas tabuadas novamente desde o início.

ria atingido (na prática, isso provavelmente não aconteceria nunca) apenas se cada 1 ou 0 nos surpreendesse da mesma maneira. Antes que sejam transmitidos em grande quantidade na Internet, os dados são rotineiramente comprimidos para reduzir a redundância.*

Isso representa uma boa economia. Mas, por outro lado, é uma idéia interessante manter alguma redundância nas mensagens para ajudar na correção de erros. Numa mensagem inteiramente livre de redundância, uma vez que tenha ocorrido um erro, não há como reconstruir aquilo que se pretendia de início. Os códigos de computador quase sempre incorporam os deliberadamente redundantes "bits de paridade" para auxiliar na detecção de erros. Também o DNA conta com uma série de procedimentos de correção de erros que dependem da redundância. Quando tratarmos dos genomas, voltarei à distinção entre capacidade total de informação, capacidade de informação efetivamente utilizada e conteúdo informativo real.

O insight de Shannon foi o de que todo tipo de informação, não importa o que ela signifique, não importa se ela é verdadeira ou falsa, nem qual o meio físico de sua transmissão, pode ser medida em bits e é traduzível para qualquer outro meio de informação. O grande biólogo J. B. S. Haldane empregou a teoria de Shannon para computar o número de bits de informação trans-

* Uma aplicação poderosa desse aspecto da teoria da informação é a idéia de Horace Barlow de que os sistemas sensoriais são equipados com dispositivos capazes de remover quantidades maciças de redundância antes de transmitir suas mensagens para o cérebro. Um modo pelo qual eles fazem isso é sinalizando a mudança no mundo (o que os matemáticos chamariam de "diferenciação") em vez de continuamente relatar seu estado corrente (que é altamente redundante, uma vez que ele não flutua rápida e aleatoriamente). Discuti a idéia de Barlow em *Desvendando o arco-íris* (São Paulo, Companhia das Letras, 1998), p. 328-62.

mitidos por uma abelha-operária para suas companheiras de colméia quando ela comunica, por meio da dança, a localização de uma fonte de alimento (aproximadamente três bits para indicar a direção do alimento e outros três bits para indicar sua distância). Utilizando as mesmas unidades, calculei recentemente que eu necessitaria destinar 120 megabits da memória do meu laptop para armazenar os acordes triunfais da abertura de *Assim falou Zaratustra*, de Richard Strauss (a música-tema de *2001, uma odisséia no espaço*), que eu queria tocar durante uma conferência sobre a evolução. O modelo de Shannon torna possível calcular quanto tempo o modem levará (e quanto isso custará) para enviar o texto completo de um livro a um editor em outro país. Cinqüenta anos depois de Shannon, a idéia da informação como mercadoria, tão mensurável e passível de conversão quanto o dinheiro ou a energia, conquistou seu lugar.

O DNA carrega informação de um modo muito semelhante ao computador, e podemos medir a capacidade do genoma em bits, também, se assim desejarmos. O DNA não usa um código binário, mas sim um código quaternário. Enquanto a unidade de informação num computador é um 1 ou um 0, a unidade no DNA pode ser T, A, C ou G. Se eu disser que uma localização particular numa seqüência de DNA é um T, quanta informação terá sido transmitida? Comece medindo a incerteza anterior. Quantas possibilidades encontram-se abertas antes que se receba a mensagem "T"? Quatro. Quantas continuam a existir depois de seu recebimento? Uma. Assim, poderíamos pensar que a informação transferida totaliza quatro bits, mas na realidade ela totaliza apenas dois. A razão disso é a seguinte (assumindo que as quatro letras sejam igualmente prováveis, como os quatro naipes num baralho): lembre-se de que o sistema criado por Shannon está interessado na maneira mais *econômica* de transmitir uma mensagem. Pense nisso como o número de perguntas do tipo sim/não que teríamos de fazer até atingir a certeza, partindo de uma incerteza inicial de quatro possibilidades e assumindo que tivéssemos planejado nossas questões da maneira mais *econômica*. "A letra misteriosa vem antes de D, no alfabeto?"* Não. Isso diminui as possibilidades para T ou G, e agora necessitamos apenas de mais uma pergunta para encerrar o assunto. Então, por esse método de mensuração, cada "letra" do DNA tem uma capacidade de informação de dois bits.

Sempre que a incerteza anterior do destinatário puder ser expressa como um número N de alternativas igualmente prováveis, o conteúdo informativo de uma mensagem que reduz aquelas alternativas a uma única é $\log_2 N$ (a potência a que 2 deve ser elevado para produzir o número de alternativas N). Se você apanha uma carta, qualquer uma, de um baralho normal, a identificação da carta carrega $\log_2 52$, ou 5,7 bits de informação. Em outras palavras, contanto que o jogo permitisse um número grande de perguntas de adivinhação, seriam necessárias em média 5,7 perguntas do tipo sim/não para se chegar à carta em questão, desde que as perguntas fossem formuladas da maneira mais econômica. As duas primeiras perguntas poderiam estabelecer o naipe (É uma carta vermelha? É de ouros?); as três ou quatro questões restantes permitiriam dividir a seqüência de modo a eliminar possibilidades (É maior ou igual a 7? etc.), para assim, finalmente, se chegar à carta escolhida. Quando a incerteza anterior é uma combinação de alternativas que não são igualmente prováveis, a fórmula de Shannon se transforma numa média ponderada um pouco mais elaborada, mas permanece essencialmente semelhan-

* Para um químico, seria mais natural perguntar "É uma pirimidina?", mas isso atrapalharia o raciocínio em discussão neste momento. É apenas um *acaso* que as quatro letras do alfabeto DNA caiam naturalmente em duas famílias químicas, as purinas e as pirimidinas.

te. A propósito, a média ponderada de Shannon é a mesma fórmula empregada pelos físicos, desde o século XIX, para a entropia. Essa questão tem implicações interessantes, mas não irei explorá-las aqui.*

Já temos um pano de fundo suficiente a respeito da teoria da informação. Trata-se de uma teoria que por muito tempo me fascinou, e durante anos eu a utilizei em muitos dos meus artigos científicos. Vamos agora pensar de que modo poderíamos empregá-la para indagar se o conteúdo de informação dos genomas aumenta na evolução. Primeiro, lembremos da distinção tríplice entre a capacidade de informação total, a capacidade efetivamente utilizada e o verdadeiro conteúdo informativo quando ele se encontra armazenado da maneira mais econômica possível. A capacidade de informação total do genoma humano é medida em gigabits. A da bactéria intestinal comum *Escherichia coli* é medida em megabits. Como todos os outros animais, nós descendemos de um ancestral que, caso se encontrasse disponível para o nosso estudo no momento atual, seria classificado como uma bactéria. Então, durante os bilhões de anos de evolução desde a época em que esse ancestral estava vivo, a capacidade de informação do nosso genoma aumentou talvez três ordens de grandeza (potências de dez) — aproximadamente mil vezes. Isso é razoavelmente plausível e é reconfortante para a dignidade humana.

Isso quer dizer então que a dignidade humana sairia ferida pelo fato de que o genoma da salamandra conhecida como tritão-de-crista (*Tritarus cristatus*) tem uma capacidade estimada em quarenta gigabits, uma ordem de grandeza maior que a do genoma humano? Não, porque, de todo modo, a maior parte da capacidade do genoma dos animais, quaisquer que sejam eles,

* Os ecologistas também utilizam essa fórmula como um índice de diversidade.

não é utilizada para armazenar informação útil. Há muitos pseudogenes não funcionais (ver abaixo) e uma imensidão de repetições sem sentido, que se mostram úteis para os detetives forenses, mas que não são traduzidas em proteína nas células vivas. Um tritão-de-crista tem um "disco rígido" maior que o nosso, porém, uma vez que a maior parte de nossos discos rígidos não é utilizada, não precisamos nos sentir insultados com isso. Espécies aparentadas de tritões têm genomas muito menores. Por que razão o Criador teria agido tão inconsistente e caprichosamente em relação ao tamanho do genoma dos tritões é um problema a respeito do qual os criacionistas talvez se deleitem em refletir. Do ponto de vista evolutivo a resposta é simples.*

Evidentemente a capacidade de informação total dos genomas varia muito ao longo dos reinos da vida, e deve ter mudado muito durante a evolução, presumivelmente nas duas direções. Perdas de material genético são chamadas de deleções. Novos genes se originam mediante vários tipos de duplicação. Isso é bem ilustrado pelo caso da hemoglobina, a complexa molécula de proteína que transporta o oxigênio no sangue.

A hemoglobina adulta humana é na realidade uma combinação de quatro cadeias protéicas denominadas globinas, entrelaçadas. Suas seqüências detalhadas mostram que as quatro cadeias de globinas são muito aparentadas umas com as outras, mas não são idênticas. Duas são chamadas de globinas alfa (cada uma com uma cadeia de 141 aminoácidos) e duas são globinas beta (cada uma com uma cadeia de 146 aminoácidos). Os genes que codificam para as globinas alfa estão no cromossomo 11; os que codificam para as globinas beta estão no cromossomo 16. Em cada um desses cromossomos, há um agrupamento

* Minha sugestão (*O gene egoísta*) de que o excedente de DNA é parasítico foi depois retomada e desenvolvida por outros autores sob o bordão "DNA egoísta".

dos genes das globinas em seqüência, entremeados por uma certa quantidade de DNA-lixo. O agrupamento alfa, no cromossomo 11, contém sete genes de globinas. Quatro deles são pseudogenes, versões de alfa inativas em face de erros em suas seqüências e não traduzidas em proteínas. Duas são globinas alfa verdadeiras, usadas no adulto. A última é chamada de zeta e é usada apenas nos embriões. De maneira similar, o agrupamento beta, no cromossomo 16, tem seis genes, alguns dos quais são inativos, e um dos quais é usado somente no embrião. A hemoglobina adulta, como vimos, contém duas cadeias alfa e duas cadeias beta.

Não leve a sério demais toda essa complexidade. Eis a questão fascinante: a cuidadosa análise letra a letra mostra que esses diferentes tipos de genes de globinas são literalmente primos um do outro, literalmente membros de uma família. Mas esses primos distantes ainda coexistem no interior de nosso próprio genoma, e no genoma de todos os vertebrados. Na escala dos organismos, todos os vertebrados são nossos primos também. A árvore evolutiva dos vertebrados é a árvore genealógica com a qual todos estamos familiarizados, suas extremidades ramificadas representando eventos de especiação — a divisão das espécies em pares de espécies filhas. Há contudo outra árvore genealógica ocupando a mesma escala de tempo, cujas ramificações representam não eventos de especiação mas eventos de duplicação de genes no interior dos genomas.

As aproximadamente doze globinas diferentes dentro de nós descendem de um antigo gene de globina que, num ancestral remoto que viveu há cerca de meio bilhão de anos, se duplicou, e depois disso as duas cópias permaneceram no genoma. Havia então duas cópias dele, em diferentes partes do genoma de todos os animais descendentes. Uma cópia foi destinada a dar origem ao agrupamento alfa (naquele que finalmente se tornaria o cromossomo 11 no nosso genoma), a outra ao agrupamento beta (no cromossomo 16). Com a passagem dos éons, ocorreram outras duplicações (e, sem dúvida, algumas deleções também). Cerca de 400 milhões de anos atrás o ancestral do gene alfa se duplicou novamente, mas desta vez as duas cópias permaneceram como vizinhos próximos um do outro, num agrupamento no mesmo cromossomo. Um deles veio a se tornar o zeta usado pelos embriões e o outro se transformou nos genes de globina usados pelos humanos adultos (outros ramos deram origem aos pseudogenes não funcionais que mencionei). Ao longo do ramo beta da família, aconteceu uma história semelhante, mas com as duplicações ocorrendo em outros momentos da história geológica.

Eis um outro ponto igualmente fascinante. Dado que a divisão entre o agrupamento alfa e o agrupamento beta se deu há 500 milhões de anos, decerto não serão apenas os genomas humanos que mostrarão essa divisão — que possuirão genes alfa e genes beta numa parte diferente do genoma. A mesma divisão no interior do genoma será provavelmente observada se a procurarmos em qualquer outro mamífero, pássaro, réptil, anfíbio ou peixe vertebrado, pois o nosso ancestral comum com eles viveu menos de 500 milhões de anos atrás. Onde quer que tenha sido investigada, essa hipótese se mostrou correta. Nossa expectativa mais provável de encontrar um vertebrado que não partilhe conosco a antiga divisão alfa/beta seria um peixe sem mandíbula como a lampreia, pois estes são os nossos primos mais remotos entre os vertebrados sobreviventes; eles são os únicos vertebrados sobreviventes cujo ancestral comum com os demais vertebrados é antigo o suficiente para ter surgido antes da divisão alfa/beta. De fato, esses peixes sem mandíbula são os únicos vertebrados conhecidos que não apresentam a divisão alfa/beta.

A duplicação de genes no interior do genoma tem um impacto histórico similar ao da duplicação das espécies ("especiação") na filogenia. Ela é responsável pela diversidade de genes, do mesmo modo que a especiação é responsável pela diversidade filética. Começando com um único ancestral universal, a magnífica diversidade da vida surgiu por meio de uma série de ramificações de novas espécies, que por fim deram origem aos ramos principais dos reinos da vida e às centenas de milhões de espécies separadas que enriqueceram a Terra. Uma série semelhante de ramificações, mas desta vez no interior dos genomas — duplicações de genes —, gerou a população grande e diversa dos agrupamentos de genes que constituem o genoma moderno.

A história das globinas é somente uma entre muitas. As duplicações e as deleções de genes ocorreram de tempos em tempos em todos os genomas. É por meio desses processos, e de outros semelhantes, que o tamanho dos genomas pode aumentar na evolução. Mas é preciso lembrar da distinção entre a capacidade total do genoma inteiro, e a capacidade daquela parcela que é efetivamente utilizada. Recordemos que nem todos os genes das globinas são usados. Alguns deles, como o teta no agrupamento alfa dos genes das globinas, são pseudogenes, obviamente aparentados aos genes funcionais nos mesmos genomas, mas na realidade nunca traduzidos para a linguagem ativa da proteína. O que é verdadeiro em relação às globinas é verdadeiro em relação à maior parte dos outros genes. Os genomas são entulhados com pseudogenes não funcionais, duplicatas defeituosas de genes funcionais que não fazem nada, ao passo que seus primos funcionais (a expressão nem exige o emprego de aspas) continuam em ação numa parte diferente do mesmo genoma. E há uma grande quantidade do DNA que nem sequer merece o nome de pseudogene. Este também é derivado por duplicação, mas não pela duplicação de genes funcionais. Ele consiste em múltiplas cópias de entulho, "seqüências repetitivas tandem" e outras bobagens que podem ser úteis aos detetives forenses, mas que não parecem ser utilizadas pelo corpo propriamente dito. Uma vez mais, os criacionistas podem se dedicar à especulação diligente sobre as razões pelas quais o Criador teria se dado ao trabalho de entulhar os genomas com pseudogenes não traduzidos e com seqüências repetitivas tandem de DNA sem função.

Podemos medir a capacidade de informação da parcela do genoma que é efetivamente utilizada? Podemos ao menos estimá-la. No caso do genoma humano, cerca de 2% — consideravelmente menos que a proporção do disco rígido que utilizei desde a compra de meu computador. Pode-se presumir que a cifra equivalente para o tritão-de-crista é ainda menor, mas não sei se ela foi medida. Em todo caso, não devemos cogitar a idéia chauvinista de que o genoma humano deveria ter a maior base de dados de DNA porque nós somos tão maravilhosos. O grande biólogo evolucionista George C. Williams indicou que animais com ciclos de vida complicados necessitam codificar para o desenvolvimento de todos os estágios no ciclo da vida, mas eles têm apenas um genoma com o qual fazê-lo. Um genoma de borboleta tem que conter a informação completa necessária para construir uma lagarta e também uma borboleta. Uma fascíola, um verme que habita o fígado do carneiro, tem seis estágios distintos em seu ciclo de vida, cada um especializado para um modo de vida diferente. Não deveríamos nos sentir insultados se descobríssemos que esses vermes têm genomas maiores do que os nossos (na realidade eles não têm).

É preciso lembrar também que a capacidade total do genoma que é efetivamente utilizada não equivale, ainda assim, ao verdadeiro conteúdo informativo no sentido de Shannon. O verdadeiro conteúdo informativo é aquele que resta quando a redundância foi suprimida da mensagem por um equivalente teórico do Stuffit. Há até mesmo alguns vírus que parecem usar um tipo de compressão semelhante ao Stuffit. Eles se utilizam do fato de que o código do RNA (e não o do DNA, incidentalmente, no caso desses vírus) é lido em grupos de três. Há um "quadro" que se move ao longo da seqüência do RNA, lendo três letras de cada vez. É óbvio que, sob condições normais, se o quadro começa a ser lido no lugar errado (como na chamada mutação *frameshift*), a leitura fica totalmente sem sentido: os grupos de três que são lidos se mostram em desacordo com aqueles que são significativos. Mas esses vírus brilhantes efetivamente exploram a leitura com deslocamento de quadro. Eles obtêm duas mensagens pelo preço de uma, embutindo uma mensagem inteiramente diferente na mesma série de letras quando esta é lida com deslocamento de quadro. Em princípio poderiam ser obtidas até três mensagens pelo custo de uma, embora eu não conheça nenhum exemplo disso.

Estimar a capacidade de informação total de um genoma e a quantidade do genoma realmente utilizada é uma coisa, mas é muito mais difícil estimar seu verdadeiro conteúdo informativo no sentido de Shannon. O melhor que podemos fazer talvez seja esquecer o genoma em si e olhar para o seu produto, o "fenótipo", o corpo em funcionamento de um animal ou planta em si mesmo. Em 1951, J. W. S. Pringle, que mais tarde se tornou meu professor em Oxford, sugeriu a utilização de uma medida de informação nos moldes daquela proposta por Shannon para estimar a "complexidade". Pringle queria expressar a complexidade em bits, matematicamente, mas eu acredito que a seguinte formulação verbal explica de maneira apropriada a sua idéia.

Todos nós discernimos intuitivamente que uma lagosta, por exemplo, é mais complexa (mais "avançada", e alguns talvez dissessem mais "evoluída") que outro animal, talvez um milípede. Será que é possível *medir* algo a fim de confirmar ou refutar a nossa intuição? Sem literalmente transformá-la em bits, podemos fazer uma estimativa aproximada dos conteúdos informativos dos dois corpos da maneira que se segue. Imagine-se escrevendo um livro que descrevesse uma lagosta. Agora escreva outro livro descrevendo o milípede no mesmo nível de detalhamento. Divida o número de palavras em um dos livros pelo número de palavras do outro, e você obterá uma estimativa aproximada do conteúdo informativo relativo da lagosta e do milípede. É importante especificar que ambos os livros devem descrever os respectivos animais "no mesmo nível de detalhamento". Obviamente, se descrevermos o milípede até o nível celular mas nos limitarmos a uma descrição grosseira dos traços anatômicos no caso da lagosta, o milípede sairá vencedor.

Entretanto, se fizermos o teste com imparcialidade, aposto que o livro sobre a lagosta resultaria mais longo que o livro sobre o milípede. Trata-se de um argumento simples, baseado na plausibilidade. Os dois animais são feitos de segmentos — módulos de arquitetura corporal que são fundamentalmente similares um ao outro, arranjados em seqüência como os vagões de um trem. Os segmentos do milípede são, na maior parte dos casos, idênticos um ao outro. Os segmentos da lagosta, embora seguindo o mesmo projeto básico (cada um com um gânglio nervoso, um par de apêndices, e assim por diante), são na maioria dos casos diferentes um do outro. O livro do milípede consistiria em um capítulo descrevendo um segmento típico, seguido da frase "Repita N vezes", onde N seria o número de segmentos. O livro sobre a lagosta necessitaria de um capítulo diferente para cada segmento. Não estamos sendo totalmente justos com o milípede, cujos segmentos frontal e caudal são um pouco diferentes dos restantes. Mas ainda assim eu apostaria que, se alguém se desse ao trabalho de fazer o experimento, a estimativa do conteúdo informativo da lagosta resultaria substancialmente maior do que a estimativa do conteúdo informativo do milípede.

Em termos evolutivos, não há um interesse direto em se comparar uma lagosta com um milípede dessa maneira, pois ninguém acredita que as lagostas tenham se desenvolvido a partir dos milípedes. Obviamente nenhum animal moderno se desenvolveu a partir de algum outro animal moderno. Em vez disso, todo par de animais modernos teve ao menos um ancestral comum que viveu em algum momento passível de descoberta (em princípio) na história geológica. Quase toda a evolução ocorreu num passado longínquo, o que torna difícil estudar seus detalhes. Mas podemos utilizar o experimento abstrato da extensão do livro para chegar a um acordo sobre o que *significaria* perguntar se o conteúdo informativo aumenta ao longo da evolução, caso contássemos com os animais ancestrais e pudéssemos examiná-los.

A resposta, na prática, é complicada e controversa, e tem uma ligação total e estreita com um vigoroso debate sobre se a evolução é, de modo geral, progressiva. Eu sou um daqueles que se filiam a uma forma restrita de resposta positiva. Meu colega Stephen Jay Gould tende para uma resposta negativa.* Eu não penso que alguém negaria que, por qualquer método de medição — seja o conteúdo de informação corporal, a capacidade de informação total do genoma, a capacidade do genoma efetivamente utilizada ou o conteúdo informativo verdadeiro (comprimido pelo Stuffit) do genoma —, houve uma ampla tendência geral na direção do aumento do conteúdo informativo durante o curso da evolução humana desde nossos remotos ancestrais bacterianos. As pessoas talvez discordem, entretanto, a respeito de duas importantes questões: primeira, se essa tendência estaria presente em todas ou na maioria das linhagens evolutivas (por exemplo, a evolução dos parasitas com freqüência mostra uma

* Ver "Chauvinismo humano e progresso evolutivo" (p. 362).

tendência à diminuição da complexidade corporal porque a simplicidade dos parasitas tende a ser benéfica para eles); segunda, se mesmo nas linhagens que mostram claramente uma tendência geral ao longo de um período extenso de tempo, essa tendência apresentaria tantas reversões num período mais curto que acabaria por enfraquecer a própria idéia de progresso. Este não é o lugar para solucionar essa interessante controvérsia. Há biólogos eminentes com bons argumentos em favor dos dois lados.

A propósito, aqueles que sustentam a idéia de que há um design inteligente guiando a evolução deveriam se mostrar profundamente comprometidos com a hipótese de que o conteúdo informativo aumenta durante a evolução. Mesmo que a informação venha de Deus, e talvez *especialmente* nesse caso, ela decerto deveria aumentar, e o aumento presumivelmente deveria se manifestar no genoma.

Talvez a principal lição que devemos aprender com Pringle é que o conteúdo informativo de um sistema biológico é um outro nome para a complexidade. Portanto, o desafio criacionista com o qual começamos equivale simplesmente ao desafio padrão de explicar como a complexidade biológica pode se desenvolver a partir de antecedentes mais simples, um desafio ao qual eu respondi em três diferentes livros, cujo conteúdo não pretendo repetir aqui. O "desafio da informação" acaba por se mostrar exatamente o mesmo que o nosso velho conhecido: "Como algo tão complexo como um olho pode se desenvolver?". Ele apenas se encontra travestido com uma linguagem matemática — talvez como uma tentativa de iludir. Ou talvez aqueles que fazem essa pergunta tenham sido eles próprios vítimas de ilusão — e não se dêem conta de que se trata da mesma velha pergunta, já respondida à exaustão.

Permitam-me mudar de direção, finalmente, para um outro modo de examinar se o conteúdo informativo dos genomas aumenta no curso da evolução. Agora nos voltaremos da vasta esfera da história evolutiva para as minúcias da seleção natural. A seleção natural em si, se pensarmos nela, vem a ser um estreitamento desde um largo campo de alternativas possíveis para um campo mais restrito das alternativas efetivamente escolhidas. O erro genético aleatório (a mutação), a recombinação sexual e a mistura migratória fornecem todos eles um campo amplo de variação genética: as alternativas disponíveis. A mutação não é um aumento no verdadeiro conteúdo informativo, mas antes o inverso disso, pois a mutação, na analogia de Shannon, contribui para aumentar a incerteza anterior. Agora chegamos, contudo, à seleção natural, que reduz a "incerteza anterior" e portanto, no sentido de Shannon, contribui com informação para o conjunto de genes da população. Em toda geração, a seleção natural remove os genes menos bem-sucedidos do conjunto de genes, de modo que o reservatório restante de genes vem a ser um subconjunto menos abrangente. O estreitamento não é aleatório na direção da melhoria, definida, em termos darwinianos, como melhoria na aptidão para a sobrevivência e a reprodução. É claro que o leque total da variação aumenta novamente em cada geração por meio de novas mutações e outros tipos de variação. Mas ainda assim é verdadeiro afirmar que a seleção natural é um estreitamento a partir de um campo mais amplo de possibilidades, incluindo, na maioria das vezes, aquelas malsucedidas, para um campo mais restrito das alternativas que alcançam sucesso. Isso é análogo à definição de informação com a qual começamos: informação é o que torna possível o afunilamento desde a incerteza anterior (o leque inicial de possibilidades) até a certeza posterior (a escolha "bem-sucedida" entre as probabilidades prévias). De acordo com essa analogia, a seleção natural é *por definição* um processo por meio do qual a informação é fornecida ao conjunto de genes da geração seguinte.

Se a seleção natural alimenta com informação os reservatórios de genes, *que tipo* de informação seria essa? Informação sobre como sobreviver. Estritamente falando, informação sobre as maneiras de sobreviver e de se reproduzir nas condições que prevaleciam quando as gerações anteriores estavam vivas. Se as condições dos dias atuais forem demasiado diferentes das condições ancestrais, o conselho genético ancestral estará errado. Em casos extremos, a espécie pode então se extinguir. Se as condições para a geração presente não forem tão diferentes das condições para as gerações anteriores, a informação transmitida por essas gerações aos genomas do presente consistirá em informação *útil*. A informação vinda dos ancestrais do passado pode ser considerada um manual para sobreviver no presente. Precisamos apenas de uma pequena licença poética para afirmar que a informação introduzida nos genomas modernos pela seleção natural é na realidade informação sobre os ambientes do passado em que os ancestrais sobreviveram.

A idéia de que as gerações ancestrais alimentam com informações o conjunto de genes de seus descendentes é um dos temas do meu livro *Desvendando o arco-íris*. Dedico todo um capítulo, "O livro genético dos mortos", a desenvolver essa idéia, de modo que não vou repeti-la aqui exceto para dizer duas coisas. Primeira, é o conjunto de genes da população como um todo, e não o genoma de algum indivíduo particular, que pode ser mais bem visto como o recipiente da informação ancestral sobre como sobreviver. Os genomas dos indivíduos em particular são amostras aleatórias do conjunto de genes presente, randomizadas pela recombinação sexual. Segunda, nós temos o privilégio de "interceptar" a informação se assim o desejarmos, e "ler" o corpo de um animal, ou até mesmo seus genes, como uma descrição codificada de seus mundos ancestrais. Para fazer uma citação de *Desvendando o arco-íris*:

E esse pensamento não é emocionante? Somos arquivos digitais do plioceno africano, até dos mares devonianos; repositórios ambulantes da sabedoria dos antigos dias. Pode-se passar uma vida inteira lendo nessa antiga biblioteca e morrer sem ainda estar saciado pelas maravilhas que contém.

4. Os genes não somos nós[68]

Já é mais do que tempo de enterrarmos o fantasma do determinismo genético. A descoberta do assim chamado "gene gay" constitui uma boa oportunidade para fazê-lo.

Os fatos podem ser apresentados em algumas poucas palavras. Uma equipe de pesquisadores do National Institutes of Health, em Bethesda, Maryland, relatou na revista *Science*[69] o seguinte padrão. A probabilidade de que os homens homossexuais tenham irmãos homossexuais é mais alta do que seria de se esperar se fosse apenas um acaso. Significativamente, também a probabilidade de que eles tenham tios maternos homossexuais e primos do lado materno homossexuais é maior do que a esperada, o mesmo não ocorrendo do lado paterno. Esse padrão levanta a suspeita imediata de que ao menos um gene causador da homossexualidade nos homens se localiza no cromossomo X.*

* Isso porque os homens têm apenas um cromossomo X, que eles necessariamente herdam da mãe. As mulheres têm dois cromossomos X, um de cada um dos pais. Um homem partilha os genes do cromossomo X com seu tio materno, mas não com seu tio paterno.

A equipe de Bethesda foi ainda mais longe. A tecnologia moderna possibilitou que procurassem por marcadores moleculares específicos no próprio código do DNA. Numa região, chamada de Xq28, perto da extremidade do cromossomo X, eles encontraram cinco marcadores idênticos partilhados por uma porcentagem sugestivamente alta de irmãos homossexuais. Esses fatos combinam-se com elegância entre si para confirmar indícios anteriores de um componente hereditário em relação à homossexualidade masculina.

E daí? Estarão tremendo as bases da sociologia? Estarão os teólogos torcendo as mãos de preocupação e os advogados esfregando as suas de ganância? Será que esse achado nos diz algo de novo em relação a idéias como "culpa" ou "responsabilidade"? Será que ele acrescenta algo, numa ou noutra direção, à acalorada controvérsia em torno da idéia de que a homossexualidade poderia, ou deveria, ser curada? Esse achado deveria, por acaso, tornar os indivíduos homossexuais mais ou menos orgulhosos, ou envergonhados, de suas predileções? A resposta a todas essas perguntas é "não". Se você sente orgulho, pode continuar sentindo. Se você prefere se sentir culpado, continue se sentindo culpado. Nada mudou. Explicarei o que eu quero dizer, movido menos por um interesse nesse caso particular do que pela oportunidade de utilizá-lo para ilustrar um ponto de vista mais geral sobre os genes e sobre o fantasma do determinismo genético.

Há uma diferença importante entre uma planta e uma receita.* Uma planta é uma especificação detalhada, ponto por ponto, de um produto final como uma casa ou um carro. Uma planta se caracteriza pela sua reversibilidade. Dê um carro a um engenheiro e ele poderá reconstruir sua planta. Mas ofereça a um chefe a *pièce de résistance* de um rival para experimentar, e ele não

* Essa distinção foi também utilizada em "Darwin triunfante" (p. 143).

conseguirá reconstruir a receita. Há um mapeamento um a um entre os componentes de uma planta e os componentes do produto final. Esse pedaço do carro corresponde àquele pedaço da planta. No caso de uma receita, esse mapeamento um a um não existe. Não é possível isolar uma bolha do suflê e procurar onde está a palavra na receita que a "determina". Todas as palavras da receita, assim como todos os ingredientes, se combinam para formar o suflê inteiro.

Em diferentes aspectos de seu comportamento, os genes são às vezes semelhantes às plantas e às vezes semelhantes às receitas. É importante manter os dois aspectos separados. Os genes são informação textual, digital, e retêm sua integridade textual quando trocam de parceiros ao longo das gerações. Os cromossomos — longas seqüências de genes — são, formalmente, iguais às longas fitas de computador. Quando uma parte da fita genética é lida numa célula, a primeira coisa que acontece à informação é ser traduzida de um código para outro: do código do DNA para um código apresentado, que dita o formato exato de uma molécula de proteína. Até aí, os genes se comportam como uma planta. Há de fato um mapeamento um a um entre porções de gene e porções de proteína, de uma maneira realmente determinista.

É no passo seguinte do processo — o desenvolvimento da totalidade de um corpo e suas predisposições psicológicas — que as coisas começam a se tornar mais complicadas e mais semelhantes a uma receita. Raramente há um simples mapeamento um a um entre genes específicos e "pedaços" do corpo. O que há é um mapeamento entre os genes e o ritmo em que os processos ocorrem durante o desenvolvimento embriológico. Os efeitos finais no corpo e no seu comportamento são quase sempre variados e difíceis de desemaranhar.

A metáfora da receita é boa, mas uma metáfora ainda melhor seria a do corpo como um cobertor pendurado no teto por

100 mil tiras de borracha, todas entrelaçadas e enroladas uma na outra. O formato do cobertor — o corpo — é determinado pelas tensões de todas essas tiras de borracha ao mesmo tempo. Algumas das tiras representam os genes, outras os fatores ambientais. Uma mudança em um gene particular corresponde a um estiramento ou a um encurtamento de uma tira de borracha em particular. Mas todas elas estão ligadas ao cobertor apenas indiretamente por um número incontável de conexões no meio do emaranhado das outras tiras. Se cortarmos uma das tiras, ou se a esticarmos, haverá uma mudança distribuída nas tensões, e o efeito sobre o formato do cobertor será complexo e difícil de prever.

Do mesmo modo, o fato de um indivíduo possuir um gene particular não determina infalivelmente que ele será homossexual. É muito mais provável que a influência causal será estatística. O efeito dos genes nos corpos e no comportamento é como o efeito da fumaça do cigarro nos pulmões. Se você fuma muito, isso aumenta a probabilidade de que você tenha um câncer de pulmão. Mas não determina infalivelmente que você terá um câncer de pulmão. Nem garante infalivelmente que você não terá um câncer de pulmão se evitar o fumo. Vivemos num mundo estatístico.

Imagine a seguinte manchete de jornal: "Cientistas descobrem que há uma causa para o homossexualismo". Obviamente, não há nenhuma novidade nisso; é uma afirmação trivial. Tudo tem causa. Dizer que o homossexualismo é causado por genes é mais interessante, e tem o mérito estético de desapontar os chatos politicamente inspirados, mas não diz mais sobre a irrevogabilidade do homossexualismo do que a minha manchete trivial.

Algumas causas genéticas são difíceis de reverter. Outras são fáceis. Algumas causas ambientais são fáceis de reverter. Outras são difíceis. Pense com quanta tenacidade nos apegamos ao sotaque adquirido na infância: um imigrante adulto é chamado de estrangeiro a vida toda. O determinismo, nesse caso, é muito mais inelutável do que o de muitos efeitos genéticos. Seria interessante saber a probabilidade estatística de um homem que apresenta um gene particular na região Xq28 do cromossomo X se tornar homossexual. A mera demonstração de que existe um gene "para" o homossexualismo deixa o valor dessa probabilidade quase totalmente em aberto. Os genes não têm o monopólio do determinismo.

Então, se você odeia os homossexuais ou os ama, se você deseja confirmá-los ou "curá-los", é melhor que os seus motivos para isso não tenham nada a ver com os genes.

5. A filha da Lei de Moore[70]

Os grandes realizadores — aqueles que foram longe — às vezes se divertem indo longe demais. Peter Medawar sabia o que estava fazendo quando escreveu em sua resenha de *The double helix* [A dupla hélice], de James D. Watson: "Simplesmente não vale a pena discutir com nenhuma pessoa tão obtusa a ponto de não reconhecer que esse complexo de descobertas (a genética molecular) é a maior conquista da ciência no século XX".

Medawar, assim como o autor do livro resenhado por ele, tinha razões de sobra para justificar sua arrogância, mas não é preciso ser obtuso para discordar de sua opinião. O que dizer do conjunto de descobertas ocorridas antes no ambiente anglo-americano que nós conhecemos como a Síntese Neodarwiniana? Os físicos poderiam reivindicar essa posição para a teoria da relatividade ou para a mecânica quântica, e os cosmólogos, para a teoria do universo em expansão. Em última análise, o "maior" seja lá o que for é sempre algo impossível de se decidir, mas é inegável que a revolução genética molecular foi uma das maiores conquistas da ciência no século XX — e isso significa uma das maiores conquistas da nossa espécie, seja em que época for. Até onde a levaremos — ou até onde ela nos levará — nos próximos cinqüenta anos? É possível que lá pela metade deste novo século, a história demonstre que Medawar estava mais próximo da verdade do que seus contemporâneos — ou até ele mesmo — podiam admitir.

Se me pedissem para resumir a genética molecular numa só palavra, eu escolheria o termo "digital". Evidentemente, a genética de Mendel era digital, pois era particulada em relação à distribuição independente dos genes nas linhagens. Mas o interior dos genes era desconhecido e estes ainda podiam ser entendidos como substâncias cuja qualidade, resistência e sabor variavam de uma maneira contínua, indissociável de seus efeitos. A genética de Watson e Crick, em contraposição, é absolutamente digital, é digital até a sua medula, ou seja, a dupla hélice em si mesma. O tamanho de um genoma pode ser medido em gigabases exatamente do mesmo modo preciso como um disco rígido é medido em gigabytes. Na realidade, as duas unidades são conversíveis entre si por meio da multiplicação constante. A genética, hoje, é pura informática. É precisamente por essa razão que um gene anticongelante pode ser copiado de um peixe do Ártico para um tomate.*

A explosão detonada por Watson e Crick teve um desenvolvimento exponencial, como seria de esperar de uma explosão que se preze, durante o meio século desde sua famosa publicação conjunta. Faço essa afirmação num sentido literal, e pretendo sustentá-la por meio de uma analogia com uma explosão mais conhecida, desta vez uma explosão relativa à informática no sentido mais convencional da palavra. A Lei de Moore afirma que a potência dos computadores dobra a cada dezoito meses. Trata-se

* Ver "Ciência, genética e ética: memorando para Tony Blair" (p. 54).

de uma lei empírica que não conta com uma corroboração teórica consensual, embora Nathan Myhrvold, espirituosamente, ofereça uma candidata auto-referente: a "Lei de Nathan" afirma que os softwares se desenvolvem numa velocidade mais rápida do que aquela descrita na Lei de Moore, e é por esse motivo que temos a Lei de Moore. Seja qual for a razão subjacente, ou o complexo de razões, essa lei vem se mostrando verdadeira há aproximadamente cinqüenta anos. Muitos analistas presumem que isso continuará a ocorrer durante os próximos cinqüenta anos, com efeitos espantosos sobre muitos assuntos de interesse humano — mas não é disso que me ocuparei neste ensaio.

A questão que pretendo enfocar aqui é a seguinte: há uma lei equivalente à Lei de Moore no que diz respeito à informática do DNA? A melhor medida disso seria, com certeza, uma medida financeira, que forneceria uma boa combinação dos custos das horas de trabalho e dos equipamentos. Com a passagem das décadas, qual é o número de quilobases de DNA que pode ser seqüenciado por um determinado valor em dinheiro? Esse número cresce de maneira exponencial? Se for esse o caso, quanto tempo leva até que ele dobre? Note-se, a propósito (esse é um outro aspecto que mostra que a ciência do DNA constitui um ramo da informática), que tanto faz saber de que animal ou planta é o DNA seqüenciado. As técnicas de seqüenciamento e seus custos são em grande medida iguais para todas as espécies, no espaço de uma década qualquer. De fato, a menos que se leia a própria mensagem do texto, é impossível dizer se o DNA vem de um homem, de um cogumelo ou de um micróbio.

Tendo me decidido por um critério financeiro, eu não sabia como estimar os custos, na prática. Felizmente, tive o bom senso de perguntar a meu colega Jonathan Hodgkin, professor de genética da Universidade de Oxford. Fiquei exultante ao saber que ele havia feito esse cálculo recentemente, ao preparar uma conferência para sua antiga escola e, gentilmente, ele me enviou as seguintes estimativas do custo, em libras esterlinas, por par de bases (isto é, "por letra" do código do DNA) seqüenciado. Em 1965, seqüenciar o RNA ribossômico 5S de bactérias (não o DNA, mas os custos para o RNA são semelhantes) custava aproximadamente mil libras por letra. Em 1975, o custo de seqüenciar o DNA do vírus X174 era de aproximadamente dez libras por letra. Hodgkin não encontrou um bom exemplo para 1985, mas em 1995 o seqüenciamento do DNA de *Caenorhabditis elegans*, o minúsculo verme nematódeo que os biólogos moleculares tanto (justificadamente) adoram a ponto de chamá-lo de "o" nematódeo, ou ainda de "o" verme,* custava uma libra por letra. No momento em que o Projeto Genoma Humano alcançou seu ápice, por volta do ano 2000, os custos de seqüenciamento eram de aproximadamente 0,1 libra por letra. Para mostrar a tendência positiva de crescimento, inverti esses números de modo a descrever a quantidade de DNA que pode ser seqüenciada por uma quantia fixa em dinheiro, e escolhi como medida padrão o valor de mil libras, corrigido pela inflação. Fiz um gráfico repre-

* O absurdo disso pode ser avaliado com base numa imagem da qual nunca me esqueci, citada em um dos primeiros livros de zoologia que comprei, o *Animals without backbones* [Animais sem espinha], de Ralph Buchsbaum (University of Chicago Press): "Se toda a matéria no universo, exceto os nematódeos, fosse varrida do mapa, nosso mundo continuaria, ainda assim, vagamente reconhecível [...] encontraríamos suas montanhas, morros, vales, rios, lagos e oceanos, representados por uma película de nematódeos [...] As árvores ainda permaneceriam de pé em fileiras fantasmagóricas representando nossas ruas e estradas. O lugar ocupado por diversas plantas e animais continuaria decifrável e, caso tivéssemos conhecimento suficiente, até mesmo as suas espécies, em muitos casos, poderiam ser determinadas pelo exame de seus parasitas nematódeos". Existem, provavelmente, mais de meio milhão de espécies de nematódeos, superando de longe o número de espécies do conjunto de todas as classes de vertebrados reunidas.

sentando as quilobases obtidas pelo custo de mil libras em escala logarítmica, o que se mostra conveniente, uma vez que o crescimento exponencial se apresenta como uma linha reta. (Ver o gráfico.)

A filha da Lei de Moore

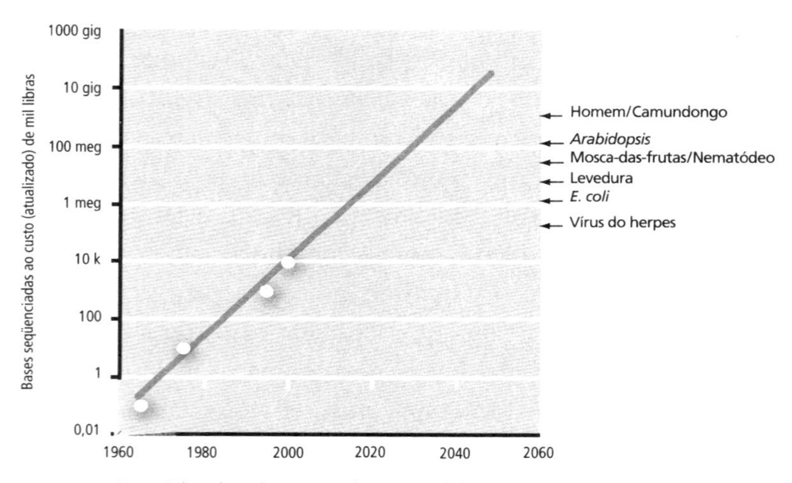

Regressão linear baseada em quatro valores e extrapoladas para 2050

Devo ressaltar, como fez o professor Hodgkin ao me enviar esses dados, que os quatro valores apresentados por ele não resultam de cálculos detalhados. No entanto, eles ficam suficientemente próximos de uma linha reta para sugerir que o aumento em nossa capacidade de seqüenciamento do DNA é exponencial. O tempo transcorrido até que essa capacidade dobre (ou até que seu custo seja reduzido à metade) é de 27 meses, o que pode ser comparado aos dezoito meses da Lei de Moore. Na medida em que o trabalho de seqüenciamento do DNA depende da capacidade computacional (e ele depende bastante), a nova lei que descobrimos provavelmente deve muito à própria Lei de Moore, o que justifica a brincadeira no título deste ensaio, "A filha da Lei de Moore".

Não é absolutamente de esperar que o progresso tecnológico avance de maneira exponencial. Embora não tenha feito esse cálculo, eu ficaria muito surpreso se, por exemplo, a velocidade das aeronaves, a economia de combustível nos automóveis ou a altura dos arranha-céus avançasse dessa forma. Em vez de dobrar, e então dobrar novamente, eu suspeito que elas avancem em proporções mais próximas à da adição aritmética. De fato, como o falecido Christopher Evans escreveu há muito tempo, em 1979, quando a Lei de Moore mal havia começado a vigorar:

> Os carros de hoje diferem dos carros dos anos pós-guerra numa série de quesitos [...] Mas suponha por um momento que a indústria automobilística tivesse se desenvolvido no mesmo ritmo que os computadores e pelo mesmo período de tempo: quão mais baratos e mais eficientes seriam os modelos atuais? [...] Hoje, seria possível comprar um Rolls Royce por 1,35 libra, * ele faria 1 milhão de quilômetros com um litro de combustível e produziria potência suficiente para propulsionar o *Queen Elizabeth II*. E, se o que está em questão é a sua miniaturização, seria possível colocar meia dúzia deles na cabeça de um alfinete.

A exploração do espaço também sempre me pareceu uma provável candidata a modesto crescimento aritmético, semelhante ao dos carros. Eu me lembrei, então, de uma especulação fascinante mencionada por Arthur C. Clarke, cujas credenciais como profeta não deveríamos ignorar. Imagine uma espaçonave do futuro rumando em direção a uma estrela distante. Ainda que viajando à velocidade mais alta disponível à sua época, ela levaria, mesmo assim, muitos séculos para chegar ao seu longínquo destino. E antes que tivesse completado metade da viagem ela

* Dois dólares americanos.

seria alcançada por uma nave mais veloz, produto da tecnologia de uma época posterior. Desse modo, talvez se afirmasse que a primeira espaçonave nem deveria ter se dado ao trabalho de iniciar essa viagem. Pelo mesmo argumento, nem mesmo a segunda nave deveria se incomodar de se pôr a caminho, uma vez que o destino de sua tripulação seria acenar para seus bisnetos quando essa nave fosse repentinamente alcançada por uma terceira. E assim sucessivamente. Uma maneira de resolver esse paradoxo é ressaltar que a tecnologia para construir as espaçonaves posteriores só se tornou disponível com a pesquisa e o desenvolvimento que foram empregados nas suas predecessoras mais lentas. Eu daria a mesma resposta a quem quer que sugerisse que o Projeto Genoma Humano, em razão de ter despendido um tempo muito mais longo do que seria necessário se ele estivesse se iniciando agora, deveria ter sido adiado até o momento apropriado.

Se os quatro números que apresentamos são assumidamente valores aproximados, a extrapolação da linha reta para o ano 2050 é ainda mais especulativa. Mas, por analogia com a Lei de Moore, e em especial se a filha da Lei de Moore de fato deve algo a sua genitora, essa linha reta provavelmente representa um prognóstico passível de ser defendido. Vamos ao menos seguir essa linha para observar aonde nos levará. Ela sugere que no ano 2050 seremos capazes de seqüenciar um genoma humano individual completo por cem libras, em valores de hoje (aproximadamente 160 dólares). Em vez de haver um único Projeto Genoma Humano, cada indivíduo será capaz de custear o projeto de seu próprio genoma pessoal. Geneticistas de populações terão a seu dispor a última palavra em matéria de dados sobre a diversidade humana. Será possível elaborar árvores genealógicas estabelecendo a relação de qualquer pessoa no mundo com quem quer que seja. Para os historiadores, será a realização do mais fantástico dos sonhos. Eles usarão a distribuição geográfica dos genes para reconstruir as grandes migrações e invasões ocorridas durante séculos, para rastrear as viagens das embarcações vikings, para seguir, tomando por base os genes, a trilha das tribos americanas desde o Alasca até a Terra do Fogo e a dos saxões pela Grã-Bretanha, documentar a diáspora dos judeus e até mesmo identificar os descendentes modernos dos guerreiros saqueadores como Gêngis Khan.*

Hoje, um raio X do tórax nos dirá se temos câncer de pulmão ou tuberculose. Em 2050, pelo preço desse mesmo raio X, poderemos conhecer o texto completo de todos os nossos genes. O médico nos dará, não mais a prescrição dada a uma pessoa média com a mesma queixa, mas aquela que se adequa com precisão ao nosso genoma. Isso é bom, sem dúvida, mas nosso texto pessoal irá também predizer, com uma precisão alarmante, nosso fim natural. Será que desejamos tanto conhecimento? Mesmo que o desejemos, será que vamos querer que nosso texto do DNA seja lido pelos atuários das seguradoras, pelos advogados dos processos de reconhecimento de paternidade e pelo governo? Mesmo numa democracia bem-intencionada, nem todos ficariam felizes com essa perspectiva. De que maneira algum futuro Hitler poderia vir a fazer mau uso desse conhecimento é algo em que precisamos pensar.

Mais uma vez, e por mais que elas sejam importantes, não são essas as minhas preocupações neste ensaio. Aqui, vou me recolher à minha torre de marfim e às minhas preocupações mais acadêmicas. Se cem libras forem o preço do seqüenciamento do genoma humano, o mesmo valor custeará o genoma de qualquer

* A análise do DNA já tem prestado contribuições animadoras à pesquisa histórica. Ver, por exemplo, *As sete filhas de Eva*, de Bryan Sykes, e *The journey of man: a genetic odissey*, de S. Wells.

outro mamífero, pois todos eles têm aproximadamente o mesmo tamanho, na ordem de grandeza das gigabases, assim como se dá com o conjunto dos vertebrados. Ainda que se assuma que a filha da Lei de Moore perderá força antes de 2050, como muitas pessoas acreditam que ocorrerá com a própria Lei de Moore, podemos prever com segurança que será economicamente viável seqüenciar o genoma de centenas de espécies por ano. Mas uma coisa é dispor dessa quantidade colossal de informação, e outra, bem diferente, é saber o que poderemos fazer com ela. Como iremos organizar essa informação, analisá-la, assimilá-la e colocá-la em uso?

Um objetivo relativamente modesto será o do conhecimento total e final da árvore filogenética. Pois há, afinal de contas, uma árvore verdadeira da vida, o arranjo único da ramificação evolutiva que efetivamente ocorreu. Ela existe. E pode, em princípio, ser conhecida. Ainda não a conhecemos completamente. Por volta de 2050, é provável que isso já tenha ocorrido — ou, caso não tenha, a tarefa diante de nós será somente a de conhecer os finos galhinhos terminais, o número total de espécies (número a respeito do qual, como aponta meu colega Robert May, paira uma incerteza de pelo menos uma ou duas ordens de grandeza).

Meu assistente de pesquisa Yan Wong sugere que em 2050 os naturalistas e os ecólogos carregarão um pequeno kit de taxonomia de campo que eliminará a necessidade de enviar espécimes para um especialista num museu para que eles sejam identificados. Uma sonda de excelente qualidade, ligada a um computador, será inserida numa árvore, num rato silvestre recém-apanhado ou num gafanhoto. Em poucos minutos, o computador examinará alguns segmentos do DNA, e então devolverá o nome da espécie e todos os outros detalhes que possam estar armazenados em seu banco de dados.

A taxonomia do DNA já produziu algumas surpresas abruptas. A minha cabeça de zoólogo tradicional não consegue aceitar sem protestos quando se pede a ela que acredite que os hipopótamos são parentes mais próximos das baleias do que dos porcos. Essa ainda é uma questão polêmica. Mas será solucionada, de uma maneira ou de outra, juntamente com inúmeras controvérsias desse tipo, lá pelo ano 2050. Ela será solucionada porque o Projeto Genoma do Hipopótamo, o Projeto Genoma do Porco e o Projeto Genoma da Baleia (se nossos amigos japoneses não tiverem comido a última delas até essa data) estarão concluídos. Na realidade, não será necessário seqüenciar genomas inteiros para dissolver para sempre esse tipo de incerteza taxonômica.

Um benefício secundário, que talvez venha a produzir maior impacto nos Estados Unidos, é que o conhecimento completo da árvore da vida tornará ainda mais difícil duvidar da veracidade da evolução. Comparativamente, os fósseis se tornarão irrelevantes como argumentos à medida que se descubra que centenas de genes separados, de espécies sobreviventes diferentes (tantas quantas for possível seqüenciar), corroboram a descrição uma da outra numa verdadeira árvore da vida.

Embora isso já tenha se tornado lugar-comum, penso que devo repeti-lo uma vez mais: conhecer o genoma de um animal não é a mesma coisa que compreender esse animal. Acompanhando o ponto de vista de Sydney Brenner (o único indivíduo a respeito de quem, mais do que qualquer outro, eu ouvi as pessoas se perguntarem por que razão ele ainda não havia ganhado um prêmio Nobel),* vou raciocinar partindo do pressuposto de que há três passos diferentes, de dificuldade crescente, para

* Parem as máquinas! O prêmio Nobel de Sydney Brenner foi anunciado enquanto eram feitas as provas deste livro.

"computar" um animal a partir de seu genoma. O passo 1 foi difícil, mas se encontra totalmente resolvido. Trata-se de computar a seqüência de aminoácidos de uma proteína a partir da seqüência de nucleotídeos de um gene. O passo 2 consiste em computar a estrutura tridimensional de uma proteína a partir de sua seqüência unidimensional de aminoácidos. Os físicos acreditam, em princípio, que isso pode ser feito, mas trata-se de algo difícil, e muitas vezes pode ser mais rápido produzir a proteína e observar o que acontece. No passo 3, deve-se computar o embrião em desenvolvimento a partir de seus genes e da interação destes com o ambiente — que, em sua maior parte, consiste em outros genes. Esse é o passo mais difícil, mas a ciência da embriologia (especialmente nas pesquisas com o gene Hox e outros semelhantes) está avançando numa velocidade tal que por volta de 2050 ele já estará resolvido. Em outras palavras, considero provável que um embriologista do ano 2050 poderá introduzir o genoma de um animal desconhecido num computador, e este produzirá uma simulação de seu desenvolvimento que culminará numa tradução completa do animal em seu estado adulto. Esta não será uma conquista particularmente útil em si mesma, uma vez que um embrião real permanecerá sempre um computador mais barato do que um embrião eletrônico. Mas será um modo de representar a completude de nosso conhecimento. E certas implementações específicas da tecnologia se revelarão úteis. Por exemplo, os detetives, ao encontrar uma mancha de sangue, poderão emitir uma imagem no computador do rosto do suspeito — ou melhor, dado que os genes não amadurecem com a idade, uma série de rostos desde a primeira infância até a senilidade!

Eu imagino também que por volta de 2050 o meu sonho do Livro Genético dos Mortos terá se tornado uma realidade. O raciocínio darwiniano mostra que os genes de uma espécie necessariamente constituem um certo tipo de descrição dos ambientes ancestrais nos quais esses genes sobreviveram. O conjunto de genes de uma espécie é o barro moldado pela seleção natural. Como afirmo em *Desvendando o arco-íris:*

> Como escarpas de areia talhadas em formas fantásticas pelos ventos do deserto, como as rochas formadas pelas ondas do oceano, o DNA do camelo foi esculpido pela sobrevivência em antigos desertos e mares ainda mais antigos para produzir os camelos modernos. O DNA do camelo fala — se pudéssemos compreender a língua — dos mundos cambiantes dos seus ancestrais. Se pudéssemos compreender a língua, o DNA do atum e da estrela-do-mar teria "mar" escrito no texto. O DNA das toupeiras e das minhocas diria "subterrâneo".

Acredito que por volta de 2050 seremos capazes de ler nessa língua. Introduziremos o genoma de um animal desconhecido num computador, que reconstruirá não somente a forma do animal como também os detalhes do mundo em que viveram seus ancestrais (que, para produzir esse animal, passaram pelo crivo da seleção natural), incluindo seus predadores ou presas, parasitas ou hospedeiros, os lugares onde tiveram suas ninhadas, e até mesmo seus medos e sua expectativas.

E quanto às reconstruções mais diretas dos ancestrais, ao estilo de *Jurassic Park*? Infelizmente, é muito improvável que o DNA se preserve intacto no âmbar, e nenhuma filha ou mesmo neta da Lei de Moore será capaz de recuperá-lo. Mas provavelmente há muitas maneiras — e boa parte delas, por enquanto, mal pode ser sonhada — pelas quais poderemos fazer uso dos copiosos bancos de dados de DNA sobrevivente que estarão disponíveis até mesmo antes de 2050. O Projeto Genoma do Chimpanzé já está em curso e, graças à filha da Lei de Moore, deverá ser concluído numa fração do tempo despendido com o genoma humano.

Num comentário casual ao final do artigo em que exercita sua vocação para a cristalomancia ao falar do milênio que se inicia,[71] Sydney Brenner fez a seguinte e espantosa sugestão. Quando o genoma do chimpanzé for totalmente conhecido, deverá ser possível, por meio de uma comparação inteligente e sofisticada com o genoma humano (os dois diferem em apenas uma porcentagem minúscula das letras de seu DNA), reconstruir o genoma do ancestral compartilhado por essas duas espécies. Esse animal, o chamado "elo perdido", viveu de 5 a 8 milhões de anos atrás, na África. Uma vez que o salto sugerido por Brenner seja aceito, é tentador estender esse raciocínio, e eu não sou um daqueles que resistem a essa tentação. Concluído o Projeto Genoma do Elo Perdido (PGEP), o próximo passo poderia ser o de colocar lado a lado o genoma do elo perdido com o genoma humano para uma comparação base a base. Encontrar o meio-termo entre os dois (com o mesmo tipo de procedimento guiado pelo conhecimento embriológico) deverá resultar numa aproximação generalizada do *Australopithecus*, o gênero do qual Lucy se tornou o ícone representativo. No momento em que o Projeto Genoma de Lucy (PGL) tiver sido concluído, a embriologia deverá ter avançado a ponto de permitir que o genoma reconstruído seja inserido em um óvulo humano e implantado em uma mulher, de modo que uma nova Lucy possa nascer. Isso, sem dúvida alguma, levantará preocupações éticas.

Embora preocupado com a felicidade desse australopiteco reconstruído (e esta vem a ser, pelo menos, uma questão ética coerente, em contraste com as preocupações insensatas relativas à idéia de "brincar de Deus"), posso vislumbrar benefícios éticos, além de benefícios científicos, como resultados desse projeto. No presente, nosso flagrante especiesismo segue impune em razão de que os intermediários evolutivos entre nós e os chimpanzés estão todos extintos. Em minha contribuição ao Projeto dos Grandes Antropóides [Great Ape Project], procurei mostrar que a contingência acidental dessa extinção deveria bastar para destruir valorizações absolutistas da vida humana sobre toda outra forma de vida.[72] A expressão "pró-vida", por exemplo, nos debates sobre o aborto ou sobre as pesquisas com células-tronco, sempre significa pró-vida *humana*, sem que se apresente alguma justificativa bem fundamentada para isso. A existência de uma Lucy viva, respirando, em nosso meio, transformaria para sempre a nossa visão complacente e autocentrada sobre a moral e a política. Será que Lucy "passaria por humana"? O absurdo dessa pergunta deveria ficar evidente, assim como a dos tribunais sul-africanos em que se tentava decidir se indivíduos particulares "passariam por brancos". A reconstrução de uma Lucy seria eticamente justificável por trazer à luz esse disparate.

Enquanto os eticistas, moralistas e teólogos (temo que ainda existirão teólogos em 2050) estiverem ocupados, agonizando a respeito do Projeto Lucy, os biólogos poderiam, com relativa impunidade, afiar os dentes numa missão ainda mais ambiciosa: o Projeto Dinossauro. E eles poderiam fazê-lo, entre outras coisas, desenvolvendo dentes nos pássaros, o que já não ocorre há 60 milhões de anos.

Os pássaros modernos descendem dos dinossauros (ou, pelo menos, de ancestrais que hoje em dia ficaríamos felizes em chamar de dinossauros, se ao menos eles tivessem se extinguido como todo dinossauro decente deveria fazer). Uma sofisticada interpretação "*evo-devo*" (*evolution and development*, isto é, evolução e desenvolvimento) dos genomas dos pássaros modernos e dos genomas de outros répteis arcossauros sobreviventes, como os crocodilos, deveria tornar possível que, por volta de 2050, nós reconstruíssemos o genoma de um dinossauro genérico. Já é encorajador que possamos experimentalmente induzir um bico de galinha a desenvolver rudimentos de dentes (e as cobras, a desenvolver patas), o que indica que capacidades genéticas antigas ainda perduram. Se esse projeto for bem-sucedido, talvez seja possível implantar o genoma num ovo de avestruz para fazer nascer, viver, respirar, um terrível dinossauro. A despeito de *Jurassic Park*, meu único motivo de angústia está em que é muito improvável que eu viva o suficiente para ver isso. Ou para estender meu braço curto em direção ao braço comprido de uma nova Lucy e, emocionado até as lágrimas, apertar a sua mão.

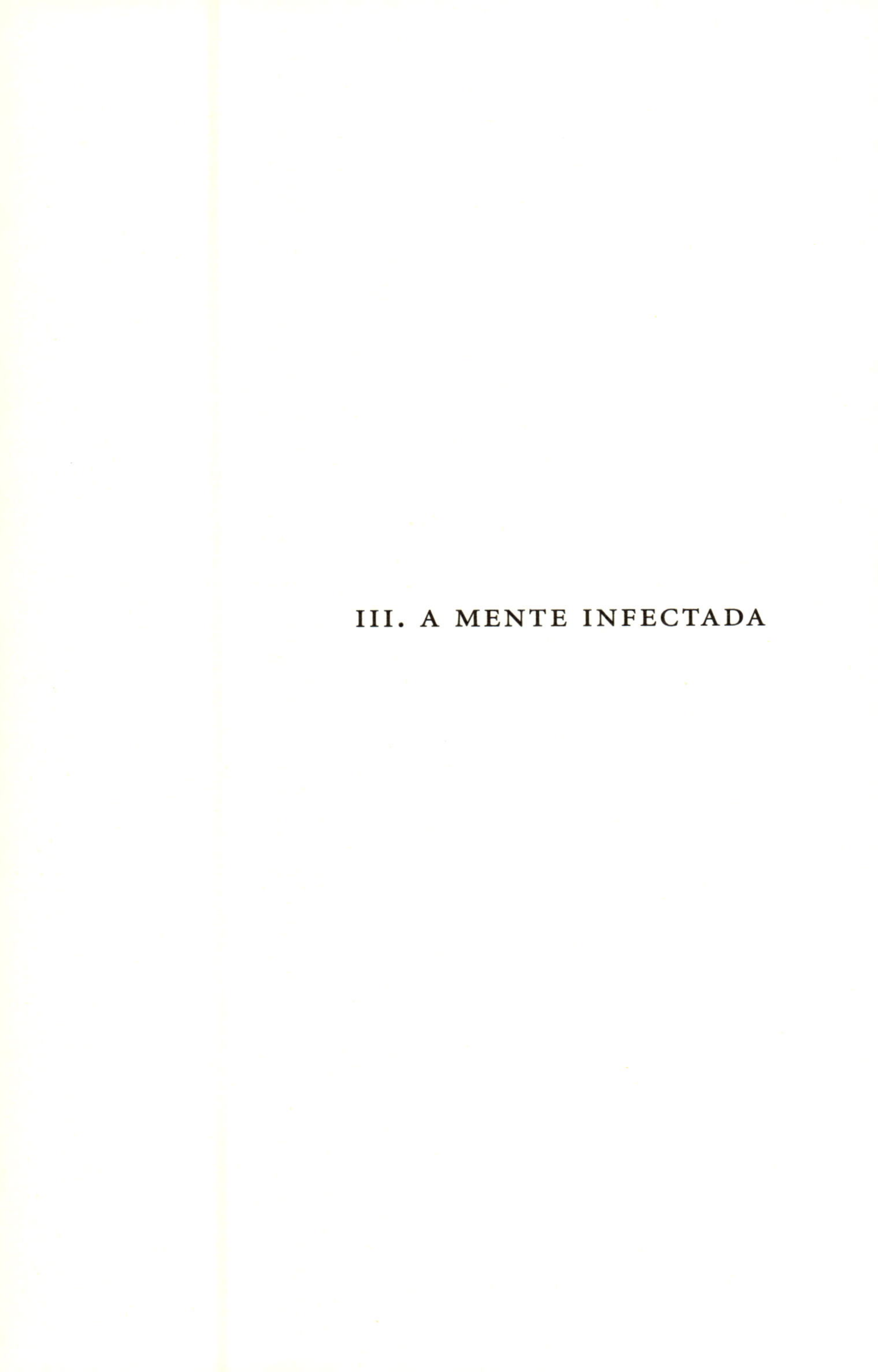

III. A MENTE INFECTADA

Há muito tempo eu tenho interesse, como pesquisador, e aversão, como homem, pela idéia de que a informação auto-replicadora salta infecciosamente de uma mente para a outra como o fazem (aquilo que conhecemos como) os vírus de computador. Quer seja o caso ou não de usarmos o termo "meme" para esses vírus da mente, a teoria deve ser levada a sério. Se ela for rejeitada, que seja por boas razões. Uma das pessoas que levaram essa teoria muito a sério foi Susan Blackmore, em seu livro admirável, *The meme machine* [A máquina de memes]. O primeiro ensaio desta seção, "A barcaça chinesa e o telefone sem fio", é uma versão resumida do prefácio que escrevi para o seu livro. Aproveitei esta oportunidade para refletir mais uma vez sobre os memes e, ao concluir, refutei a sugestão de que perdi o entusiasmo em relação a eles desde que introduzi a idéia em 1976. Como ocorre com outros prefácios, certas passagens que diziam respeito muito particularmente ao livro em si mesmo foram suprimidas, não porque eu já não as defenda (pois continuo a fazê-lo), mas porque elas são demasiado específicas para uma coletânea como esta.

Desde 1976 eu tenho pensado nas religiões como o exemplo por excelência dos memes e dos complexos mêmicos (ou "memeplexos"). Em "Os vírus da mente", desenvolvi o tema das religiões como parasitas da mente, e também sua analogia com os vírus de computador. Esse ensaio foi publicado pela primeira vez num livro de comentários ao pensamento de Daniel Dennett, um filósofo da ciência que é apreciado pelos cientistas porque ele se dá ao trabalho de ler aquilo que é produzido por estes últimos. Escolhi esse tema num gesto de reconhecimento à maneira fecunda como o conceito de meme foi desenvolvido por Dennett em *Consciousness explained* [A consciência explicada] e em *A perigosa idéia de Darwin.*[73]

Descrever as religiões como vírus da mente é algo entendido às vezes como um sinal de desdém ou mesmo de hostilidade. As duas coisas são verdade. Freqüentemente me perguntam por que me oponho tanto à "religião organizada". Minha primeira resposta é que também não sou exatamente simpático à religião desorganizada. Como um amante da verdade, suspeito das crenças firmemente defendidas que não encontram sustentação em nenhum tipo de evidência: fadas, unicórnios, lobisomens e todo outro elemento do conjunto infinito de crenças possíveis e irrefutáveis de que fala Bertrand Russell com sua imagem de um hipotético bule de porcelana chinesa girando em torno do Sol (ver "A grande convergência", p. 258). A razão pela qual a religião organizada merece franca hostilidade é que, diferentemente da crença no bule de Russell, ela é poderosa, influente, isenta de impostos e, além disso, sistematicamente transmitida a crianças que não têm idade suficiente para se defender.* Não forçamos

* Ver p. 228, e também a brilhante Amnesty Lecture de Nicholas Humphrey, "What shall we tell the children?", originalmente publicada em W. Williams (ed.), *The values of science: The Oxford Amnesty Lectures 1997* (Boulder, West-

as crianças a passar seus anos de formação memorizando livros lunáticos a respeito de bules. As escolas subsidiadas pelo governo não excluem as crianças cujos pais dão preferência a outros formatos de bule. Aqueles que acreditam no bule não apedrejam os ateus, os apóstatas, os hereges e os blasfemos em relação ao bule, até levá-los à morte. As mães não obrigam seus filhos a desistirem de se casar com *shiksas** cujos pais acreditam em três bules em vez de em um único bule. As pessoas que servem o leite primeiro não dão tiros no joelho daqueles que servem primeiro o chá.

Todo o restante desta seção é sobre religião, não especificamente sobre a sua analogia com os vírus, embora essa idéia esteja sempre presente quando reflito sobre o tema.** "A grande convergência" discute, e rejeita, a afirmação tão em moda de que a ciência e a religião, após um período de afastamento, estão se reaproximando. "Dolly e os porta-vozes da religião" critica a tendência das sociedades respeitáveis e liberais, e especialmente dos meios de comunicação, a conceder aos porta-vozes religiosos uma plataforma privilegiada e um respeito exagerado que vai muito além do que eles mereceriam como indivíduos. Trata-se de uma reclamação geral, mas o estímulo particular para esse ensaio veio de Dolly, a carismática ovelha. É claro que os teólogos têm tanto direito quanto qualquer outra pessoa a defender suas opiniões em relação a esses assuntos. Minha objeção se limi-

---

view Press, 1999), e agora reeditada na coletânea de ensaios de Humphrey, *The mind made flesh* (Oxford, Oxford University Press, 2002).

* Termo pejorativo que designa as mulheres não judias. (N. T.)

** Isso não significa que a teoria dos vírus, em si mesma, seja suficiente para explicar o fenômeno da religião. Dois livros que trazem reflexões profundas sobre a religião, adotando uma abordagem biológica ou psicológica da questão são Robert Hinde, *Why gods persist* (Londres, Routledge, 1999) e Pascal Boyer, *Religion explained* (Londres, Heinemann, 2001).

ta à premissa automática e incontestada de que tais opiniões devem contar com um acesso direto e garantido ao público simplesmente porque são opiniões religiosas.

Esse respeito maquinal que garantimos às religiões é criticado também no ensaio seguinte, "Hora de nos levantarmos". Eu o escrevi imediatamente após a atrocidade religiosa cometida em Nova York em 11 de setembro de 2001, e ele tem um tom mais brutal do que aquele que costumo adotar. Se fosse reescrito hoje, é provável que eu o suavizasse um pouco, mas aquele foi um momento fora do comum em que as pessoas falavam com uma paixão igualmente fora do comum, e admito que não fui nenhuma exceção.

1. A barcaça chinesa e o telefone sem fio[74]

Do prefácio a The meme machine
[A máquina de memes], de Susan Blackmore

Certa vez, quando ainda era estudante, eu estava conversando com um amigo na fila do almoço na faculdade. Ele me olhava com um ar de divertimento e de curiosidade cada vez mais intenso e então me perguntou: "Por acaso você esteve com Peter Brunet?". Eu tinha estado, realmente, mas não podia imaginar como é que ele sabia disso. Peter Brunet, a quem queríamos muito bem, era nosso professor, e eu acabara de sair de uma reunião de orientação com ele. "Eu logo vi", riu meu amigo. "Você está falando como ele; sua voz está soando exatamente como a dele." Eu havia, ainda que brevemente, "herdado" as entonações e a maneira de falar de um professor que eu admirava, e de quem hoje sinto muita saudade.

Anos mais tarde, quando me tornei eu mesmo um professor, tive como aluna uma jovem que tinha um hábito bastante incomum. Quando perguntada sobre algo que exigia uma reflexão mais profunda, ela fechava os olhos com força, contraía a cabeça em direção ao peito e permanecia congelada nessa posição por cerca de meio minuto antes de olhar para cima, abrir os olhos e então responder à pergunta fluentemente e com inteligência. Eu achava isso muito engraçado, e numa certa ocasião fiz uma imitação dela para meus colegas, após um jantar. Entre eles estava um eminente filósofo de Oxford. Assim que viu minha imitação, ele disse: "Mas isso é Wittgenstein! Por acaso o sobrenome dela é __________?". Perplexo, respondi que sim. "Logo imaginei", disse meu colega. "O pai e a mãe dela são seguidores devotos de Wittgenstein." O gesto havia passado do grande filósofo, por intermédio de um de seus pais ou mesmo de ambos, para minha aluna. Embora minha própria imitação não passasse de uma brincadeira, suponho que eu devo me incluir nessa conta, como um transmissor de quarta geração daquele gesto. E sabe-se lá de quem Wittgenstein o adquiriu.

É por meio da imitação que uma criança aprende sua língua particular e não uma outra língua. É também devido à imitação que as pessoas têm um modo de falar mais parecido com o de seus pais do que com o dos pais de outras pessoas. Essa é a razão por que existem os sotaques regionais e, numa escala de tempo mais longa, as diferentes línguas. É ainda a razão por que as religiões persistem ao longo das linhagens familiares em vez de serem escolhidas do zero em cada nova geração. Há uma analogia ao menos superficial com a transmissão longitudinal dos genes através das gerações e com a transmissão horizontal dos genes nos vírus. Se quisermos discutir essa analogia, mesmo sem decidir de antemão se se trata de uma analogia fecunda, é necessário que nomeemos a entidade que talvez desempenhe o papel do gene na transmissão de palavras, idéias, fés, maneirismos e modas. Desde 1976, quando a palavra foi cunhada, um número crescente de pessoas adotou o termo "meme" para esse suposto análogo do gene.

Os compiladores dos dicionários de inglês Oxford trabalham com um critério bem definido para decidir se uma nova palavra deve ser canonizada e incluída entre as palavras da língua. A palavra candidata à inclusão deve ser comumente usada sem que a apresentação de sua definição seja necessária e sem que sua cunhagem seja atribuída a alguém. Para se responder à pergunta "metamemética" sobre o grau de disseminação do termo "meme", um método conveniente, ainda que distante do ideal, é a obtenção de uma amostragem do conjunto de memes na internet. Fiz uma rápida pesquisa na rede no dia em que escrevi este artigo, 29 de agosto de 1998. O termo "meme" é mencionado quase meio milhão de vezes, mas esse número é absurdamente alto, e é óbvio que resulta de uma confusão entre meme e vários acrônimos, e também com a palavra *même* em francês. A forma adjetival "memético" é verdadeiramente exclusiva, e registra 5042 menções. Para colocar esse número em perspectiva, eu o comparei com algumas outras palavras recém-cunhadas ou expressões da moda. *Spin doctor* (ou *spin-doctor*)* é mencionada 1412 vezes, *dumbing down*** 3905 vezes, docudrama (ou docu-drama) 2848 vezes, sociobiologia 6679 vezes, teoria da catástrofe 1472 vezes, limite do caos 2673 vezes, *wannabee**** 2650 vezes, *zippergate***** 1752 vezes, *studmuffin****** 776 vezes, pós-estrutural 577 vezes, fenótipo estendido 515 ve-

* Especialista em relações públicas empregado por um político, por exemplo, para influenciar a opinião pública. (N. T.)

** *To dumb down*: tornar algo deliberadamente mais acessível, mais simples, ainda que menos inteligente (por exemplo, um currículo educacional, a programação da televisão etc.). (N. T.)

*** Aspirante à fama; forma contraída de "*I want to be*". (N. T.)

**** Escândalo envolvendo o presidente Clinton e a estagiária da Casa Branca Monica Lewinsky. (N. T.)

***** Homem sexualmente atraente. (N. T.)

zes, exaptação* 307 vezes. Das 5042 menções de "memético", mais de 90% não fazem referência à origem da palavra, o que sugere que ela de fato se encaixa nos critérios do dicionário Oxford. E o dicionário Oxford atualmente contém a seguinte definição: "*meme*: um elemento auto-replicador da cultura, transmitido por imitação".

Uma busca mais detalhada na internet revela a existência de um grupo de discussão, o "alt.memetics", que recebeu aproximadamente 12 mil mensagens ao longo do ano passado. Ele traz artigos on-line sobre temas como, entre muitos outros, "O novo meme", "Meme e contrameme", "Memética: uma metabiologia dos sistemas", "Memes e a imprensa do sorriso idiota", "Memes, metamemes e política", "Criônica, religiões e memes", "Memes egoístas e a evolução da cooperação" e "Em busca do meme". Há páginas separadas na rede sobre "Memética", "Memes", "A conexão memética C", "Teóricos do meme na web", "Meme da semana", "Central do meme", "Oficina de memes do Arkuat", "Alguns indicadores e uma breve introdução à memética", "Índice de memes" e "A página de jardinagem do meme". Há até uma nova religião (uma brincadeira, eu *suponho*) chamada "A igreja do vírus", que apresenta sua lista de pecados e virtudes, possui seu próprio patrono (são Charles Darwin, canonizado como "provavelmente o mais influente engenheiro memético da era moderna"), e eu fiquei assustado ao descobrir uma referência de passagem ao "santo Dawkins".

Os memes viajam longitudinalmente de uma geração a outra, mas viajam horizontalmente também, como os vírus numa epidemia. Na verdade, é em grande medida a epidemiologia horizontal o que observamos quando medimos a disseminação de

* Utilização de uma estrutura ou de um traço para uma função diferente daquela para o qual ele surgiu por seleção natural. (N. T.)

uma palavra como "memética", "docudrama" ou "*studmuffin*" na internet. As manias passageiras entre as crianças em idade escolar dão exemplos particularmente claros desse processo. Quando eu tinha nove anos, meu pai me ensinou a dobrar uma folha quadrada de papel de modo a fazer um origami de uma barcaça chinesa. Tratava-se de uma proeza notável da embriologia artificial, envolvendo uma série de estágios intermediários diferentes: um catamarã com dois cascos, um guarda-louças com porta, um quadro numa moldura e, por fim, a barcaça chinesa em si, totalmente navegável, ainda que fosse numa banheira, e completa, com o lugar destinado à carga e dois decks planos, cada um deles encimado por uma grande vela redonda. O que importa aqui é que, quando as aulas recomeçaram, eu contagiei meus amigos com essa habilidade, e ela então se espalhou por toda a escola com a velocidade de um sarampo e com uma duração epidemiológica também muito semelhante. Não sei dizer se a epidemia chegou a atingir outras escolas (um colégio interno é uma represa um tanto isolada do conjunto de memes). Mas sei que o meu pai contraiu originalmente o meme da barcaça chinesa durante uma epidemia praticamente idêntica na mesma escola, 25 anos antes. O vírus anterior foi introduzido pela governanta da escola. Muito tempo depois de sua partida, eu reintroduzira o seu meme para um novo grupo de jovens estudantes.

Antes de deixar para trás a história da barcaça chinesa, vou utilizá-la em mais um argumento. Uma das objeções prediletas à analogia entre o meme e o gene é que os memes, se é que eles existem, são transmitidos com um grau de fidelidade baixo demais para desempenhar um papel como o dos genes em qualquer processo realista de seleção darwiniana. Assume-se que a diferença entre os genes de alta-fidelidade e os memes de baixa fidelidade resulta do fato de que os genes são digitais, ao passo que os memes não são. Estou certo de que os detalhes do maneirismo de Wittgenstein estavam longe de uma reprodução fiel quando eu imitei a minha aluna, que imitara seus pais, que por sua vez imitaram Wittgenstein. Não há dúvidas de que a forma e o timing desse tique sofreram mutações ao longo das gerações, como na brincadeira de criança conhecida como "telefone-sem-fio".*

Suponha que coloquemos uma porção de crianças numa fila. Uma ilustração qualquer, uma barcaça chinesa por exemplo, é mostrada à primeira criança, a quem se pede que a desenhe. O desenho, mas não a ilustração original, é então mostrado à segunda criança, a quem se solicita que faça seu próprio desenho do mesmo objeto. O desenho da segunda criança é então mostrado a uma terceira criança, que o desenha novamente, e assim o jogo prossegue até a vigésima criança, cujo desenho é revelado a todas e comparado com o primeiro. Mesmo sem fazer esse experimento, sabemos qual será o seu resultado. O vigésimo desenho será tão diferente do primeiro a ponto de ser irreconhecível. Presumivelmente, se colocarmos todos os desenhos em ordem, perceberemos alguma semelhança entre cada um deles e seu predecessor e sucessor imediatos, mas o grau de mutação será alto o suficiente para destruir toda a semelhança depois de algumas gerações. Uma tendência à degeneração se tornará visível à medida que caminharmos de uma extremidade da série a outra. Os geneticistas evolutivos desde muito descobriram que a seleção natural não pode atuar a menos que o grau de mutação seja baixo. Na realidade, o problema inicial de como vencer a barreira da fidelidade foi descrito como "o ardil 22** da origem da vida". O darwinismo depende da alta fidelidade da replicação dos genes. Como então poderia o meme, com sua aparente e desani-

* Na Inglaterra, *chinese whispers*. (N. T.)

** No original, *catch 22*: situação da qual a vítima não tem como escapar. (N. E.)

madora falta de fidelidade, funcionar como se fosse um gene num processo darwiniano?

Mas não se trata de algo tão desanimador quanto parece à primeira vista, e alta fidelidade não é necessariamente sinônimo de "digital". Suponha que brincássemos novamente de telefone-sem-fio, mas desta vez com uma diferença crucial. Em vez de pedir à primeira criança para copiar o desenho de uma barcaça chinesa, nós a ensinaríamos a fazer um origami desse barco. Quando ela tivesse dominado a habilidade necessária e construído sua própria barcaça, pediríamos que se virasse para a segunda criança e a ensinasse a fazer o mesmo origami. Desse modo, essa habilidade se transmitiria por toda a fila de crianças, até a vigésima. Qual seria o resultado do experimento? O que a vigésima criança produziria, e o que é que observaríamos ao colocar as vinte barcaças uma ao lado da outra? Mesmo sem ter levado a cabo esse experimento, farei a seguinte previsão confiante, na condição de que ele seja realizado repetidas vezes, com diferentes grupos de vinte crianças. Numa boa parte deles, uma criança em algum ponto da fila esquecerá algum dos passos cruciais na seqüência ensinada pela criança anterior e a linha de fenótipos sofrerá uma macromutação abrupta que, presumivelmente, será então copiada até o final da fila, ou até que outro erro diferente seja cometido. O resultado final dessas linhagens não mostrará semelhança alguma com uma barcaça chinesa. Mas num bom número de experimentos a habilidade será transmitida corretamente ao longo da fila, e a vigésima barcaça não se mostrará, na média, nem melhor nem pior que a primeira. Se colocarmos em ordem os vinte barcos, alguns se mostrarão mais perfeitos que os outros, mas as imperfeições não serão copiadas ao longo da fila. Se a quinta criança é menos habilidosa e faz uma barcaça desajeitadamente assimétrica ou frouxa, seus erros quantitativos serão corrigidos caso a sexta criança tenha mais destreza. As vinte barcaças não mostrarão a deterioração progressiva que os vinte desenhos do nosso primeiro experimento sem dúvida apresentariam.

Por quê? Qual é a diferença crucial entre os dois tipos de experimento? É a seguinte. A herança no experimento do desenho é lamarckiana (Susan Blackmore a chama de "cópia do produto"). No experimento do origami, ela é weismanniana (a "cópia das instruções", na terminologia de Blackmore). No experimento do desenho, o fenótipo em cada geração é também o genótipo — aquilo que é transmitido para a próxima geração. No experimento do origami, o que passa para a geração seguinte não é o fenótipo de papel, mas um conjunto de instruções para construí-lo. As imperfeições na *execução* das instruções resultam em barcaças imperfeitas (fenótipos), no entanto elas não são transmitidas às futuras gerações: elas são não meméticas. Eis as primeiras cinco instruções para se fazer uma barcaça chinesa no estilo memético weismanniano:

1. Pegue uma folha de papel quadrada e dobre os seus quatro cantos exatamente no meio.
2. Pegue o quadrado reduzido e dobre ao meio um de seus lados.
3. Dobre o outro lado no meio, simetricamente.
4. Do mesmo modo, tome o retângulo formado e dobre ao meio suas duas extremidades.
5. Pegue o pequeno quadrado que se formou e dobre-o para trás, exatamente ao longo da linha em que suas duas últimas dobras se encontraram.

... E assim por diante, ao longo de vinte ou trinta instruções dessa natureza. Tais instruções, embora jamais me ocorresse chamá-las de digitais, apresentam, potencialmente, alto grau de fidelidade, tanto quanto se fossem digitais. Isso porque todas elas fazem referência a tarefas idealizadas como "dobre os quatro cantos exatamente no meio". Se o papel não for um quadrado exato, ou se uma criança faz a dobra com pouca aptidão de maneira que, por exemplo, o primeiro canto ultrapassa a linha do meio e o segundo não chega até ela, a barcaça resultante será deselegante. Mas a próxima criança na fila não copiará o erro, pois presumirá que seu instrutor *teve a intenção* de dobrar os quatro cantos exatamente no ponto central de um quadrado perfeito. As instruções são autonormalizadoras. O código inclui a correção dos erros.

As instruções são transmitidas com mais eficácia se forem reforçadas verbalmente, mas elas podem ser transmitidas apenas por demonstração. Uma criança japonesa poderia ensinar uma criança inglesa, embora nenhuma delas fale uma palavra da língua da outra. Do mesmo modo, um mestre carpinteiro japonês pode transmitir suas habilidades para um inglês igualmente monoglota. O aprendiz não copiaria erros evidentes. Se o mestre dá uma martelada em seu dedão, o aprendiz adivinharia, corretamente, mesmo sem entender o que significa "## #### ##!" em japonês, que sua intenção era acertar o prego. Ele não faria uma cópia lamarckiana dos detalhes precisos de cada golpe do martelo, mas copiaria, em vez disso, as instruções inferidas: dê tanto golpes no prego com o seu martelo quantos sejam necessários para obter o mesmo resultado final idealizado que o mestre obteve na sua ação — uma cabeça de prego rente à madeira.

Acredito que essas considerações reduzem bastante, e provavelmente removem por completo, a objeção de que os memes são copiados com fidelidade insuficiente para que sejam comparados aos genes. A herança da língua e dos costumes religiosos e tradicionais, tão semelhante à herança genética, no meu entender, nos ensina a mesma lição. Outra objeção é o fato de que ainda não sabemos do que os memes são feitos ou onde residem. Eles ainda não encontraram os seus Watson e Crick; não têm nem ao menos o seu Mendel. Enquanto os genes têm localizações precisas nos cromossomos, os memes presumivelmente existem nos cérebros, e a probabilidade de vê-los é ainda menor que a probabilidade de vermos um gene (embora o neurobiólogo Juan Delius tenha feito conjecturas a respeito da aparência de um meme).[75] Do mesmo modo como fazemos com os genes, rastreamos os memes nas populações através de seus fenótipos. O "fenótipo" da barcaça chinesa é feito de papel. Com a exceção dos "fenótipos estendidos", tais como os diques dos castores e as casas dos tricópteros, os fenótipos dos genes são normalmente partes do corpo. Os fenótipos dos memes raramente são partes do corpo.

Mas em alguns casos eles podem ser. Para voltar à minha escola, um geneticista marciano, visitando-a durante o ritual matinal do banho frio, teria sem hesitação diagnosticado um "evidente" polimorfismo genético. Aproximadamente 50% dos meninos eram circuncidados e 50% não eram. Os garotos, a propósito, eram altamente conscientes desse polimorfismo, e costumávamos nos classificar de Cabeças-Redondas versus *Cavaliers** (recentemente eu li que numa outra escola os meninos chegavam mesmo a se organizar em dois times de futebol segundo os mesmos critérios). Não se trata, é claro, de um polimorfismo genético, e sim de um polimorfismo memético. Porém, o erro do marciano seria absolutamente compreensível; a descontinuidade morfológica é exatamente do tipo que se presumiria que fosse produzida pelos genes.

Na Inglaterra daquela época, a circuncisão infantil era um capricho médico, e o polimorfismo cabeça-redonda/cavalheiro na minha escola provavelmente se devia menos à transmissão longitudinal do que aos diferentes padrões adotados nos vários

* Respectivamente, os puritanos, defensores do parlamento durante a Guerra Civil na Inglaterra, e os partidários do rei Carlos I. (N. T.)

hospitais onde por acaso havíamos nascido — transmissão memética horizontal, ainda assim. Mas ao longo de quase toda a história, a circuncisão foi longitudinalmente transmitida como uma insígnia da religião (da religião *dos pais*, me apresso em dizer, pois a pobre da criança costuma ser jovem demais para *conhecer* suas próprias idéias religiosas). Nos contextos em que a circuncisão tem um fundamento religioso ou tradicional (o bárbaro costume da "circuncisão" feminina sempre tem), a transmissão seguirá um padrão longitudinal de hereditariedade, muito semelhante ao padrão da transmissão genética verdadeira, e quase sempre persistirá por muitas gerações. Nosso geneticista marciano teria que trabalhar duro para descobrir que não havia nenhum gene envolvido na gênese do fenótipo cabeça-redonda.

Os olhos do geneticista marciano também saltariam nas órbitas (supondo que já não fossem saltados de antemão) ao contemplar certos estilos de vestir e de pentear, e seus padrões hereditários. O fenótipo do solidéu tende fortemente a se transmitir longitudinalmente de pai para filho (ou de avô materno para neto) e mostra uma clara ligação com o fenótipo mais raro dos longos cachos laterais nos cabelos. Fenótipos comportamentais, como fazer uma genuflexão diante da cruz ou ajoelhar-se voltado para o leste cinco vezes por dia, também são herdados longitudinalmente, e mostram uma forte relação de desequilíbrio com os fenótipos anteriores, assim como o fenótipo da manchinha vermelha sobre a testa e o dos carecas com vestimentas alaranjadas.

Os genes são copiados e transmitidos de um corpo ao outro com precisão, mas alguns são transmitidos com maior freqüência — por definição, esses são mais bem-sucedidos. Isso é a seleção natural, e essa é a explicação para a maior parte dos fatos interessantes e significativos a respeito da vida. No caso dos memes, contudo, haverá uma seleção natural semelhante? Será que a internet nos ajudaria também a investigar a seleção natural entre os memes? Por coincidência, aproximadamente na mesma época em que o termo "meme" foi cunhado (na realidade, um pouquinho depois), um sinônimo rival, "gene cultural" [*culturgen*], foi proposto.[76] Hoje, "gene cultural" é uma expressão mencionada vinte vezes na internet, em comparação com as 5042 menções de "meme". Além do mais, entre essas vinte ocorrências, dezessete assinalam a fonte da palavra, colidindo, desse modo, com os critérios do dicionário Oxford. Talvez não seja fantasioso demais imaginar uma luta darwiniana entre os dois memes (ou genes culturais), e não é totalmente bobo perguntar por que um deles foi tão mais bem-sucedido. Talvez seja porque "meme" é uma palavra semelhante a "gene", e que portanto se presta à cunhagem de uma série de subtermos quase-genéticos: conjunto de memes (352), memótipo (58), memeticista (163), memeóide (ou memóide) (28), retromeme (14), memética das populações (41), complexo de memes (494), engenharia memética (302) e metameme (71) encontram-se todos listados em um "Léxico Memético" na internet (os números entre parênteses contabilizam as menções de cada palavra no dia em que fiz minha pesquisa). A expressão "gene cultural" não se mostraria tão ágil na geração de termos equivalentes. Ou o sucesso de "meme", em comparação com "gene cultural", pode ter sido inicialmente apenas uma questão de acaso não darwiniano — deriva memética (85) — seguido por um efeito de feedback positivo auto-reforçador ("Porque a todo o que já tem, dar-se-lhe-á, e terá em abundância: e ao que não tem, tirar-se-lhe-á até o que parece que tem", Mateus 25:29).

Mencionei duas das objeções prediletas à idéia do meme: a cópia dos memes não tem fidelidade suficiente, e ninguém sabe o que um meme é na realidade, do ponto de vista físico. Um terceiro obstáculo é o controvertido problema do tamanho da unidade que deve ser considerada um meme. Seria toda a Igreja Católica Romana um meme, ou deveríamos usar esse termo para uma unidade constituinte, como a idéia do incensamento ou a da transubstanciação? Ou para algo intermediário em relação a essas duas alternativas? A resposta pode ser encontrada no conceito de "complexo de memes", ou "memeplexo".

Os memes, assim como os genes, são selecionados em relação a outros que se encontram no conjunto de memes. O resultado é que gangues de memes mutuamente compatíveis — complexos de memes co-adaptados ou memeplexos — coabitam nos cérebros individuais. Isso não ocorre porque a seleção os escolheu como um grupo, mas porque cada membro separado do grupo tende a ser favorecido quando o seu ambiente é circunstancialmente dominado pelos outros. Um argumento muito semelhante pode ser defendido em relação à seleção genética. Cada gene num conjunto de genes constitui parte do cenário ambiental no qual os outros genes são selecionados, de maneira que não é de surpreender que a seleção natural favoreça genes que "cooperam" na construção das máquinas altamente integradas e unificadas que chamamos de organismos. Por analogia com os complexos co-adaptados de genes, os memes, selecionados uns em relação aos outros, "cooperam" em memeplexos, apoiando-se mutuamente — apoiando-se no interior do mesmo memeplexo, mas hostis a memeplexos rivais. As religiões talvez sejam os exemplos mais convincentes de memeplexos, embora não sejam de modo algum os únicos.

Às vezes sou acusado de ter voltado atrás a respeito dos memes, de ter perdido o ímpeto, moderado minhas palavras, mudado de idéia. A verdade é que, inicialmente, minha concepção dos memes era algo mais modesto do que alguns memeticistas desejariam. Para mim, a missão original do meme era negativa. Esse termo foi introduzido ao final de um livro que, de resto, era inteiramente devotado a exaltar o gene egoísta como o fator-chave da evolução, a unidade fundamental da seleção, a entidade na hierarquia da qual todas as adaptações se beneficiam. Havia um risco de que os meus leitores entendessem a mensagem de maneira distorcida, depreendendo que essas unidades fossem *necessariamente* os genes, no sentido de moléculas do DNA. Pelo contrário, o DNA era incidental. A unidade real da seleção natural era algum tipo de *replicador*, qualquer unidade da qual sejam feitas cópias, com erros ocasionais e com alguma influência ou poder sobre sua própria capacidade de replicação. A seleção natural genética descrita pelo neodarwinismo como a força motriz da evolução em nosso planeta era apenas um caso especial de um processo mais geral que eu chamei de "darwinismo universal". Talvez tivéssemos que ir a outros planetas para descobrir outro exemplo. Mas talvez não tivéssemos que ir tão longe. Seria possível que um novo tipo de replicador darwiniano estivesse, naquele momento mesmo, bem diante de nossos olhos? Foi aí que entrou o meme.

Eu teria ficado satisfeito, naquela ocasião, se o meme tivesse simplesmente desempenhado sua função de persuadir meus leitores de que o gene nada mais era que um caso especial: que o seu papel no espetáculo do darwinismo universal poderia ser preenchido por qualquer outra entidade no universo que correspondesse à definição de "replicador". O propósito didático original do meme era negativo, era o de impor limites ao gene egoísta, de colocá-lo em seu próprio lugar. Fiquei um tanto assustado com o número de leitores do meu livro que tomaram o meme de uma maneira mais concreta, como uma teoria da cultura humana em si mesma — fosse para criticá-la (injustamente, considerando-se a modéstia da minha intenção original), fosse para levá-la muito além dos limites do que então me parecia justificado. Foi por essa razão que pareceu, para muitas pessoas, que eu havia voltado atrás.

Mas sempre me mantive aberto à possibilidade de que a idéia do meme fosse um dia desenvolvida em uma hipótese de verdade sobre a mente humana, e eu não sabia quão ambiciosa essa tese poderia resultar. Fico encantado em saber que outros estão se incumbindo dela.*

* Além do livro de Susan Blackmore *The meme machine* [A máquina de memes], outros livros que fazem uso substancial da idéia de meme são o de R. Brodie, *Virus of the mind: the new science of the meme* (Seattle, Integral Press, 1996), não confundir com meu ensaio (ver página seguinte), que foi publicado três anos antes; A. Lynch, *Thought contagion: how belief spreads through society* (Nova York, Basic Books, 1993); J. M. Balkin, *Cultural software* (New Haven, Yale University Press, 1998); H. Bloom, *The Lucifer principle* (Sydney, Allen & Unwin, 1995); Robert Aunger, *The eletric meme* (Nova York, Simon & Schuster, 2002); Kevin Laland e Gillian Brown, *Sense and nonsense* (Oxford, Oxford University Press, 2002), e Stephen Shennan, *Genes, memes and human history* (Londres, Thames and Hudson, 2002). Uma virada decisiva no destino do meme foi sua adoção e desenvolvimento por Daniel Dennett como pedra angular de sua teoria sobre a evolução da mente, especialmente em seus dois livros *Consciousness explained* (Boston, Little Brown, 1991) e *Darwin's dangerous idea* [A perigosa idéia de Darwin] (Nova York, Simon & Schuster, 1995).

2. Os vírus da mente[77]

O porto que todos os memes precisam atingir é a mente humana, mas a própria mente humana é um artefato criado quando os memes reestruturam um cérebro humano para torná-lo um melhor habitat para os memes. As avenidas de entrada e saída são modificadas para se adaptarem às condições locais, e são reforçadas por vários dispositivos artificiais que intensificam a fidelidade e a prolixidade da replicação: as mentes chinesas nativas diferem dramaticamente das mentes francesas nativas, e as mentes alfabetizadas diferem das mentes analfabetas. O que os memes dão em troca aos organismos em que residem é um estoque incalculável de vantagens — com alguns cavalos de Tróia no meio para contrabalançar...

Daniel Dennett[78]

FORRAGEM PARA A DUPLICAÇÃO

Uma adorável criança do meu círculo de relações, que é a menina-dos-olhos de seu pai, acredita, aos seis anos de idade, que

Thomas, a Locomotiva,* existe de verdade. Ela também acredita em Papai Noel e, quando crescer, gostaria de ser uma fada dos dentes. Ela e suas amiguinhas da escola acreditam na palavra solene de adultos respeitados de que as fadas dos dentes e Papai Noel realmente existem. Na sua idade, essa garotinha acreditará no que quer que dissermos a ela. Se dissermos que as bruxas transformam sapos em príncipes, ela acreditará em nós. Se dissermos que as meninas más queimam para sempre no inferno, ela terá pesadelos. Descobri há pouco que, sem o consentimento de seu pai, essa encantadora, confiante e crédula criança de seis anos passará a freqüentar aulas semanais com uma freira católica. Que chances ela tem?

As crianças são moldadas pela evolução para absorver como uma esponja a cultura de seu povo. Isso salta aos olhos quando observamos o modo como elas aprendem os elementos indispensáveis de sua língua num intervalo de meses. Um grande dicionário de palavras que devem ser usadas, uma enciclopédia de informações sobre o que falar, um conjunto de complicadas regras sintáticas e semânticas para organizar essa fala, tudo isso já se encontra transferido dos cérebros dos mais velhos para os das crianças muito antes que elas tenham atingido a metade da altura adulta. Uma vez que somos pré-programados para absorver informações úteis a uma grande velocidade, é difícil, simultaneamente, excluir informações nocivas ou prejudiciais. Com tantos bytes mentais a serem transferidos, tantos códons a serem duplicados, não admira que as mentes das crianças sejam inocentes, abertas a todo tipo de sugestão, vulneráveis à subversão, presa fácil para os *moonies*,* os cientologistas e as freiras. Como pacientes imunodeficientes,

* Personagem principal do livro infantil *Thomas, the Tank Engine*, do escritor inglês Wilbert Vere Awdry. O livro deu origem a um programa na televisão americana e também a filmes. (N. T.)

** Membro da Igreja da Unificação, seita fundada em 1954 pelo reverendo Moon. (N. T.)

as crianças mostram-se amplamente abertas a infecções mentais das quais os adultos se livrariam sem maiores esforços.

Também o DNA inclui código parasítico. O mecanismo celular é extremamente eficiente em copiar o DNA. Ele se mostra ávido por copiar, assim como uma criança se mostra ávida por imitar a língua falada por seus pais. Concomitantemente, o DNA parece ávido por ser copiado. O núcleo da célula é um verdadeiro paraíso para o DNA, fervilhando de mecanismos de duplicação sofisticados, rápidos e precisos.

O mecanismo celular é tão favorável à duplicação do DNA que não é de admirar que as células atuem como hóspedes dos parasitas do DNA — vírus, viróides, plasmídeos e toda uma ralé de outros companheiros de viagem genéticos. O DNA parasitário chega até mesmo a se juntar de maneira imperceptível aos cromossomos. "Jumping genes"* e extensões de "DNA egoísta" se separam de seu cromossomo ou se replicam, inserindo-se em outros lugares. É quase impossível distinguir os oncogenes mortais dos genes legítimos entre os quais eles se introduzem. Na evolução, há provavelmente um tráfego ininterrupto de genes "legítimos" para genes "fora-da-lei", e vice-versa. O DNA é simplesmente DNA. A única coisa que distingue o DNA virótico do DNA hospedeiro é o método pelo qual cada um deles espera passar para as gerações futuras. O DNA hospedeiro "legítimo" é apenas o DNA que aspira passar à próxima geração através do caminho ortodoxo do espermatozóide ou do óvulo. O DNA parasítico, ou "fora-da-lei", é simplesmente o DNA que procura um caminho mais curto, e menos cooperativo, até o futuro, pelo respingo de um espirro ou por uma gota de sangue, em vez do espermatozóide ou do óvulo.

* Elementos genéticos móveis, capazes de se inserir em diferentes pontos do cromossomo. (N. T.)

Para os dados em um disquete, um computador é um paraíso fervilhante, do mesmo modo como os núcleos das células o são para o DNA. Os computadores e outros leitores de discos e de fitas são projetados visando à alta fidelidade. Assim como as moléculas de DNA, os bytes magnetizados não têm o "desejo", literalmente, de ser copiados de maneira fiel. No entanto, pode-se criar um programa de computador que tome medidas para duplicar a si mesmo. Não apenas duplicar-se no interior de um computador, mas disseminar-se para outros computadores. Os computadores são tão bons em copiar bytes, e tão eficientes em obedecer fielmente às instruções contidas nesses bytes, que acabam por se constituir em um alvo fácil para os programas auto-replicadores, mostrando-se amplamente abertos à subversão por parasitas de software. Todo cínico que tivesse familiaridade com a teoria dos genes egoístas ou dos memes teria imaginado que os computadores pessoais modernos, com seu tráfego promíscuo de disquetes e de conexões por e-mail, estavam procurando encrenca. A única coisa que surpreende em relação à atual epidemia de vírus de computadores é que ela tenha demorado tanto a ocorrer.

OS VÍRUS DE COMPUTADOR: UM MODELO PARA UMA EPIDEMIOLOGIA INFORMACIONAL

Os vírus de computador são pedaços de código que se enxertam em programas legítimos existentes, subvertendo as ações normais desses programas. Eles podem viajar nos disquetes que trocamos ou através da internet. Tecnicamente falando, eles se distinguem dos "vermes" [*worms*], que são programas inteiros, autônomos, que normalmente viajam através da rede. Bastante diferentes são os "cavalos de Tróia", uma terceira categoria de programas destrutivos, que não são em si mesmos auto-replicadores, mas que contam com o auxílio da replicação humana em virtude de seu conteúdo pornográfico ou de outros atrativos. Tanto os vírus como os "vermes" são programas que concretamente dizem, na linguagem dos computadores, "duplique-me". Ambos são capazes de fazer outras coisas que permitem que sua presença seja percebida, talvez satisfazendo assim a vaidade insignificante de seus autores. Esses efeitos colaterais podem ser "humorísticos" (como o vírus que faz o alto-falante embutido do Macintosh enunciar as palavras "Não entre em pânico", produzindo, como seria de esperar, o efeito oposto), maldosos (como os vírus que apagam o disco rígido depois que uma tela anuncia, num aviso zombeteiro, o desastre iminente), políticos (os vírus da Telecom Espanhola e os de Pequim protestando contra os custos das ligações telefônicas e o massacre dos estudantes, respectivamente), ou apenas não intencionais (nos casos em que o programador não tem competência para controlar as exigências simples requeridas pelo sistema para criar um vírus ou um *worm* efetivos). O famoso *worm* da internet que paralisou boa parte da capacidade computacional dos Estados Unidos em 2 de novembro de 1988 não foi projetado com uma intenção tão nociva, mas escapou ao controle e, em 24 horas, havia congestionado a memória de aproximadamente 6 mil computadores ao produzir cópias de si mesmo em escala exponencial.

> Os memes agora se espalham pelo mundo à velocidade da luz, e se reproduzem com velocidades que fazem com que até mesmo a mosca-das-frutas e as células de levedura pareçam glaciais, em comparação. Eles saltam de maneira promíscua de um veículo a outro, e de um meio a outro, e têm mostrado que é virtualmente impossível colocá-los em quarentena. [Dennett, outra vez]

Os vírus dos computadores não ficam limitados às mídias eletrônicas tais como os discos e as linhas de transmissão de dados. Em seu percurso de um computador a outro, um vírus pode se propagar passando pela tinta de impressão, pelos raios de luz no cristalino do olho humano, pelos impulsos do nervo ótico e pelas contrações dos músculos do dedo. Uma revista de aficionados por computadores foi amplamente criticada por publicar o texto de um programa de vírus para seus leitores interessados. De fato, o vírus tem um apelo tão forte para um certo tipo de mentalidade pueril que a publicação de qualquer tipo de informação sobre como programar um deles é vista, justificadamente, como um ato irresponsável.

Não publicarei nenhum código de vírus. Mas há certos truques para elaborar um vírus efetivo que são suficientemente bem conhecidos, até mesmo óbvios, de forma que não há mal algum em mencioná-los, o que me é necessário para o desenvolvimento desta discussão. Todos eles se originam da necessidade do vírus de escapar à descoberta enquanto estiver se disseminando.

Um vírus que clona a si mesmo de maneira excessivamente prolífica no interior de um computador logo será detectado, porque os sintomas de congestionamento se tornarão evidentes demais para permanecerem ignorados. Por esse motivo, muitos programas de vírus, antes de infectar um sistema, checam se eles já não estão presentes naquele sistema. Por acaso, isso abre uma possibilidade de defesa contra os vírus que é análoga a uma vacina. Quando ainda não existiam os programas específicos antivírus, eu mesmo respondi ao início de uma infecção no meu disco rígido com uma "vacinação" rudimentar. Em vez de deletar o vírus que eu havia detectado, simplesmente desativei suas instruções codificadas, deixando intacta a "casca" do vírus, com sua "assinatura" externa característica. Teoricamente, os membros subseqüentes da mesma espécie de vírus que chegaram a meu sistema deveriam reconhecer a assinatura da sua própria espécie e, portanto, se abster de tentar infectá-lo pela segunda vez. Não sei se essa imunização funcionou de fato, mas naquela época provavelmente valia a pena "esvaziar" um vírus e manter a sua casca dessa maneira, em vez de apenas tentar removê-lo por completo. Hoje em dia, é melhor entregar o problema a um dos programas antivírus desenvolvidos por profissionais.

Um vírus que seja virulento demais será rapidamente detectado e eliminado. Um vírus que de modo instantâneo e catastrófico sabote todo computador onde se introduz não terá acesso a muitos computadores. Pode ser que, num computador, ele tenha um efeito dos mais divertidos — como apagar uma tese de doutorado inteira ou algum outro feito igualmente hilariante —, mas não se espalhará como numa epidemia. Alguns vírus, portanto, são projetados para ter um efeito pequeno o bastante para que seja difícil detectá-lo, mas que pode ser, ainda assim, extremamente danoso. Há um tipo que, em vez de apagar setores inteiros do disco, ataca somente as planilhas eletrônicas, fazendo algumas poucas alterações aleatórias nas somas (em geral financeiras) inseridas nas linhas e colunas. Outros vírus escapam à detecção porque são ativados de maneira probabilística, por exemplo, apagando apenas um a cada dezesseis discos infectados. Há ainda um outro que emprega o princípio da bomba-relógio. A maioria dos computadores modernos "sabe" que dia é hoje, e os vírus têm sido ativados para se manifestar mundo afora em dias específicos como sexta-feira 13 ou 1º de abril. Do ponto de vista parasitário, não importa quão catastrófico seja o ataque final, desde que o vírus tenha tido oportunidade abundante de se disseminar antes disso (há aqui uma analogia perturbadora com a teoria do envelhecimento de Medawar e Williams: nós seríamos vítimas dos genes letais e subletais que só amadurecem depois que tivermos tido tempo suficiente para nos reproduzir). Para se defender, algumas grandes empresas chegam ao ponto de separar um "boi de piranha" entre seus computadores e adiantar seu calendário interno em uma semana, para que um vírus do tipo bomba-relógio seja descoberto prematuramente, antes do dia fatídico.

Como também seria de se prever, a epidemia dos vírus de computador deflagrou uma verdadeira corrida armamentista. Os softwares antivírus movimentam um comércio colossal. Esses programas de antídotos — "Interferon", "Vaccine", "Gatekeeper" e outros — empregam um arsenal diversificado de truques. Alguns são escritos tendo em mente vírus específicos, já conhecidos e nomeados. Outros interceptam qualquer tentativa de introdução nas áreas sensíveis da memória do sistema e advertem o usuário.

O princípio do vírus poderia, em tese, ser usado para propósitos não prejudiciais e até mesmo benéficos. Harold Thimbleby[79] cunhou o termo *"liveware"* para denominar o uso, já implementado por ele, do princípio da infecção para manter cópias múltiplas de bancos de dados atualizadas. A cada vez que um disco contendo um banco de dados é conectado a um computador, ele confere se existe outra cópia presente no disco rígido local. Caso exista, cada uma das cópias é atualizada à luz da outra. Então, com um pouco de sorte, não importa quem seja o membro de um círculo de colegas a acrescentar, por exemplo, uma nova citação bibliográfica no seu disco pessoal. A informação recém-introduzida prontamente infectará os discos de seus colegas (que promiscuamente inserem discos nos computadores uns dos outros) e se espalhará como uma epidemia por todo o grupo. O *liveware* de Thimbleby não é de todo semelhante a um vírus: ele não é capaz de se disseminar para o computador de qualquer pessoa e não causa danos. Ele dissemina os dados apenas para as cópias já existentes do banco de dados em questão, e ninguém será infectado pelo *liveware*, a menos que opte por isso.

Thimbleby, aliás, preocupado com a ameaça dos vírus, chama a atenção para a possibilidade de nos protegermos utilizando sistemas que outras pessoas não usam. A justificativa usual para comprarmos o computador pessoal numericamente dominante hoje em dia é única e exclusivamente o fato de que ele *é* numericamente dominante. Quase toda pessoa bem informada concorda que, em termos de qualidade e sobretudo em termos de facilidade de uso, o sistema rival, minoritário, mostra-se superior. Não obstante, a onipresença é considerada uma vantagem em si mesma, suficiente para superar a qualidade pura e simplesmente. Compre o mesmo computador que seus colegas (embora ele seja inferior), como dita o argumento, e você poderá se beneficiar dos softwares compartilhados e de uma circulação em geral maior dos programas disponíveis. A ironia é que, com o advento da praga dos vírus, não é apenas "benefício" o que iremos obter. Não deveríamos apenas hesitar em aceitar um disquete de um colega. Também deveríamos nos dar conta de que, ao nos juntarmos a uma vasta comunidade de usuários de uma marca particular de computadores, estamos nos juntando a uma comunidade maior de vírus — uma comunidade até mesmo, como poderemos descobrir, *desproporcionalmente* maior.

Voltando aos possíveis usos dos vírus para propósitos positivos, existem propostas para se explorar o princípio do "incendiário que vira bombeiro" e para se "usar um ladrão para prender outro ladrão". Uma maneira simples de fazer isso seria tomar quaisquer dos programas antivírus existentes e carregá-lo, como uma "ogiva", num vírus auto-replicador inofensivo. Do ponto de vista da "saúde pública", a disseminação epidêmica de um software antivírus seria especialmente benéfica porque os computadores mais vulneráveis aos vírus malignos — aqueles das pessoas que fazem um intercâmbio promíscuo de programas pirateados — serão mais vulneráveis à infecção pelo antivírus com propriedades curativas. Um antivírus mais perspicaz poderia — como ocorre no sistema imunológico — "aprender" ou "desenvolver" uma capacidade mais aperfeiçoada de atacar quaisquer vírus que ele venha a encontrar.

Posso imaginar outros usos do princípio do vírus do computador que, embora não exatamente altruístas, seriam ao menos construtivos o suficiente para escapar à acusação de vandalismo puro. Uma empresa de computadores talvez desejasse fazer uma pesquisa de mercado a respeito dos hábitos de seus clientes, com vistas a aperfeiçoar o projeto de seus produtos futuros. Os usuários preferem selecionar os arquivos pelos ícones pictóricos ou optam por exibir somente seus nomes textuais? Até que ponto as pessoas arquivam as pastas (diretórios) no interior de outras pastas? As pessoas fazem longas sessões de uso de um único programa, por exemplo, um processador de texto, ou ficam constantemente circulando entre programas de texto e programas gráficos, por exemplo? Os usuários conseguem mover o ponteiro do mouse diretamente para seu alvo ou há uma perda de tempo com movimentos de procura que poderia ser corrigida por uma mudança no design?

A empresa poderia enviar um questionário contendo tais perguntas, mas somente uma amostra parcial dos consumidores o responderiam, e, em todo caso, o modo como eles avaliam o próprio comportamento como usuários do computador poderia ser inexato. Uma solução melhor seria um programa de pesquisa de mercado. Os clientes seriam solicitados a instalar esse programa em seu sistema, onde ele permaneceria, sem provocar nenhuma obstrução, silenciosamente monitorando e registrando as teclas pressionadas e os movimentos com o mouse. Ao final de um ano, o cliente seria solicitado a enviar o arquivo contendo todos os registros do programa de pesquisa de mercado. Mas, também neste caso, a maioria das pessoas não se daria ao trabalho de cooperar, e algumas delas poderiam ver nisso uma invasão de privacidade e do espaço de seu disco. A solução perfeita, do ponto de vista da empresa, seria um vírus. Como qualquer outro vírus, este seria autoduplicador e discreto. Ele não seria destrutivo nem brincalhão como um vírus comum. Junto com o dispositivo para acionar o processo de autoduplicação, ele conteria uma ogiva com o vírus da pesquisa de mercado. Este seria liberado sorrateiramente na comunidade dos usuários. Como um vírus comum, ele se disseminaria quando as pessoas trocassem disquetes e e-mails no interior dessa comunidade. À medida que o vírus fosse se transmitindo de computador a computador, ele iria construir uma base de dados estatísticos a respeito do comportamento do usuário, monitorado em segredo do interior de uma sucessão de sistemas. De vez em quando, uma cópia do vírus encontraria, em meio ao tráfico epidêmico normal, seu caminho de volta até um dos computadores da própria empresa. Ali, ele seria examinado e seus dados seriam confrontados com os dados de outras cópias do vírus que tivessem "voltado para casa".

Olhando em direção ao futuro, não parece fantasioso imaginar um tempo em que os vírus, tanto os bons como os maus, terão se tornado tão onipresentes que poderemos falar de uma comunidade ecológica de vírus e de programas legítimos coexistindo na silicosfera. Hoje, um software é anunciado, por exemplo, como "compatível com o Sistema 7". No futuro, os produtos talvez sejam anunciados como "compatíveis, com todos os vírus registrados no Censo Internacional dos Vírus de 2008; imunes a todos os vírus listados como virulentos; beneficiam-se dos serviços oferecidos pela presença dos seguintes vírus benignos...". Os programas de processamento de texto, por exemplo, poderiam deixar funções particulares, tais como a contagem de palavras e a localização de seqüências, a cargo de vírus benignos escondidos ao longo do texto e atuando de maneira independente.

Pensando num futuro ainda mais distante, sistemas inteiros de softwares integrados poderiam ser desenvolvidos, não a partir de um projeto feito pelo homem, mas por meio de um processo semelhante ao do desenvolvimento de uma comunidade ecológica, como uma floresta tropical, por exemplo. Gangues de vírus mutuamente compatíveis poderiam se formar, assim como os genomas podem ser entendidos como gangues de genes mutuamente compatíveis. De fato, eu cheguei mesmo a sugerir que nossos genomas deveriam ser considerados colônias gigantescas de vírus. Os genes cooperam uns com os outros no interior dos genomas porque a seleção natural favoreceu aqueles que prosperam na presença de outros que circunstancialmente fazem parte do mesmo conjunto de genes. Conjuntos de genes diferentes podem se desenvolver em direção a novas combinações de genes mutuamente compatíveis. Posso vislumbrar um tempo em que, do mesmo modo, os vírus de computador poderão evoluir em direção à compatibilidade com outros vírus, para formar comunidades ou gangues. Mas também pode ser que não! Em todo caso, essa especulação soa mais alarmante do que animadora.

No momento presente, os vírus de computador não evoluem, no sentido estrito do termo. Eles são criados por programadores humanos e, se evoluem, é no mesmo sentido lato da palavra em que se pode dizer que os carros ou os aviões evoluem. Os desenhistas desenvolvem o carro deste ano a partir de ligeiras modificações do carro do ano passado, e podem, mais ou menos conscientemente, dar continuidade a uma tendência dos últimos anos — achatar um pouco mais a grade do radiador ou o que seja. Aqueles que projetam os vírus de computador inventam truques cada vez mais tortuosos para ludibriar os programadores dos softwares antivírus. Mas os vírus de computador — até o momento — não sofrem mutações nem evoluem por meio de uma seleção natural verdadeira. No futuro, eles podem vir a fazê-lo. Se evoluirão pela seleção natural ou se sua evolução será conduzida por projetistas humanos, talvez isso não faça muita diferença em relação ao seu desempenho final. Por um tipo de evolução ou por outro, é de se prever que eles aperfeiçoem sua capacidade de se ocultar, e também que se tornem insidiosamente compatíveis com outros vírus que estejam prosperando ao mesmo tempo na comunidade de computadores.

Os vírus do DNA e os vírus do computador se disseminam pela mesma razão: existe um ambiente que contém mecanismos bem montados para duplicá-los e espalhá-los por aí e para obedecer às instruções que eles trazem embutidas. Os dois ambientes em questão são, respectivamente, o ambiente da fisiologia celular e o ambiente fornecido por uma vasta comunidade de computadores e de mecanismos de processamento de dados. Haverá ainda outros ambientes como esses, outros paraísos da replicação?

A MENTE INFECTADA

Já aludi à credulidade programada das crianças, tão útil para o aprendizado da língua e das tradições, e tão facilmente subvertida pelas freiras, pelos *moonies* e por outros indivíduos da mesma espécie. De modo mais geral, todos nós trocamos informações com as outras pessoas. Não inserimos discos em aberturas nos crânios uns dos outros, mas trocamos sentenças por meio dos nossos ouvidos e dos nossos olhos. Percebemos o estilo de andar e de vestir uns dos outros, e somos influenciados por eles. Ouvimos jingles de propaganda e presumivelmente somos convencidos por eles, caso contrário os obstinados homens de negócios não gastariam tanto dinheiro poluindo o ambiente com eles.

Pensemos nas duas qualidades que um vírus, ou qualquer outro tipo de replicador parasítico, exige de um meio favorável: as duas qualidades que tornam o mecanismo celular tão amigável em relação ao DNA parasítico e os computadores tão acessíveis aos vírus de computador. Essas qualidades são, em primeiro lugar, a prontidão em reproduzir informação de maneira precisa, talvez com alguns erros que serão subseqüentemente reproduzidos com exatidão, e, em segundo lugar, a prontidão em obedecer às instruções codificadas na informação assim replicada. A maquinaria celular e os computadores eletrônicos primam por essas duas qualidades convidativas em relação aos vírus. Como será que as mentes humanas se saem, comparativamente, nesses aspectos? Como duplicadores fiéis, elas são com certeza menos perfeitas do que as células e os computadores eletrônicos. Não obstante, são ainda bastante boas nisso, talvez tão fiéis quanto um vírus de RNA, embora não tão boas quanto o DNA, com todos os seus elaborados procedimentos de revisão destinados a evitar a degradação do texto. Indícios da fidelidade dos cérebros como duplicadores de dados, especialmente dos cérebros das crianças, são fornecidos pela língua. O professor Higgins, personagem de Bernard Shaw, era capaz de dizer, de ouvido, em que rua os falantes londrinos haviam sido criados. A ficção não comprova coisa alguma, mas todos sabemos que a habilidade fictícia de Higgins nada mais é do que uma descrição exagerada de algo que todos somos capazes de fazer. Todo americano consegue diferenciar o sotaque do extremo sul do sotaque do Meio-Oeste, o da Nova Inglaterra do de Hillbilly. Qualquer nova-iorquino pode distinguir entre o sotaque do Bronx e o do Brooklin. Afirmações equivalentes poderiam ser confirmadas em relação a qualquer outro país. O que esse fenômeno indica é que os cérebros humanos são capazes de copiar com extrema acurácia (caso contrário, o sotaque de Newcastle, por exemplo, não seria estável o suficiente para ser reconhecido), mas com alguns enganos (caso contrário, a pronúncia não sofreria mudanças, e todos os falantes de uma língua herdariam de maneira idêntica os mesmos sotaques que seus ancestrais distantes). A língua muda porque ela conta tanto com uma grande estabilidade quanto com uma leve mutabilidade, que são os pré-requisitos para que qualquer sistema evolua.

O segundo requisito de um ambiente amigável em relação aos vírus — o de que ele obedeça a um programa de instruções codificadas — é de novo apenas em parte menos verdadeiro para os cérebros humanos do que para as células ou os computadores. Nós às vezes obedecemos às ordens uns dos outros, mas também, outras vezes, não obedecemos a elas. No entanto, é um fato revelador que, em todo o mundo, a vasta maioria das crianças siga a religião de seus pais em vez de alguma outra das religiões disponíveis. As instruções para ajoelhar-se, curvar-se em direção a Meca, inclinar a cabeça ritmadamente diante do muro, estremecer como um louco, "falar línguas desconhecidas" — a lista dos padrões de comportamento arbitrários e sem sentido oferecida só pela religião é extensa — são obedecidas, se não obrigatoriamente, ao menos com uma probabilidade estatística razoavelmente alta.

Menos extraordinárias e, de novo, especialmente marcantes nas crianças, as "manias" são um exemplo impressionante de um comportamento que deve mais à epidemiologia do que à escolha racional. Ioiôs, bambolês e pula-pulas, com os comportamentos específicos associados a eles, espalham-se pelas escolas e, mais esporadicamente, passam de uma escola a outra em padrões que não diferem de uma epidemia de sarampo em nenhum detalhe importante. Dez anos atrás, viajaríamos milhares de quilômetros pelos Estados Unidos sem que pudéssemos avistar um único boné de beisebol virado para trás. Hoje, o boné virado ao contrário é onipresente. Desconheço qual terá sido o padrão geográfico de disseminação dessa mania, mas a epidemiologia certamente figura entre as profissões mais qualificadas para estudar esse fenômeno. Não é preciso que nos enveredemos em discussões sobre o "determinismo"; não é preciso afirmar que as crianças são compelidas a imitar o modo como seus pares usam o chapéu. É suficiente que o comportamento delas em relação ao uso de chapéu *seja* estatisticamente afetado pelo comportamento de seus pares.

Embora triviais, as manias nos fornecem outros indícios circunstanciais de que a mente humana, talvez sobretudo as mentes mais jovens, dispõe das qualidades que destacamos como desejáveis para um parasita da informação. No mínimo, a mente é uma *candidata* plausível à infecção por alguma coisa semelhante a um vírus de computador, ainda que ela não seja o ambiente perfeito para um parasita como o são um núcleo de célula e um computador. É instigante pensar o que se passaria no interior de uma mente vítima de um "vírus". Talvez se tratasse de um parasita deliberadamente projetado, como um vírus de computador dos dias de hoje. Ou poderia se tratar de um parasita resultante de uma mutação inadvertida e inconsciente. De todo modo, e especialmente caso o parasita desenvolvido fosse o descendente memético de uma longa linhagem de ancestrais bem-sucedidos, seria legítimo esperar que o "vírus da mente" típico tivesse um desempenho excelente na sua tarefa de reproduzir a si mesmo com sucesso.

A evolução progressiva dos parasitas da mente mais eficientes terá dois aspectos. Os novos "mutantes" (sejam eles acidentais ou projetados pelos humanos) que se mostrarem mais capazes de se disseminar se tornarão mais numerosos. E haverá um agrupamento daquelas idéias que se desenvolvem umas na presença das outras, das idéias que sustentam mutuamente uma à outra, como fazem os genes e, conforme minha especulação, como os vírus de computador talvez venham a fazer um dia. É de se supor que os replicadores se moverão juntos, de um cérebro para outro, em gangues de idéias mutuamente compatíveis. Essas gangues acabarão por constituir um pacote de idéias, que pode ser suficientemente estável para merecer uma denominação que faça referência ao conjunto, como catolicismo romano ou vudu. Importa pouco se a analogia é entre o pacote todo e um único vírus ou entre cada uma das partes componentes e um vírus. Não se trata de uma analogia muito precisa, de todo modo, assim como a distinção entre um vírus de computador e um *worm* de computador não deve nos preocupar. O que importa é que as mentes sejam ambientes favoráveis a idéias ou informações parasíticas e auto-replicadoras e que elas sejam, tipicamente, infectadas de maneira maciça.

Como os vírus de computador, os vírus da mente bem-sucedidos resistirão a ser descobertos por suas vítimas. Se formos vítimas de um deles, é provável que não saibamos disso, e é bem possível que o neguemos energicamente. Se aceitarmos que um vírus seria algo difícil de detectar em nossa própria mente, quais seriam então os sinais reveladores que deveríamos procurar? Responderei imaginando o modo como um manual de medicina descreveria os sintomas de um paciente atingido por um vírus da mente (supondo-se, arbitrariamente, que se trate de uma pessoa do sexo masculino).

1. O paciente tipicamente se vê compelido por uma profunda convicção interior de que algo é verdadeiro, correto ou justo: uma convicção para a qual ele não encontra fundamento ou razão, mas que, não obstante, ele sente como algo totalmente imperativo e convincente. Nós, médicos, nos referimos a essa crença como "fé".

2. Os pacientes tipicamente consideram uma virtude que sua fé seja forte e inabalável, *a despeito de* não contar com embasamento factual algum. Na realidade eles podem até mesmo sentir que, quanto menos embasamento ela tiver, mais virtuosa será a sua crença (ver abaixo). Essa idéia paradoxal de que a falta de sustentação nos fatos é uma virtude positiva no que diz respeito à fé faz lembrar um programa auto-sustentador, pois ela é auto-referencial.* Uma vez que se acredite na proposição, isso enfraquece automaticamente toda oposição a ela. A idéia de que "a falta de embasamento factual é uma virtude" seria uma companheira inseparável da fé, juntando-se a ela numa panelinha de programas virais mutuamente sustentadores.
3. Um sintoma aparentado que a pessoa atingida pela fé pode igualmente apresentar é a convicção de que o "mistério" *per se* é uma coisa boa. Solucionar mistérios não é uma virtude. Deveríamos, em vez disso, apreciá-los e até mesmo celebrar a sua insolubilidade.

Qualquer impulso para solucionar mistérios constituiria um sério inimigo da disseminação dos vírus da mente. Não seria surpreendente, portanto, que a idéia de que "os mistérios são melhores quando não resolvidos" fosse um membro privilegiado de uma gangue de vírus que se alimentam entre si. Tomemos o "mistério da transubstanciação". É fácil e nada misterioso acreditar que em algum sentido simbólico ou metafórico o vinho da eucaristia se converte no sangue de Cristo. A doutrina católica romana da transubstanciação, contudo, afirma bem mais que isso. "A substância toda" do vinho se converte no sangue de Cristo; a

* Essa é uma das muitas idéias articuladas entre si que se desenvolveram na mente infinitamente fértil de Douglas Hofstadter (*Metamagical themas*, Londres, Penguin, 1985).

aparência de vinho que permanece é "meramente acidental", o que significa que o vinho "literalmente" se transforma no sangue de Cristo. Seja na sua obscura forma aristotélica ou na menos rebuscada versão coloquial, a afirmação da transubstanciação só pode ser feita se violarmos seriamente o significado de palavras como "substância" e "literalmente". Redefinir palavras não é um pecado, mas, se usarmos termos como "a substância toda" e "literalmente" nesse caso, que palavras iremos usar quando realmente *quisermos* dizer que uma coisa de fato aconteceu? Como Anthony Kenny afirmou em relação à sua própria perplexidade como um jovem seminarista: "Até onde eu podia supor, minha máquina de escrever poderia ser Benjamin Disraeli transubstanciado...".

Os católicos romanos, cuja crença na autoridade infalível os compele a aceitar que o vinho é fisicamente transformado em sangue, a despeito de todas as aparências, se referem ao "mistério" da transubstanciação. Chamar isso de mistério resolve tudo, entende? Pelo menos funciona para uma mente bem preparada por uma infecção de fundo. Exatamente o mesmo truque é utilizado no "mistério" da Trindade. Os mistérios não foram feitos para serem resolvidos, eles foram feitos para despertar reverência. A idéia de que "o mistério é uma virtude" vem auxiliar os católicos, que de outro modo achariam intolerável a obrigação de acreditar no óbvio contra-senso que é a transubstanciação ou a trindade. Novamente, a crença de que "o mistério é uma virtude" mostra uma circularidade auto-referencial. Como Douglas Hofstadter poderia dizer, o próprio mistério da crença move aquele que crê a perpetuar o mistério.

Um sintoma extremo da infecção pelo "mistério como virtude" é o "*Certum est quia impossibile est*" [É certo porque é impossível] de Tertuliano. Esse é o caminho da loucura.* Fica-se

* "*This way madness lies*" (citação de Shakespeare, *Rei Lear*, ato III, cena 4). (N. T.)

tentado a citar a Rainha Branca de Lewis Carroll, que, à fala de Alice "Não se pode acreditar em coisas impossíveis", respondeu: "Parece que você não tem muita prática... Quando tinha a sua idade, eu sempre praticava isso durante meia hora por dia. Às vezes eu chegava a acreditar em seis coisas impossíveis antes do café-da-manhã". Ou o Monge Elétrico de Douglas Adams, um dispositivo poupador de energia programado para acreditar por você, que era capaz de "crer em coisas que eram difíceis de acreditar em Salt Lake City" e que, ao ser apresentado ao leitor, mostrava-se convencido, contra todas as evidências, de que todas as coisas do mundo tinham uma tonalidade cor-de-rosa uniforme. Mas as Rainhas Brancas e os Monges Elétricos parecem menos engraçados quando nos damos conta da impossibilidade de distinguir esses virtuoses da crença dos respeitados teólogos da vida real. "Isso é algo em que certamente devemos acreditar, porque é absurdo" (Tertuliano, mais uma vez). Sir Thomas Browne cita Tertuliano com aprovação, e vai ainda mais longe: "Penso que, na religião, não há empecilhos suficientes para uma fé ativa". E também: "Eu desejo exercitar minha fé naquilo que se mostra mais difícil, pois acreditar nos objetos comuns e visíveis não é fé, mas convicção".[8] Tenho a impressão de que há algo mais interessante em jogo aqui do que a pura insanidade ou o absurdo surrealista, algo que se aproxima da admiração que sentimos ao ver um equilibrista numa corda bamba. É como se o fiel angariasse mais prestígio ao se mostrar capaz de acreditar em coisas ainda mais ridículas do que seus rivais. Estariam essas pessoas testando — exercitando — seus músculos da crença, treinando a si mesmas para acreditar em coisas impossíveis a fim de poder lidar sem dificuldades com as coisas meramente improváveis nas quais se pede que eles acreditem nas condições usuais?

Enquanto eu escrevia este texto, *The Guardian* (29 de julho de 1991) por acaso trazia um belo exemplo disso, numa entrevista com um rabino ocupado com a bizarra tarefa de averiguar a pureza *kosher* dos produtos alimentícios mediante a investigação até as últimas origens, de cada um de seus menores ingredientes. Ele estava às voltas com o problema de ter que ir à China inspecionar o mentol empregado na fabricação de pastilhas para a tosse:

> Você já tentou examinar o mentol chinês? [...] isso foi extremamente difícil, sobretudo considerando que a primeira carta que enviamos a eles foi respondida no melhor inglês chinês, "O produto não contém nenhum *kosher*" [...] Apenas recentemente a China começou a abrir as portas para os investigadores dos produtos *kosher*. O mentol aparentemente estaria OK, mas não se pode estar certo disso a menos que se faça uma visita a seus fabricantes.

Esses investigadores de produtos *kosher* mantêm um atendimento on-line no qual são registradas em tempo real as denúncias de suspeitas em relação a barras de chocolate ou óleo de fígado de bacalhau. O rabino se queixa do fato de que a tendência ecológica de se evitarem as cores e os sabores artificiais "dificulta a vida nas fileiras *kosher*, pois torna necessário checar todos os ingredientes até a sua origem". Quando o entrevistador pergunta por que ele se dá ao trabalho de colocar em prática essa tarefa sem sentido, o rabino deixa bem claro que o sentido vem justamente do fato de que *não há* um sentido.

> É inteiramente verdade que a maioria das leis Kashrut são decretos divinos desprovidos de motivações. É muito fácil não assassinar as pessoas. Muito fácil. É um pouco mais difícil não roubar, porque as pessoas se sentem tentadas de vez em quando. De forma que essas coisas não fornecem nenhuma grande prova da minha crença em Deus ou de que eu esteja cumprindo a Sua vontade. Mas, se Ele me diz que não devo tomar uma xícara de café com leite ao mesmo

tempo que como um prato de carne moída e ervilhas no almoço, isso então é um teste. A única razão por que eu faço isso é porque me disseram para fazê-lo. Assim, trata-se de algo difícil.

Helena Cronin me sugeriu que pode haver uma analogia aqui com a teoria da desvantagem [*handicap theory*] proposta por Amotz Zahavi[81] em relação à seleção sexual e à evolução dos sinais. Por muito tempo considerada antiquada, e até mesmo ridicularizada, a teoria de Zahavi foi recentemente reabilitada por Alan Grafen[82] e é agora levada a sério pelos biólogos que estudam a evolução. Zahavi sugere que os pavões, por exemplo, desenvolvem suas caudas absurdamente incômodas, com suas cores ridiculamente conspícuas (para os predadores), precisamente *porque* elas são difíceis de suportar e perigosas, e por isso mesmo impressionam as fêmeas. O pavão, na realidade, está dizendo: "Veja como eu sou apto e forte, ou eu não seria capaz de carregar por aí uma cauda tão exorbitante!".

Para evitar um mal-entendido devido à linguagem subjetiva na qual Zahavi gosta de formular seus argumentos, acrescento que o consagrado costume dos biólogos de personificar as ações inconscientes da seleção natural não está em questão aqui. Grafen traduziu o argumento em um ortodoxo modelo matemático darwiniano, e ele funciona. Não se alega nada em relação à intencionalidade ou à consciência por parte dos pavões e pavoas. Tanto faz que eles ajam de maneira automática ou intencional. Além disso, a teoria de Zahavi é genérica o bastante para não depender de uma corroboração darwiniana. Uma flor anunciando o seu néctar para uma abelha "cética" se beneficiaria do princípio descrito por Zahavi. Mas o mesmo poderia se dizer de um vendedor humano tentando impressionar um cliente.

A premissa da hipótese de Zahavi é a de que a seleção natural favorecerá o ceticismo entre as fêmeas (ou entre os receptores das mensagens de propaganda, de forma geral). O único modo como um macho (ou qualquer outro anunciante) pode validar sua ostentação de força (ou de qualidade, ou o que quer que seja) é provando que ela é verdadeira ao suportar uma desvantagem verdadeiramente onerosa — uma desvantagem que *somente sendo verdadeiramente forte* (ou de alta qualidade etc.) ele seria capaz de agüentar. Poderíamos chamar isso de princípio da validação onerosa. E agora, vamos ao ponto. Seria possível pensar que algumas religiões são preferidas, não *apesar de* serem ridículas, mas precisamente *porque* são ridículas? Qualquer religioso iniciante poderia acreditar que o pão representa *simbolicamente* o corpo de Cristo, mas é preciso ser um católico verdadeiro, um católico até a raiz dos cabelos, para acreditar em algo tão bizarro como a transubstanciação. Se alguém pode acreditar nisso, pode acreditar em qualquer coisa, e (veja a história de são Tomé, o cético) essas pessoas são treinadas para enxergar nisso uma virtude.

Retornemos à nossa lista dos sintomas que as pessoas atingidas pelo vírus mental da fé, e sua gangue de infecções secundárias, podem experimentar.

4. O paciente pode surpreender a si mesmo comportando-se de maneira intolerante em relação aos vetores das fés rivais, ou até mesmo, em casos extremos, matando-os ou advogando a sua morte. Ele pode se mostrar igualmente violento em sua disposição em relação aos apóstatas (pessoas que um dia abraçaram essa fé mas depois renunciaram a ela) e aos hereges (pessoas que desposam uma versão diferente da fé — com freqüência, o que talvez seja significativo, uma versão apenas ligeiramente diferente). Ele também pode se sentir hostil em relação a outros modos de pensamento que são potencialmente inimigos de sua fé, tais como o método do pensamen-

to científico, que poderia funcionar como uma espécie de software antiviral.

A ameaça de morte do conhecido romancista Salman Rushdie é apenas o mais recente de uma longa série de exemplos infelizes. No mesmo dia em que escrevi este ensaio, o tradutor japonês de *Os versos satânicos* foi encontrado morto, uma semana após um ataque quase fatal ao tradutor italiano do mesmo livro. A propósito, o sintoma aparentemente oposto da "solidariedade" à "dor" muçulmana, expressa pelo arcebispo de Canterbury e outros líderes cristãos (no caso do Vaticano, beirando a cumplicidade criminosa), é obviamente uma manifestação do sintoma que diagnosticamos antes: a ilusão de que a fé, não importa quão execráveis seus resultados se mostrem, deve ser respeitada simplesmente porque *é* a fé.

O assassinato é um caso extremo, é claro. Mas há um sintoma ainda mais extremo, que é o suicídio no serviço militante de uma fé. Como uma formiga soldado programada para sacrificar sua vida pelos descendentes dos genes responsáveis pela programação, um jovem árabe aprende que morrer numa guerra santa é o caminho mais curto para o céu. Que os líderes que o exploram realmente acreditem nisso não diminui o poder brutal que o "vírus da missão suicida" exerce em nome da fé. É evidente que o suicídio, como o assassinato, é uma faca de dois gumes: aqueles que poderiam virtualmente ser convertidos podem acabar por rejeitar, ou desprezar, uma fé que é tão pouco segura de si a ponto de necessitar de táticas desse tipo.

Mais obviamente, se um número demasiado grande de indivíduos se sacrificar, o contingente de crentes pode se tornar pequeno demais. Isso aconteceu de fato num exemplo notório de suicídio inspirado pela fé, embora nesse caso não se tratasse da morte "camicase" numa batalha. A seita do Templo do Povo se extinguiu quando seu líder, o reverendo Jim Jones, levou a maior parte de seus seguidores dos Estados Unidos para a Terra Prometida de "Jonestown" na selva guiana, onde persuadiu mais de novecentos deles, as crianças em primeiro lugar, a ingerir cianeto. Esse caso macabro foi investigado em profundidade por uma equipe do *San Francisco Chronicle.*

> Jones, "o Pai", havia reunido seu rebanho e dito a eles que era chegada a hora de partirem para o céu.
>
> "Nos encontraremos", prometeu ele, "num outro lugar."
>
> Essas palavras continuaram a soar nos alto-falantes do acampamento.
>
> "Há uma grande dignidade na morte. Morrer é uma grande demonstração da parte de todos."[83]

A propósito, os sociobiólogos têm conhecimento de que Jones, nos primeiros tempos de sua seita, havia "proclamado a si mesmo a única pessoa a quem era permitido manter relações sexuais" (presumivelmente seus parceiros também tinham permissão para fazê-lo). Uma secretária organizava os encontros de Jones. Ela telefonava e dizia: "O Pai odeia fazer isso, mas ele está com uma tremenda necessidade, então será que você poderia fazer o favor...?". Suas vítimas não eram apenas mulheres. Um rapaz de dezessete anos, seguidor de Jones desde os dias em que a comunidade ainda se encontrava em São Francisco, descreveu o modo como foi levado para fins de semana de perversão num hotel onde Jones recebia um "desconto de sacerdote para o reverendo Jim Jones e seu filho". O mesmo rapaz declarou: "Eu realmente o venerava. Ele era mais que um pai. Por ele, eu teria sido capaz de matar meus próprios pais".

O que é notável a respeito do reverendo Jim Jones não é o seu próprio comportamento explorador, mas a credulidade quase sobre-humana de seus seguidores. Considerando-se essa prodigiosa ingenuidade, pode alguém duvidar de que as mentes humanas são um terreno fértil para infecções malignas?

Reconhecidamente, o reverendo Jim Jones enganou apenas alguns milhares de pessoas. Mas seu caso é um extremo, a ponta do iceberg. A mesma ânsia por ser enganado pelos líderes religiosos encontra-se amplamente disseminada. Muitos de nós apostaríamos que ninguém teria sucesso se fosse à televisão e dissesse, com todas as palavras: "Envie-me seu dinheiro para que eu possa usá-lo para convencer outros trouxas a me enviar o dinheiro deles também". E no entanto, hoje em dia, em qualquer grande cidade dos Estados Unidos nós podemos encontrar pelo menos um canal evangélico totalmente dedicado a esse tipo de fraude transparente. E eles conseguem sacos de dinheiro. Diante dessa parvoíce em escala tão assustadora, é difícil não nutrir um sentimento de compreensão ressentida em relação a esses vigaristas de ternos brilhantes. Até que nos lembramos de que nem todos os trouxas são pessoas ricas, e de que quase sempre é com o parco dinheirinho das viúvas que os evangélicos engordam seus cofres. Eu cheguei mesmo a ouvir um deles invocando explicitamente o princípio da validação onerosa proposto por Zahavi, que mencionei aqui. Deus só aprecia verdadeiramente uma doação, disse ele, com sinceridade apaixonada, quando ela é substancial a ponto de representar um prejuízo para o doador. Anciãos pobres eram conduzidos em cadeiras de rodas para testemunhar o quanto eles se sentiam mais felizes depois de terem doado o pouco que tinham para o reverendo fulano de tal.

5. O paciente talvez perceba que as convicções particulares que ele mantém, não tendo relação com base factual alguma, realmente devem muito à epidemiologia. Por quê, talvez ele se pergunte, eu nutro *esse* conjunto de convicções em vez *daquele*?

Será que é porque eu analisei todas as fés do mundo e escolhi aquela cujas afirmações pareciam mais convincentes? É quase certo que não. Quando somos seguidores de uma fé, há uma probabilidade esmagadora de que se trate da mesma fé que nossos pais e avós seguiam. Não há dúvida de que as catedrais gigantescas, a música animada, as histórias comoventes e as parábolas fornecem uma boa ajuda. Mas, de longe, a variável mais importante que determina a religião de uma pessoa é o acaso de seu nascimento. As convicções em que acreditamos de maneira tão passional seriam completamente diferentes (e provavelmente antagônicas) se apenas tivéssemos nascido em outro lugar. O que está em jogo é a epidemiologia, e não as evidências.

6. Se o paciente for um dos casos excepcionais cuja religião é diferente da de seus pais, a explicação pode ainda assim ser epidemiológica. Com certeza, é *possível* que ele tenha analisado racionalmente as diversas fés e escolhido a mais convincente. Mas, em termos estatísticos, é mais provável que ele tenha sido exposto a um agente infeccioso especialmente potente — um John Wesley, um Jim Jones ou um são Paulo. Aqui, estamos falando de transmissão horizontal, como no sarampo. Antes, descrevemos a epidemiologia no sentido da transmissão vertical, como na coréia de Huntington.
7. As sensações internas do paciente podem mostrar uma semelhança alarmante com aquelas mais freqüentemente associadas ao amor sexual. Trata-se de uma força muito potente no cérebro, e não é de surpreender que alguns vírus tenham evoluído de modo a explorá-la. A famosa visão orgástica de santa Teresa d'Ávila é famosa o suficiente para que não precisemos mencioná-la de novo. Mais significativamente, e num plano menos cruamente sensual, o filósofo Anthony Kenny fornece um dramático testemunho a respeito do puro deleite experi-

mentado por aqueles que conseguem acreditar no mistério da transubstanciação. Depois de descrever sua ordenação como padre católico romano, autorizado pelo toque das mãos do bispo a celebrar a missa, ele recorda vividamente

> a exaltação dos primeiros meses em que eu tinha o poder de rezar a missa. Eu, que normalmente sou lento e preguiçoso para me levantar, pulava cedo da cama, completamente desperto e eletrizado ao pensar no ato de máxima importância que eu tinha o privilégio de executar. Em raras ocasiões eu rezei a missa pública da comunidade: a maior parte das vezes eu celebrava sozinho num altar lateral com um membro novato do colégio fazendo o papel de coroinha e de congregação.
>
> Tocar o corpo de Cristo, a proximidade do padre em relação a Jesus, era isso o que mais me atraía. Eu contemplava a hóstia, depois das palavras de consagração, com o olhar terno que um amante dirige aos olhos de sua amada [...] Aqueles primeiros dias como padre permanecem na minha memória como dias de realização e de tremulante felicidade; uma coisa preciosa e, no entanto, frágil demais para durar, como um romântico caso de amor interrompido pela realidade de um casamento mal arranjado.[84]

Era como se ele estivesse apaixonado pela hóstia consagrada, nos mostra o dr. Kenny, num relato comovente e confiável. Sem dúvida, esse é um vírus e tanto, brilhantemente bem-sucedido! Na mesma página, aliás, Kenny também nos mostra que o vírus se transmite de maneira contagiosa — se não literalmente, pelo menos em algum sentido do termo — da palma da mão infectada do bispo para o topo da cabeça do novo padre:

> Se a doutrina católica é verdadeira, todo padre deriva sua ordenação, por intermédio do bispo que o ordena, de uma linhagem inin-

terrupta de mãos que chega até aos doze apóstolos [...] deve haver registros dessas cadeias de mãos ao longo dos séculos. Eu me surpreendo com que os padres não se preocupem em rastrear sua ancestralidade espiritual dessa maneira, descobrindo quem ordenou o seu bispo, e assim por diante, até Júlio II ou Celestino V ou Hildebrando, ou talvez Gregório, o Grande.

Eu também me surpreendo.

A CIÊNCIA É UM VÍRUS?

Não. A menos que todos os programas de computador sejam vírus. Os programas úteis e bons se disseminam porque as pessoas os avaliam, os recomendam e os passam adiante. Os vírus de computador se espalham unicamente porque trazem embutidas as instruções codificadas: "Espalhe-me". As idéias científicas, como todos os memes, estão sujeitas a um tipo de seleção natural, e nisso elas poderiam se parecer, à primeira vista, com os vírus. Mas as forças seletivas que examinam a fundo as idéias científicas não são arbitrárias ou caprichosas. São regras precisas, bem afiadas, e não estão a serviço de comportamentos egoístas e sem sentido. Elas se encontram a serviço de todas as qualidades descritas nos livros de metodologia padrão: a verificabilidade, a sustentação em fatos, a precisão, a possibilidade de quantificação, a consistência, a intersubjetividade, a reprodutibilidade, a universalidade, a progressividade, a independência do meio cultural, e assim por diante. A fé se espalha mesmo na absoluta ausência de qualquer uma dessas qualidades.

Pode ser que encontremos elementos da epidemiologia na disseminação de idéias científicas, mas, em grande medida, se tratará da epidemiologia num sentido descritivo. O rápido alastramento de uma boa idéia na comunidade científica pode até se parecer com a descrição de uma epidemia de sarampo. Porém, quando examinamos as razões por trás disso, descobrimos que elas são justificadas, razões que satisfazem os exigentes padrões do método científico. Na história da propagação da fé encontraremos pouca coisa além da epidemiologia, e de uma epidemiologia causal. A razão pela qual uma pessoa A acredita numa coisa e uma pessoa B numa outra é única e exclusivamente o fato de que A nasceu num continente e B nasceu em outro. A verificabilidade, o embasamento factual e todo o resto não são considerados nem mesmo remotamente. Em relação à crença científica, a epidemiologia simplesmente se desenvolve depois, e descreve a história de sua aceitação. Em relação à crença religiosa, a epidemiologia é a fonte causal.

EPÍLOGO

Felizmente, os vírus nem sempre vencem. Muitas crianças emergem incólumes das piores coisas que as freiras e os mulás podem despejar sobre elas. A própria história de Anthony Kenny tem um final feliz. Ele acabou por renunciar aos seus votos porque já não podia tolerar as contradições evidentes no interior do credo católico, e é hoje um intelectual altamente respeitado. Mas não se pode deixar de observar que a infecção em questão deve ser de fato muito poderosa, uma vez que foi preciso que se passassem três décadas até que um homem com a sua sabedoria e inteligência — atualmente ele é nada menos que o presidente da British Academy — pudesse superá-la. Será que estou sendo alarmista demais ao temer pela alma da minha inocente criança de seis anos?

3. A grande convergência[85]

Estarão a ciência e a religião convergindo? Não. Atualmente *há* cientistas cujas palavras soam religiosas, mas cujas crenças, se examinadas de perto, mostram-se idênticas às de outros cientistas que se referem a si mesmos, sem rodeios, como ateus. O poético livro de Ursula Goodenough, *The sacred depths of nature* [As profundezas sagradas da natureza],[86] vendido como um livro religioso, é elogiado por teólogos na contracapa e seus capítulos são generosamente intercalados com preces e meditações de devoção. No entanto, de acordo com o que o próprio livro afirma, a dra. Goodenough não acredita em nenhuma espécie de ser supremo e tampouco em alguma forma de vida após a morte; em qualquer entendimento normal da língua inglesa, ela não é mais religiosa do que eu. Ela partilha com outros cientistas ateus um sentimento de admiração reverente pela majestade do universo e pela intricada complexidade da vida. Na verdade, a sobrecapa de seu livro — a mensagem de que a ciência não "aponta para uma existência desolada, desprovida de significado, insípida...", mas que, ao contrário, "pode ser uma fonte de conforto e esperança" — teria sido igualmente apropriada para o meu próprio *Desvendando o arco-íris*, ou para o *Pálido ponto azul*,[87] de Carl Sagan. Se isso é religião, então eu sou um homem profundamente religioso. Mas isso não é religião. Até onde posso ver, meus pontos de vista "ateístas" são idênticos aos pontos de vista "religiosos" de Ursula Goodenough. Um de nós está empregando mal a língua inglesa, e não acredito que seja eu.

Ela é bióloga e, a propósito, esse tipo de pseudo-religião neodeística costuma ser mais freqüentemente associado aos físicos. No caso de Stephen Hawking, me apresso em insistir, a acusação é injusta. Sua tão citada expressão "a mente de Deus" não indica mais crença em Deus do que o faria, em minha boca, a expressão "Só Deus sabe..." (para dizer que eu mesmo não sei). Suspeito que isso também seja verdadeiro em relação a Einstein, na sua pitoresca invocação de Deus para personificar as leis da física.* Não obstante, Paul Davies adotou a expressão de Hawking como título de um livro que acabou recebendo o Templeton Prize for Progress in Religion, atualmente o prêmio mais lucrativo do mundo e suficientemente prestigiado para ser apresentado pela realeza na abadia de Westminster. Daniel Dennett me disse certa vez num espírito faustiano: "Richard, se algum dia você estiver passando por dificuldades...".

* Na verdade, Einstein mostrou-se indignado com essa sugestão: "Evidentemente, o que você leu sobre as minhas convicções religiosas é uma mentira, uma mentira repetida de maneira sistemática. Não acredito num Deus personificado e jamais neguei isso, pelo contrário, afirmei-o claramente. Se há algo em mim que pode ser chamado de religioso, trata-se da minha enorme admiração pela estrutura do mundo tal como a nossa ciência pôde nos revelar até este momento". Extraído de *The human side* [O lado humano], de Albert Einstein, editado por H. Dukas e B. Hoffman (Princeton, Princeton University Press, 1981). A mentira continua a ser disseminada sistematicamente, sustentada pelo desejo desesperado que tantas pessoas têm de acreditar nela — tamanho é o prestígio de Einstein.

Os deístas de hoje são diferentes dos seus equivalentes do século XVIII, pois estes, embora rejeitassem a revelação e não esposassem nenhuma religião em particular, acreditavam em alguma forma de inteligência superior. Se contarmos Einstein e Hawking como religiosos, se atribuirmos à reverência cósmica de Ursula Goodenough, Paul Davies, Carl Sagan e à minha própria o estatuto de uma verdadeira religião, então a religião e a ciência terão de fato convergido, especialmente se incluirmos certos padres ateístas como Don Cupitt e muitos capelães das universidades. Mas, se conferirmos à "religião" uma definição tão frouxa, como iremos nomear a *verdadeira* religião, a religião tal como as pessoas normais no banco da igreja ou no tapete das orações a entendem hoje? Como denominaremos a religião de fato, aquilo que todo intelectual teria entendido por religião nos séculos precedentes, quando os intelectuais eram religiosos como todo mundo? Se a palavra "Deus" pode ser empregada como um sinônimo dos mais profundos princípios da física, como iremos nomear o ser hipotético que responde às preces; que intervém para salvar os pacientes que têm câncer ou para auxiliar a evolução em seus saltos mais difíceis; que perdoa os pecados ou morre por eles? Se nos autorizarmos a rebatizar a reverência científica como impulso religioso, isso será aceito sem discussão. Teremos *redefinido* ciência como religião, de maneira que não será absolutamente surpreendente que haja uma "convergência" entre elas.

Alega-se que há outro tipo de convergência entre a física moderna e o misticismo ocidental. O argumento é, na essência, o seguinte. A mecânica quântica, esse carro-chefe brilhantemente bem-sucedido da ciência moderna, é profundamente misteriosa e difícil de entender. O misticismo ocidental também foi sempre profundamente misterioso e difícil de entender. Portanto, o misticismo ocidental esteve provavelmente falando da teoria quântica todo o tempo. É o mesmo tipo de utilização que se faz do Princípio da Incerteza de Heisenberg ("Não somos todos, num sentido muito real, incertos?), da lógica imprecisa* ("Sim, tudo bem que você seja impreciso também"), da Teoria do Caos e da Complexidade (o efeito borboleta, a beleza platônica e escondida do Conjunto de Mandelbrot — o que quer que seja, alguém já terá mistificado essa idéia e a transformado em dólares). Há inúmeros livros publicados sobre "cura quântica", isso sem falar na psicologia quântica, na responsabilidade quântica, na moralidade quântica, na estética quântica, na imortalidade quântica e na teologia quântica. Ainda não descobri um livro sobre feminismo quântico, administração financeira quântica ou teoria afroquântica, mas deve ser uma questão de tempo. Esse comércio insano é habilidosamente desmascarado pelo físico Victor Stenger em seu livro *The unconscious quantum* [O quantum incosciente], do qual a pérola abaixo foi extraída. Numa conferência sobre "cura afrocêntrica", a psiquiatra Patricia Newton afirmou que os curandeiros tradicionais

> são capazes de penetrar no universo da entropia negativa — na velocidade e na freqüência superquânticas da energia eletromagnética e, como condutores, trazê-las até o nosso nível. Não se trata de mágica. Não se trata de crendice. Vocês verão no amanhecer do século XXI a nova física quântica médica efetivamente distribuindo essas energias e verão o que elas são capazes de fazer.[88]

Desculpem-me, mas trata-se exatamente de crendice, e de nada além disso. Não daquela crendice de um ritual africano, mas de uma crendice pseudocientífica, que inclui até mesmo o mau uso do termo "energia" que tem sido sua marca registrada. Trata-

* Lógica difusa. (N. T.)

se também de religião, mascarada como ciência, num farto banquete de falsa convergência.

Em 1996 o Vaticano, no frescor de sua reconciliação magnânima com Galileu apenas 350 anos depois de sua morte, anunciou publicamente que a evolução havia sido promovida de uma hipótese especulativa para uma teoria científica aceita.* Isso é menos dramático do que muitos protestantes americanos supõem, uma vez que a Igreja Romana, sejam quais forem os seus erros, nunca se notabilizou pelo literalismo bíblico — ao contrário, ela sempre tratou a Bíblia com suspeição, como algo próximo de um documento subversivo, que necessitava ser filtrado pelos padres em vez de transmitido em estado bruto às congregações. A mensagem recente do papa sobre a evolução, no entanto, foi saudada como outro exemplo da convergência, ao final do século XX, entre ciência e religião. As respostas à mensagem do papa revelaram a pior faceta dos intelectuais de espírito livre, que, em sua ânsia agnóstica, fizeram um esforço gigantesco para conceder à

* Isso, para conceder ao papa o benefício da dúvida. O trecho mais importante na versão original francesa de sua mensagem é "*Aujourd'hui [...] des nouvelles connaissances conduisent à reconnaître dans la théorie de l'évolution plus qu'une hypothèse*". A tradução oficial em inglês transformou "*plus qu'une hypothèse*" em "*more than one hypothesis*". *Une* é ambíguo em francês, e foi caridosamente sugerido que o papa de fato quis dizer que a evolução é "mais que uma [mera] hipótese". Se o que se vê na versão oficial em inglês é realmente um erro de tradução, trata-se de um trabalho de uma incompetência extraordinária. Sem dúvida, ele foi uma dádiva de Deus para os oponentes da evolução no interior da Igreja Católica. O *Catholic World Report* apoderou-se da passagem que dizia "*more than one hypothesis*" para concluir que havia "falta de unanimidade na comunidade científica propriamente dita". A direção oficial do Vaticano favorece hoje em dia o sentido de "mais que uma mera hipótese", e essa foi felizmente a versão assumida pela mídia jornalística. Por outro lado, a tradução inglesa acertou, no final das contas: "E, para dizer a verdade, mais do que *a* teoria da evolução, deveríamos falar em *diversas* teorias da evolução". Talvez o papa esteja apenas confuso, e não saiba bem o que quer dizer.

religião seu próprio "*magisterium*",* de importância equivalente ao da ciência mas não oposto nem sobreposto a ele. Mais uma vez, essa conciliação agnóstica corre o risco de ser confundida com a convergência genuína, com o verdadeiro encontro entre os pensamentos.

Na sua vertente mais ingênua, essa forma de conciliação faz uma divisão do território intelectual em questões do tipo "como?" (ciência) e "por quê?" (religião). Quais *são* os "por quês", e por que eles mereciam uma resposta? É bem possível que existam algumas questões profundas sobre o cosmo que permanecerão sempre para além da ciência. O engano está em pensar que, como conseqüência, elas não estão igualmente para além da religião. Certa ocasião, pedi a um renomado astrônomo, um colega da minha universidade, que me explicasse o que era o Big Bang. Ele o fez invocando o máximo das suas (e das minhas) capacidades, e eu então lhe perguntei o que, nas leis fundamentais da física, tornava possível a origem espontânea do espaço e do tempo. "Ah," ele sorriu, "agora nós saímos do domínio da ciência. Esse é o ponto em que devo passar a palavra ao nosso bom amigo capelão." Mas por que ao capelão? Por que não ao jardineiro ou ao cozinheiro? É claro que os capelães, diferentemente dos cozinheiros e dos jardineiros, *alegam* ter algum entendimento dessas questões supremas. Mas que razões temos nós para levar essa alegação a sério? Uma vez mais, suspeito que meu amigo, o professor de astronomia, estivesse usando o artifício de Einstein e de Hawking de se referir a "Deus" como "Aquilo que não compreendemos". Esse seria um truque inofensivo caso não fosse continua-

* A palavra aparece no título de uma seção, "A evolução e o *Magisterium* da Igreja", na versão oficial em inglês da mensagem do papa, mas não na versão original em francês, que não traz títulos nas seções. Respostas à mensagem do papa, incluindo uma de minha autoria, e o texto da mensagem em si, foram publicados no *Quarterly Review of Biology*, 72 (1992), 4.

mente mal interpretado pelas pessoas sedentas por distorcê-lo. Em todo caso, os mais otimistas entre os cientistas, e eu me incluo nesse grupo, insistirão que "Aquilo que não compreendemos" significa apenas "Aquilo que *ainda* não compreendemos". Ainda não compreendemos por que a ciência continua a trabalhar no problema em questão. Não sabemos em que ponto encontraremos por fim o nosso limite, nem mesmo se esse limite existe de fato.

A conciliação agnóstica, com respeitáveis pensadores se esforçando ao máximo para conceder tanto quanto possível a todo aquele que grite alto o bastante, atinge proporções ridículas no raciocínio raso e malfeito que diz aproximadamente o seguinte. Não se pode provar uma proposição negativa (até aqui tudo bem). A ciência não tem meios de refutar a existência de um ser supremo (isso é rigorosamente verdadeiro). Portanto, a crença (ou a descrença) num ser supremo é uma questão de pura inclinação individual, e ambas são igualmente merecedoras de atenção respeitosa! Quando dizemos isso dessa maneira, a falácia fica quase auto-evidente: nós mal precisamos explicar a *reductio ad absurdum*. Para tomar emprestado um argumento de Bertrand Russell, devemos ser igualmente agnósticos em relação à teoria de que há um bule de porcelana em órbita elíptica em torno do Sol. Não podemos provar que não há. Mas isso não significa que a teoria de que existe esse bule de porcelana seja equiparável à teoria de que ele não existe.

Agora, caso se retruque que há realmente razões X, Y e Z para considerarmos que um ser supremo é mais plausível que um bule celestial, então as razões X, Y e Z devem ser enunciadas, porque, se elas se mostrarem legítimas, serão argumentos científicos propriamente ditos que deverão ter sua validade examinada. Não se devem protegê-las do escrutínio sob uma tela de condescendência agnóstica. Se os argumentos religiosos são efetivamente melhores do que o bule de porcelana de Russell, ouçamos esses argumentos. Caso contrário, que aqueles que se denominam agnósticos em relação à religião acrescentem que são igualmente agnósticos no que diz respeito a bules girando em órbita. Ao mesmo tempo, os teístas modernos talvez reconheçam que, quando se trata de Baal e do Bezerro de Ouro, Thor e Wotan, Posêidon e Apolo, Mitras e Amon Rá, eles são na realidade ateístas. Somos todos ateístas em relação a quase todos os deuses em que a humanidade já acreditou. Alguns de nós simplesmente desacreditamos num deus a mais.

De todo modo, a crença de que a religião e a ciência ocupam magistérios separados é desonesta.[89] Ela naufraga no fato inegável de que as religiões continuam a fazer afirmações sobre o mundo que, no final das contas, são afirmações científicas. Além disso, os apologistas da religião se esforçam para não abrir mão de nada, para fazer omelete sem quebrar os ovos. Quando se dirigem aos intelectuais, eles se mantêm cuidadosamente fora do terreno da ciência, seguros no interior de seu separado e invulnerável magistério da religião. Mas quando falam com a massa do público não intelectual, eles usam intencionalmente os milagres, que são uma intrusão flagrante no território científico. O milagre da concepção de Jesus por uma virgem, a ressurreição, o retorno de Lázaro à vida, as manifestações de Maria e dos santos em diferentes locais do mundo católico, até mesmo os milagres do Antigo Testamento, todos são usados livremente como propaganda religiosa, e são muito eficazes diante de uma audiência de pessoas simples e de crianças. Cada um desses milagres equivale a uma afirmação científica, uma violação do curso normal do mundo natural. Os teólogos, se desejam permanecer honestos, deveriam fazer uma escolha. Eles podem reivindicar seu próprio magistério, separado daquele da ciência e ainda assim merecedor de respeito. Nesse caso, contudo, é preciso renunciar aos milagres. Ou podem manter sua Lurdes e seus milagres, e desfrutar de seu enorme poder recrutador entre os não instruídos. Mas então é preciso que eles digam adeus ao seu magistério distinto e à sua magnânima aspiração de convergir com a ciência.

Num bom propagandista, o desejo de não abrir mão de nada não surpreende nem um pouco. O que causa espanto é a prontidão dos agnósticos de pensamento livre em concordar com eles, bem como sua disposição em atribuir um extremismo simplista e insensível àqueles entre nós que têm a coragem de denunciar isso. Os que o fazem são acusados de chutar cachorro morto, de imaginar uma caricatura antiquada da religião em que Deus tem uma longa barba branca e habita um lugar material chamado Céu. Hoje em dia, nos dizem, a religião encontra-se transformada. O Céu não é um lugar material, e Deus não tem um corpo físico onde uma barba pudesse crescer. Bem, sim, admirável: magistérios separados, convergência verdadeira. Mas a doutrina da assunção da Virgem Santíssima foi definida como artigo de fé pelo papa Pio XII há pouco tempo, em 1º de novembro de 1950, e é obrigatória para todos os católicos. Ela afirma claramente que o *corpo* de Maria subiu ao Céu e foi reunido à sua alma. O que isso quer dizer então, senão que o Céu é um lugar material, material o bastante para conter corpos? Mais uma vez, não se trata de uma tradição extravagante e obsoleta, que hoje tem uma significação puramente simbólica. Foi no século XX que (para citar a *Catholic Encyclopedia* de 1996) "o papa Pio XII declarou infalivelmente que a assunção da Virgem Santíssima era um dogma da fé católica", elevando, desse modo, ao estatuto de dogma oficial o que seu predecessor, Bento XIV, também no século XX, qualificara como "uma opinião provável, que seria uma impiedade e uma blasfêmia refutar".

Convergência? Só quando é conveniente. Para um juiz honesto, a alegada convergência entre a religião e a ciência é uma impostura rasa e vazia que visa simplesmente a conquista de uma imagem positiva junto ao público.

4. Dolly e os porta-vozes da religião[90]

Uma notícia como a do nascimento da ovelha clonada Dolly é sempre seguida por uma grande agitação da imprensa. Os colunistas dos jornais se mostram reservados, solenes ou brincalhões; ocasionalmente inteligentes. Os produtores de rádio e televisão correm para o telefone e organizam mesas-redondas para debater as implicações morais e legais. Alguns desses debatedores são especialistas em ciência, como seria de esperar, e como seria adequado e correto. Igualmente apropriada é a participação de especialistas em filosofia moral ou legal. As duas categorias são convidadas ao estúdio por direito próprio, em razão de seu conhecimento especializado ou de sua comprovada capacidade de refletir de maneira inteligente e articulada. O debate entre eles costuma ser interessante e recompensador.

O mesmo não se pode dizer da terceira, e praticamente obrigatória, categoria de convidados ao estúdio: o lobby religioso. Ou, melhor dizendo, os lobbies, no plural, porque todas as religiões têm que estar representadas. Isso, aliás, multiplica o número de pessoas no estúdio, com o conseqüente dispêndio, se não desperdício, de tempo.

Por uma questão de educação, não mencionarei nomes, mas durante a formidável semana em que Dolly alcançou a fama eu participei de uma série de discussões sobre a clonagem, transmitidas pelo rádio ou pela televisão, com diversos líderes religiosos conhecidos, e posso dizer que essa não foi uma experiência edificante. Um dos mais conhecidos desses porta-vozes, recentemente alçado à Câmara dos Lordes, fez uma extraordinária largada, recusando-se a apertar as mãos das mulheres no estúdio, por medo, aparentemente, de que elas pudessem estar menstruadas ou, de algum outro modo, "impuras". Elas suportaram o insulto com mais complacência do que eu teria feito, e com o "respeito" usualmente conferido ao preconceito religioso — e a nenhuma outra forma de preconceito. Quando o debate começou, a jornalista que o estava coordenando, dirigindo-se com grande deferência a esse patriarca barbudo, pediu que ele explicitasse quais seriam os danos provocados pela clonagem. Ele respondeu que as bombas atômicas eram nocivas. Sim, com efeito, não há nenhuma possibilidade de discordância a esse respeito. Mas o debate não era sobre a clonagem?

Uma vez que foi escolha dele desviar a discussão para as bombas atômicas, talvez ele entendesse mais de física do que de biologia. Mas não, tendo proferido a afirmação temerariamente equivocada de que Einstein dividiu o átomo, o sábio, confiante, tornou a mudar de assunto, dessa vez para história. Ele lançou mão do significativo argumento de que, visto que Deus trabalhou seis dias e descansou no sétimo, também os cientistas deveriam saber quando parar. Agora, ou ele de fato acreditava que o mundo foi feito em seis dias, e nesse caso sua ignorância era o bastante para desqualificar sua posição, impedindo que ela fosse levada a sério, ou, como a mediadora caridosamente sugeriu, ele estava apresentando esse argumento como mera alegoria — e, nesse caso, tratava-se de uma alegoria paupérrima. Na vida, há momentos em que se deve parar, e outros em que se deve continuar. O truque está em saber *quando* parar. A alegoria de Deus descansando no sétimo dia não pode, em si mesma, nos dizer se é chegada a hora de pararmos em relação a uma situação em particular. Como alegoria, a criação do mundo em seis dias é vazia. Como história, ela é falsa. Então, por que trazer o assunto à baila?

O representante de uma religião rival na mesma mesa-redonda mostrou-se visivelmente confuso. Ele expressou o temor costumeiro de que um clone humano não teria individualidade. Não seria um ser humano inteiro, separado, mas um mero autômato desprovido de alma. Quando o alertei de que suas palavras poderiam ofender os gêmeos idênticos, ele respondeu que os gêmeos idênticos eram um caso inteiramente diferente. Por quê?

Num outro debate, desta vez no rádio, outro líder religioso mostrou-se igualmente perplexo com meu argumento sobre os gêmeos idênticos. Também ele tinha bases "teológicas" para temer que um clone não seria um indivíduo em si mesmo e, desse modo, não teria "dignidade". Ele foi prontamente informado do fato científico indiscutível de que os gêmeos idênticos têm os mesmos genes e são clones um do outro, como Dolly, com a diferença de que Dolly é clone de uma ovelha mais velha. Será que ele realmente tencionava dizer que falta aos gêmeos idênticos (todos nós conhecemos alguns) a dignidade da individualidade? Suas razões para negar a relevância da analogia com os gêmeos idênticos eram de fato muito estranhas. Ele tinha muita fé, como nos informou, na educação e no seu poder de sobrepujar a natureza. É devido à criação, prosseguiu, que os gêmeos idênticos são indivíduos realmente diferentes. Quando chegamos a conhecer em profundidade um par de gêmeos, concluiu num tom triunfante, cada um deles passa até mesmo a *parecer* um pouco diferente do outro.

Bem, isso é verdade. E se um par de clones fosse separado por cinqüenta anos, o modo como cada um seria criado não diferiria ainda *mais*? Não estaria você dando um tiro no próprio (e teológico) pé? Ele simplesmente não compreendeu o que eu havia dito — mas, afinal, ele não havia sido convidado por sua habilidade para seguir uma argumentação. Não quero parecer inclemente, mas desejo assinalar, para os produtores de rádio e televisão, que talvez não seja suficiente ser um porta-voz de uma "tradição", "fé" ou "comunidade" particular. Uma certa qualificação mínima em termos de QI também não seria desejável?

Os lobbies religiosos, os porta-vozes das "tradições" e das "comunidades", desfrutam de acesso privilegiado não apenas aos meios de comunicação, como também às influentes comissões, compostas por alguns "poucos e bons", que subsidiam os governos e os conselhos de educação. Seus pontos de vista são regularmente ouvidos, e com "respeito" exagerado, pelas comissões parlamentares. Podemos estar certos de que, quando se estabelece uma comissão de consultores para aconselhar sobre a política relativa à clonagem, ou qualquer outro aspecto da tecnologia da reprodução, os lobbies religiosos estão representados com proeminência. Os porta-vozes religiosos contam com acessos secretos ao poder, ao passo que as outras pessoas têm que se esforçar muito para obtê-lo por meio de suas próprias capacidades ou conhecimentos. Qual é a justificativa para isso?

Por que a nossa sociedade aquiesceu de maneira tão cordata na conveniente ficção de que as visões religiosas têm alguma espécie de direito automático e indiscutível a uma posição respeitável? Se eu quiser que alguém respeite meus pontos de vista sobre política, ciência ou arte, terei que conquistar esse respeito por meio da argumentação, da justificação, da eloqüência ou do conhecimento relevante. Terei que resistir a contra-argumentos. Mas se eu sustentar uma visão que é inerente à minha religião, os críticos respeitosamente sairão nas pontas dos pés ou então terão que enfrentar a indignação de boa parte da sociedade. Por que não há limites para as opiniões religiosas? Por que nós temos que respeitá-las pela simples razão de que elas são religiosas?

E, além do mais, como se decidem quais religiões, dentre as várias existentes, muitas vezes mutuamente contraditórias, devem ser agraciadas com esse respeito incontestado e com essa influência imerecida? Se convidarmos um porta-voz cristão para um programa de televisão ou para uma comissão consultiva, ele deve ser um católico ou um protestante, ou será que temos que ter os dois, por uma questão de justiça? (Na Irlanda do Norte essa diferença é, afinal de contas, importante o suficiente para constituir uma justificativa para o assassinato.) Se tivermos um judeu ou um muçulmano, temos que ter tanto os ortodoxos como os reformados, tanto os xiitas como os sunitas? E por que não os seguidores do reverendo Moon, os cientologistas e os druidas?

A sociedade, por razões que eu não compreendo, aceita que os pais tenham o direito automático de criar seus filhos segundo visões religiosas particulares e que possam retirá-los, por exemplo, das aulas de biologia em que se ensina a evolução. No entanto, ficaríamos escandalizados se as crianças fossem retiradas das aulas de história da arte em que discorresse sobre os méritos dos artistas que não fossem do gosto de seus pais. Humildemente concordamos quando um aluno diz: "Devido à minha religião, não posso fazer o exame final na data determinada, então, não importa o inconveniente que isso cause, terei que fazer o exame numa data especial". Não é óbvia a razão por que tratamos um tal pedido com mais respeito do que, digamos: "Por causa da minha partida de basquete (ou do aniversário da minha mãe), eu não posso fazer o exame num determinado dia". O tratamento privilegiado da opinião religiosa alcança seu apogeu em tempos de guerra. Um indivíduo altamente inteligente e sincero que justifica seu pacifismo pessoal por meio de argumentos filosóficos morais nascidos de uma profunda reflexão enfrenta dificuldades para ser considerado um opositor consciente. Se apenas tivéssemos nascido sob uma religião cujas escrituras proibissem lutar, não necessitaríamos de nenhum outro argumento. É o mesmo respeito incontestado pelas religiões que leva a sociedade a correr para os seus líderes sempre que uma questão como a clonagem está no ar. Talvez devêssemos, em vez disso, ouvir as pessoas cujas palavras justificam que se dêem ouvidos a elas.

5. Hora de nos levantarmos[91]

"Culpar o islã pelo que aconteceu em Nova York é como culpar o cristianismo pelos problemas na Irlanda do Norte!"* Sim. Precisamente. É hora de pararmos de pisar em ovos. É hora de sentirmos raiva. E não apenas em relação ao islã.

Até este momento, aqueles de nós que renunciaram a uma das três "grandes" religiões monoteístas moderaram sua linguagem por uma questão de polidez. Os cristãos, os judeus e os muçulmanos são sinceros em suas crenças e naquilo que consideram sagrado. Até agora respeitamos isso, ainda que não concordássemos com eles. Num discurso improvisado, em 1998[92] (citado aqui ligeiramente resumido), o falecido Douglas Adams declarou, com seu costumeiro senso de humor:

> Ora, o método científico é, estou certo de que todos concordarão, a mais poderosa idéia intelectual, a mais poderosa estrutura para

* Tony Blair está entre os muitos que disseram algo parecido, supondo, equivocadamente, que responsabilizar o cristianismo pelos problemas na Irlanda do Norte seria um absurdo auto-evidente.

a reflexão, a investigação, a compreensão e o enfrentamento do mundo à nossa volta, e ele se baseia na premissa de que toda idéia pode ser atacada. Se resiste ao ataque, ela sobrevive, e, se não resiste, então ela vai por água abaixo. Com a religião as coisas não se passam dessa forma. A religião tem certas idéias centrais, que chamamos de sagradas ou de divinas ou de seja lá do que for. O que isso significa é: "Eis aqui uma idéia ou uma noção que não pode ser alvo de críticas; isso simplesmente não é permitido. E por que não? — Porque não!". Se alguém vota num partido cujas idéias não aprovamos, somos livres para argumentar contra elas o quanto quisermos; haverá atritos, mas ninguém se sentirá lesado por isso. Se alguém acredita que os impostos deveriam aumentar ou diminuir, somos livres para divergir de tal opinião. Mas, por outro lado, se alguém diz "Não posso mover uma palha num sábado", nós dizemos, "Eu *respeito* isso".

O estranho é que, enquanto estou dizendo isso, me surpreendo pensando: "Será que há algum judeu ortodoxo na platéia, que se sentirá ofendido pela minha fala?". No entanto, eu não teria pensado "Talvez haja alguém de esquerda ou alguém de direita ou alguém filiado a esta ou àquela visão em economia" enquanto levantava outras questões. Tudo o que eu pensaria em relação a isso é "Muito bem, nós temos opiniões diferentes". Mas no momento em que digo algo que tem relação com as crenças (vou arriscar meu pescoço aqui e dizer) irracionais de alguém, então nos tornamos todos extremamente paternalistas e terrivelmente defensivos e dizemos: "Não, nós não atacamos isso; trata-se de uma crença irracional, mas, não, nós a respeitamos".

Por que será que consideramos perfeitamente legítimo apoiar o partido Trabalhista ou o partido Conservador, os Republicanos ou os Democratas, esse modelo econômico em oposição àquele, o Macintosh em vez do Windows — mas ter uma opinião sobre o modo como o universo começou, sobre quem criou o universo...

> não, isso é sagrado? O que isso significa? Por que outra razão erguemos uma cerca protetora em torno disso, senão pelo fato de que simplesmente nos habituamos a fazê-lo? Não há absolutamente nenhum outro motivo; trata-se apenas de um acordo que se desenvolveu insidiosamente e, numa espécie de círculo vicioso, tornou-se muito, muito poderoso. Assim, nos acostumamos a não desafiar as idéias religiosas. Mas é muito interessante o furor que Richard cria ao fazê-lo! Todos ficam absolutamente enlouquecidos, pois não é permitido dizer tais coisas. E, entretanto, quando as examinamos racionalmente, não há nenhuma razão por que essas idéias não devam estar abertas ao debate como qualquer outra, exceto pelo fato de que, de algum modo, chegamos a um acordo entre nós de que elas não deveriam estar.

Douglas está morto, mas suas palavras são uma inspiração para que lutemos contra esse tabu.[93] Meu último vestígio de respeito pela idéia de que "a religião deve ser poupada" desapareceu na fumaça e na poeira sufocante do 11 de setembro de 2001, seguido pelo "Dia Nacional da Prece", quando prelados e pastores fizeram sua tremulante representação de Martin Luther King e conclamaram as pessoas de religiões mutuamente incompatíveis a se darem as mãos e se unirem em homenagem à mesma força que deu origem ao problema todo. Está na hora de as pessoas inteligentes, em oposição às pessoas de fé, se levantarem para dizer "Basta!". Transformemos o nosso tributo aos mortos de 11 de Setembro numa nova decisão: respeitar as pessoas por aquilo que elas pensam como indivíduos, em vez de respeitar os grupos por aquilo que eles foram levados, coletivamente, a acreditar.

Não obstante o amargo ódio sectário que dura há séculos (e que obviamente continua a se fortalecer), o judaísmo, o islamismo e o cristianismo têm muita coisa em comum. Apesar da diluição do Novo Testamento e de outras tendências reformistas, os três se submetem historicamente ao mesmo violento e vingativo Deus das Batalhas, memoravelmente apresentado por Gore Vidal em 1998:

> O grande mal no centro da nossa cultura, e que é proibido mencionar, é o monoteísmo. A partir de um texto bárbaro da Idade do Bronze, conhecido como o Antigo Testamento, três religiões anti-humanas se desenvolveram — o judaísmo, o cristianismo e o islamismo. Elas são, literalmente, patriarcais — Deus é o Pai Onipotente —, de onde se explica a repugnância pela mulher que se observa há 2 mil anos nesses países atormentados pelo deus no céu e por seus representantes, do sexo masculino, na terra. O deus no céu é um deus ciumento, é claro. Ele exige absoluta obediência por parte de todos na terra, uma vez que não é apenas o deus de uma tribo, mas de toda a criação. Aqueles que o rejeitarem devem ser convertidos, ou merecerão a morte.

No *The Guardian* de 15 de setembro de 2001, descrevi a crença na vida após a morte como a principal arma que tornou possível a atrocidade cometida em Nova York.[94] Porém, mais importante que ela é a profunda responsabilidade da religião pelo ódio subjacente que motivou as pessoas a lançar mão desses atos. A mera sugestão disso, ainda que com a mais cavalheiresca das reservas, é um convite para um violento ataque dos paternalistas de plantão, como observou Douglas Adams. Mas a crueldade insana dos ataques suicidas e, apesar de numericamente menos catastróficos, os igualmente odiosos ataques "por vingança" aos infelizes muçulmanos residentes nos Estados Unidos e na Grã-Bretanha, me levam a ultrapassar a cautela usual.

Como posso afirmar que a religião deve ser responsabilizada por atos como esses? Será que eu realmente imagino que, no momento em que um terrorista comete um assassinato, ele é motivado por uma discordância teológica em relação à sua vítima? Será que eu de fato imagino que aquele que aciona a bomba no *pub* na Irlanda do Norte diz para si mesmo: "Tomem isso, seus bastardos tridentinos* transubstancionistas!". É claro que não penso nada desse gênero. A teologia é a última coisa que passa pela cabeça de tais pessoas. Elas não matam por causa da religião, mas sim como resposta às injustiças políticas, quase sempre justificadas. Elas matam porque o outro matou seus pais. Ou porque o outro lado expulsou seus bisavós do território deles. Ou porque o outro lado foi, durante séculos, um opressor de seu povo, economicamente falando.

Não pretendo sugerir que a religião é em si a motivação para as guerras, os assassinatos e os ataques terroristas, mas que ela é o principal *rótulo*, e o mais perigoso, pelo qual se demarca uma oposição entre um "eles" e um "nós". Não estou afirmando nem mesmo que a religião seja o *único* rótulo pelo qual demarcamos as vítimas de nossos preconceitos. Há também a cor da pele, a língua e a classe social. Mas, com freqüência, como é o caso na Irlanda do Norte, esses rótulos não se aplicam, e a religião torna-se o único sustentáculo de uma divisão. Mesmo quando não está sozinha, ela é quase sempre um ingrediente explosivo na mistura desses rótulos. E, por favor, não me venha mencionar o caso de Hitler como um contra-exemplo. Os desvarios subwagnerianos de Hitler constituíam uma religião fundada por ele mesmo, e seu anti-semitismo devia muito ao catolicismo romano a que ele jamais renunciou.**

* Referente a Trento, ou ao Concílio de Trento. (N. T.)
** "Meus sentimentos cristãos fazem com eu busque no meu Senhor e Salvador a Sua força como um guerreiro. Volto-me para Ele como um homem que, na solidão, cercado apenas por uns poucos seguidores, enxergou nos judeus quem eles eram, convocando os homens a lutarem contra eles, e que — Gloriosa Verdade! — foi grandioso não como um sofredor, mas como um guerreiro.

Não é um exagero dizer que a religião é o dispositivo mais explosivo de toda a história para rotular um inimigo. Quem matou seu pai? Não foram os indivíduos que você está prestes a matar por "vingança". Os criminosos propriamente ditos já se evadiram do outro lado da fronteira. Aqueles que roubaram a terra de seu bisavô já morreram de velhice. As pessoas dirigem sua vingança àqueles que pertencem à mesma *religião* dos perpetradores originais. Não foi Seamus quem matou seu irmão, mas foram os católicos, então Seamus merece morrer "no lugar deles". Em seguida, como foram os protestantes que mataram Seamus, sairemos e mataremos alguns protestantes "por vingança". Já que foram os muçulmanos que destruíram o World Trade Center, então devemos atacar o motorista de táxi usando turbante em Londres e deixá-lo paralisado do pescoço para baixo.

O ódio amargo que hoje envenena a política no Oriente Médio se origina do erro, real ou imaginado, de estabelecer um Estado judeu numa região islâmica. Em face de tudo o que os judeus haviam sofrido, essa deve ter parecido uma solução justa e humana. É provável que a profunda familiaridade com o Velho

---

Como um cristão amoroso e como um homem, leio a passagem que nos conta como o Senhor finalmente se ergueu em Sua força e apanhou o azorrague para expulsar do Templo a raça de víboras. Como foi esplêndida a Sua luta em defesa do mundo e contra o veneno judeu. Hoje, depois de 2 mil anos, é com muita emoção que reconheço, mais profundamente do que nunca, o fato de que foi em nome disso que Ele teve que derramar Seu sangue na cruz. Como cristão, tenho o dever de não me deixar enganar, tenho o dever de lutar pela verdade e pela justiça. E como homem, tenho o dever de zelar para que a sociedade humana não sofra o mesmo colapso catastrófico que sofreu a civilização do mundo antigo 2 mil anos atrás — uma civilização que foi levada à ruína por esse mesmo povo judeu." Adolf Hitler, discurso de 12 de abril de 1922 em Munique. Extraído de Norman H. Baynes (ed.), *The speeches of Adolf Hitler, April 1922-August 1939* (2 vols., Oxford, Oxford University Press, 1942), vol. 1, pp. 19-20. Ver também <http://www.secularhumanism.org/library/fi/murphy_19_2.html> e <http://www.nobeliefs.com/speeches.htm>.

Testamento tenha levado os europeus e americanos que tomaram tal decisão a pensar que essa era de fato a "terra natal histórica" dos judeus (embora as horripilantes histórias bíblicas de como Josué e outros judeus conquistaram seu *Lebensraum* talvez pudessem ter levantado algumas dúvidas quanto a isso). Mas mesmo que isso não fosse justificável naquele momento, é possível argumentar que, uma vez que Israel agora existe, a tentativa de reverter a situação atual seria um erro ainda maior.

Não pretendo entrar nessa discussão. Contudo, não fosse pela religião, o próprio *conceito* de Estado judeu não faria sentido algum. E o mesmo vale para o conceito de territórios islâmicos, como algo a ser invadido e profanado. Num mundo sem religião, não teríamos tido as cruzadas, nem a Inquisição, nem os pogroms anti-semíticos (as populações da diáspora teriam há muito se miscigenado através do casamento e se tornado indiferenciáveis da população local), nem os problemas da Irlanda do Norte (na ausência de um rótulo que distinguisse as duas "comunidades" — e sem escolas sectárias prontas a transmitir às crianças o ódio histórico —, elas simplesmente formariam uma única comunidade).

Falemos francamente e sem usar meias palavras. O rei está nu. É tempo de pararmos com os eufemismos dissimulados: "nacionalistas", "legalistas", "comunidades", "grupos étnicos", "culturas", "civilizações". É de *religiões* que se trata aqui. Religiões é a palavra que, hipocritamente, nos esforçamos por evitar.

A propósito, entre todos os rótulos divisores, a religião tem algo de peculiar, dado que ela é extraordinariamente *desnecessária*. Se as crenças religiosas tivessem em seu favor algum tipo de respaldo nos fatos, teríamos que aceitá-las a despeito dos dissabores que elas produzissem. Mas não há base alguma dessa natureza. Rotular as pessoas como inimigos que merecem a morte em decorrência de discordâncias sobre a política do mundo real já é ruim o bastante. Fazer o mesmo em razão de divergências relativas a um mundo ilusório habitado por arcanjos, demônios e amigos imaginários é ridiculamente trágico.

A resiliência desse tipo de ilusão transmitida por herança é tão assustadora quanto a sua falta de embasamento na realidade. Aparentemente o controle do avião que caiu perto de Pittsburgh foi tirado das mãos dos terroristas por um grupo de corajosos passageiros. A esposa de um desses homens valorosos e heróicos, depois de ter recebido o telefonema em que ele anunciava o que o grupo pretendia fazer, declarou que seu marido fora um instrumento de Deus, colocado por Ele naquele avião evitar o ataque à Casa Branca. Sinto-me extremamente solidário em relação a essa mulher pela trágica perda sofrida por ela, mas *imaginem só*! Como disse a minha correspondente americana (também compreensivelmente extenuada) ao me mandar essa notícia:

> Será que Deus não poderia fazer com que os seqüestradores tivessem um ataque cardíaco ou alguma coisa parecida em vez de matar todas aquelas boas pessoas no avião? Aposto que ele estava pouco se fodendo para o World Trade Center, nem se deu ao trabalho de ter alguma espécie de plano para elas. [Peço desculpas pelo linguajar destemperado de minha amiga, mas, naquelas circunstâncias, quem poderia culpá-la?]

Será que não há catástrofe capaz de abalar a fé das pessoas, de ambos os lados, na bondade e no poder de Deus? Será que não há nenhuma leve conscientização de que talvez ele não esteja lá, de que talvez estejamos sozinhos, em nossas próprias mãos, tendo que lidar com o mundo real como pessoas adultas?

Os Estados Unidos são o país mais fanático de todo o mundo cristão, e seu líder renascido encontra-se frente a frente com o povo mais fanático de todo o planeta. Ambos os lados acreditam que o Deus das Batalhas da Idade do Bronze está a favor deles. Ambos colocam em risco o futuro do mundo na inquebrantável fé fundamentalista de que Deus os premiará com a vitória. Isso me faz lembrar do famoso poema de J. C. Squire na Primeira Guerra Mundial:

> Deus ouviu as nações em guerra cantando e gritando
> "*Gott strafe England*" e "*God save the King!*"
> Deus isso, Deus aquilo, e Deus não sei o que mais —
> "Meu Deus!", disse Deus, "que tarefa difícil a minha!"*

O psiquismo humano padece de duas grandes enfermidades: a necessidade de se vingar por gerações a fio e a inclinação a rotular as pessoas com base nos grupos a que pertencem em vez de enxergá-las como indivíduos. A religião monoteísta se mistura às duas de maneira explosiva e as sanciona fortemente. Apenas as pessoas obstinadamente cegas poderiam deixar de incluir o poder divisor da religião na maior parte, senão na totalidade, das violentas animosidades presentes no mundo hoje em dia. É preciso que aqueles de nós que durante anos esconderam polidamente seu desprezo pela perigosa ilusão coletiva da religião se levantem e se façam ouvir. As coisas não são as mesmas depois do 11 de Setembro. "Tudo está mudado, completamente mudado."**

* No original inglês, *God hear the embattled nations sing and shout/ "Gott strafe England" and "God save the King!"/ God this, God that, and God the other thing —/ "Good God!" said God, "I've got my work cut out!"* (N. T.)

** No original, "*All is changed, changed utterly*", citação do poema "Easter, 1916", de William Butler Yeats. (N. T.)

IV. DISSERAM-ME, HERÁCLITO*

* Citação do poema "Heraclitus", de William Johnson Cory (1823-92), cujos versos iniciais são: "*They told me, Heraclitus, they told me you were dead,/ They brought me bitter news to hear and bitter tears to shed./ How often, Heraclitus, how often you and I/ Would tire the sun with talking/ And send him down the sky*". (N. T.)

Um dos sinais de que estamos envelhecendo é que deixamos de ser convidados para padrinhos nos casamentos e nos batizados. Há pouco tempo comecei a ser convocado para redigir obituários, escrever elogios fúnebres e organizar funerais. Jonathan Miller, ao chegar à mesma idade, e sendo ele um homem que não acredita em Deus, escreveu um artigo melancólico sobre os funerais ateus. Eles são quase sempre muito tristes, diz ele. Enterros são a única ocasião em que ele sente que a religião tem efetivamente algo a oferecer: não a ilusão (de seu ponto de vista) de uma vida após a morte, mas os hinos, os rituais, as roupas, as palavras do século XVII.

Sendo, como eu sou, um apreciador da cadência dos textos bíblicos e do Livro de Oração Comum, me surpreendo com o quanto eu discordo do dr. Miller. Todos os funerais são tristes, mas os funerais seculares, organizados de maneira apropriada, são muito preferíveis em todos os aspectos. Há muito tempo eu me dei conta de que o que torna os funerais memoráveis, mesmo os religiosos, é em grande medida o seu conteúdo não religioso: as biografias, os poemas, a música. Depois de ouvir um discurso bem escrito por alguém que conhecia e amava a pessoa falecida, o que senti foi: "Oh, é tão comovente ouvir a homenagem de tal pessoa; se houvesse mais discursos como esse em vez daquelas preces rasas e vazias". Os funerais seculares, deixando completamente de lado as preces, dedicam mais tempo à memória do morto: as diversas homenagens, a música que evoca lembranças, a poesia alternadamente triste e confortadora, talvez a leitura de textos da própria pessoa e até mesmo um pouco de humor afetuoso.

É difícil pensar no romancista Douglas Adams sem humor afetuoso, e isso ficou muito evidente na cerimônia em sua memória na igreja de Saint Martin in the Fields, em Londres. Eu fui uma das pessoas que falaram e meu tributo foi publicado aqui, como o segundo texto desta seção. Mas antes disso — na verdade, eu o terminei no dia seguinte à sua morte —, escrevi um lamento, publicado no *The Guardian*. O tom desses dois escritos, um deles chocado e triste, e o outro carinhosamente celebrador, é tão diferente que me pareceu apropriado incluir ambos.

No caso de meu respeitado colega, o biólogo evolucionista W. D. Hamilton, coube a mim organizar a cerimônia em sua memória na capela do New College, em Oxford. Também li um tributo, reproduzido aqui como o terceiro capítulo desta seção. Nessa cerimônia, a música ficou a cargo do maravilhoso coral do New College. Dois dos hinos haviam sido cantados no funeral de Darwin na abadia de Westminster, um deles especialmente composto em sua homenagem: uma composição de Frederick Bridge para os versos "Feliz é o homem que encontra a sabedoria, o homem que alcança o entendimento" (Provérbios 3:13). Gosto de pensar que Bill, aquele homem sábio, gentil e querido, teria se alegrado com isso. Por minha sugestão, a partitura foi incluída no volume póstumo de artigos coligidos de Bill, *Narrow roads of gene land* [Vias estreitas da terra dos genes],[95] e essa é com certeza a sua única edição.

Encontrei John Diamond somente uma vez, pouco tempo antes de sua morte. Eu o conhecia como colunista e como autor de um livro corajoso, *C: Because cowards get cancer too* [C: Porque os covardes também têm câncer],[96] em que ele narra sua luta contra uma terrível forma de câncer na garganta. Quando o encontrei num coquetel, Diamond absolutamente não conseguia falar e manteve conversas agradáveis e animadas escrevendo num caderno. Ele estava trabalhando num segundo livro, *Snake oil* [Falsos remédios], em que desmascarava a medicina "alternativa" que, enquanto ele morria, invadia seu caminho quase diariamente por intermédio de charlatães ou de pessoas crédulas movidas pela boa intenção. Ele morreu antes que pudesse terminar o livro, e eu tive a honra de ser convidado a escrever o prefácio de sua publicação póstuma.

1. Lamento para Douglas[97]

Isto não é um obituário. Haverá tempo para eles. Não é tampouco um tributo, nem uma apreciação refletida sobre uma vida brilhante, nem um elogio fúnebre. Trata-se de um choroso lamento, escrito cedo demais para soar equilibrado, cedo demais para ser cuidadosamente pensado. Douglas, não pode ser verdade que você está morto.

Um sábado ensolarado de maio, sete e dez da manhã, eu me arrasto para fora da cama e acesso a internet para ler meus e-mails, como costumo fazer. Como sempre, com os assuntos em negrito azul, as mensagens vão pingando uma a uma, na sua maioria bobagens, algumas outras já esperadas, e eu as vou percorrendo com os olhos, distraidamente, página abaixo. O nome Douglas Adams captura o meu olhar e eu sorrio. Essa mensagem, pelo menos, valerá uma boa risada. Então eu tenho aquela clássica reação atrasada e retorno a um ponto mais acima na tela. *O que* era mesmo que dizia o assunto daquele e-mail? *Douglas Adams morreu de um ataque cardíaco algumas horas atrás.* Em seguida, aquele outro clichê, as palavras crescendo em ondas diante dos meus olhos. Isso deve fazer parte da piada. Deve ser outro Douglas Adams. É ridículo demais para ser verdade. Ainda devo estar dormindo. Abro a mensagem, de um conhecido programador de software alemão. Não se trata de uma piada, eu estou completamente acordado. E é do Douglas Adams certo que a mensagem está falando. Um ataque cardíaco repentino, na academia, em Santa Barbara. "Não pode ser, não pode ser, não pode ser, não pode ser", terminava a mensagem.

Douglas era um grande homem. Gigantesco, com dois metros de altura e espáduas largas, ele não se curvava, como fazem alguns homens que se sentem desconfortáveis com sua altura. Tampouco se comportava com a altivez machista que pode ser tão intimidante nos homens muito grandes. Ele não se desculpava por sua altura nem a ostentava. Ela era parte da piada em relação a si mesmo.

Uma das pessoas mais espirituosas de nossa geração, seu humor sofisticado se assentava num conhecimento profundo que combinava a literatura e a ciência, duas das minhas grandes paixões. E foi ele quem me apresentou à minha mulher — na sua festa de aniversário de quarenta anos. Ele tinha exatamente a mesma idade dela, e haviam trabalhado juntos em *Dr. Who*. Será que eu deveria acordá-la para contar que Douglas morreu, ou é melhor deixá-la dormir mais um pouco antes de estragar seu dia? Foi ele quem possibilitou meu encontro com ela, e em muitos momentos ele foi parte importante dessa união. Preciso contar a ela.

Douglas e eu nos conhecemos porque mandei uma carta a ele dizendo que era seu fã — creio que só uma vez na vida escrevi uma carta desse tipo. Eu havia adorado *The hitchhiker's guide to the galaxy* [O guia do mochileiro das galáxias]. Então li *Dirk Gently's holistic detective agency* [A agência de detetive holística de Dirk Gently]. Assim que o terminei, voltei à página inicial e li o livro inteirinho de novo — foi a única vez que fiz *isso*, e escrevi a ele para dizê-lo. Douglas respondeu que era fã dos meus livros e me convidou para ir à sua casa em Londres. Poucas vezes na vida encontrei alguém tão agradável. Obviamente eu sabia que ele seria uma pessoa engraçada. O que eu não sabia é que era um profundo conhecedor da ciência. Eu deveria ter imaginado, pois não se pode entender uma boa parte das piadas em *The hitchhiker's guide* sem um conhecimento razoável de ciência avançada. E em tecnologia eletrônica moderna ele era um verdadeiro expert. Tínhamos discussões freqüentes sobre ciência, em situações privadas, e até mesmo em público, em festivais literários e na televisão ou no rádio. E ele se tornou meu guru em relação a toda sorte de problemas técnicos. Em vez de lutar com alguns manuais incompreensíveis escritos num inglês da orla do Pacífico, eu disparava um e-mail para Douglas. Ele respondia, geralmente poucos minutos depois, fosse de Londres ou de Santa Barbara, ou de um quarto de hotel em algum canto do planeta. À diferença dos funcionários dos serviços de suporte técnico, Douglas entendia *exatamente* o meu problema, sabia *exatamente* o que estava me perturbando, e sempre tinha uma solução imediata, que ele explicava de maneira lúcida e divertida. Nossas freqüentes trocas de e-mail transbordavam de piadas literárias e científicas e de pequenos apartes carinhosamente sarcásticos. Sua tecnofilia se destacava, mas também a sua vocação para o absurdo. Tudo se transformava numa grande comédia ao estilo Monty Python, e as loucuras da humanidade são igualmente cômicas nos vales do silício.

Ele ria de si próprio com o mesmo bom humor. Ria, por exemplo, dos seus épicos bloqueios enquanto escrevia ("Adoro prazos. Adoro o barulho sibilante que eles fazem quando passam."), durante os quais, diz a lenda, seu editor e seu agente literário literalmente o trancavam num quarto de hotel, permitindo que ele saísse apenas para caminhadas supervisionadas. Quando seu entusiasmo fugia de controle e ele propunha uma teoria biológica excêntrica demais para que meu ceticismo profissional a deixasse passar, sua atitude em relação à minha rejeição era mais freqüentemente uma demonstração de auto-ironia bem-humorada do que um verdadeiro pesar. E ele simplesmente tentava outra vez.

Ele ria de suas próprias piadas, o que os bons comediantes supostamente não devem fazer, mas ria com tanto charme que as piadas se tornavam ainda mais engraçadas. Era delicadamente capaz de zombar sem ferir, e o alvo das piadas não eram os indivíduos, mas suas idéias absurdas. Na seguinte parábola, que ele contava com enorme divertimento, a moral irrompe sem precisar de maiores explicações. Havia um homem que não compreendia de que modo as televisões funcionam, e estava convencido de que havia obrigatoriamente uma legião de homenzinhos dentro delas, manipulando imagens a uma grande velocidade. Um engenheiro deu a ele uma aula sobre as modulações de alta freqüência do espectro eletromagnético, sobre os transmissores e os receptores, sobre os amplificadores e os tubos de raios catódicos, sobre os raios de elétrons escaneando as linhas de um lado a outro e do alto até embaixo da tela fosforescente. O homem ouviu o engenheiro com cuidadosa atenção, concordando com a cabeça a cada passo da argumentação. Ao final, declarou-se satisfeito. Agora ele realmente entendia como as televisões funcionam. "Mas eu suponho que haja *alguns* homenzinhos lá dentro, não é mesmo?"

A ciência perdeu um amigo, a literatura perdeu um luminar, o gorila da montanha e o rinoceronte-negro perderam um galante defensor (certa vez ele escalou o Kilimanjaro vestindo um terno de couro de rinoceronte para levantar fundos para o combate ao cretino comércio dos chifres desse animal), e os computadores Apple perderam um de seus mais eloqüentes apologistas. Eu perdi um parceiro intelectual insubstituível e um dos amigos mais adoráveis e mais engraçados que já conheci. Ontem, recebi oficialmente uma ótima notícia, que o teria deixado muito feliz. Durante semanas eu tive que manter segredo sobre ela, e agora que posso contá-la, é tarde demais.

O sol brilha lá fora, a vida tem que continuar, aproveite o dia e todos aqueles clichês. Plantaremos uma árvore no dia de hoje: um pinheiro-douglas, alto, aprumado, sempre verde. Não estamos na época do ano adequada para isso, mas faremos o melhor que pudermos. Já para o viveiro de plantas.

A árvore já está plantada, e esse artigo concluído, tudo em menos de 24 horas desde a morte de Douglas. Foi uma catarse? Não, mas valeu a tentativa.

2. Tributo a Douglas Adams

Igreja de Saint Martin in the Fields,
Londres, 17 de setembro de 2001

Acredito que caiba a mim dizer algo sobre o amor de Douglas pela ciência.* Certa vez ele me pediu um conselho. Estava considerando a idéia de voltar à universidade para estudar ciências, acho que especificamente zoologia, que é o meu campo de estudos. Eu o aconselhei a desistir dessa idéia. Ele já tinha um grande conhecimento sobre a ciência. Esse conhecimento ressoava em quase cada linha do que ele escrevia e também nas melhores piadas que criava. Como um exemplo disso, pensem no Gerador de Improbabilidade Infinita. Douglas pensava como um cientista, mas era muito mais engraçado. É legítimo dizer que ele era um herói para os cientistas. E também para os tecnólogos, especialmente na indústria de computadores.

Sua injustificada humildade na presença dos cientistas veio a público de modo comovente em um magnífico discurso improvisado que ele fez numa conferência em Oxford a que assisti em 1998.[98] Ele foi convidado como uma espécie de cientista ho-

* Outras pessoas, é claro, falaram sobre diferentes aspectos de sua vida.

norário — algo que acontecia com certa freqüência. Felizmente alguém ligou o gravador, de maneira que temos o registro completo desse esplêndido *tour de force* não planejado. Ela certamente deveria ser publicada em algum lugar. Lerei alguns parágrafos fora de ordem. Douglas era um homem muito divertido e também um brilhante escritor cômico, e podemos ouvir sua voz a cada sentença:

> Esse encontro foi anunciado como um debate apenas porque eu estava um pouco ansioso sobre o fato de vir até aqui [...] numa sala repleta de pessoas tão eruditas, eu pensei: "O que eu, como um amador, teria a dizer?". Então decidi fazer um debate. Mas depois de ter passado alguns dias aqui, me dei conta de que vocês são apenas um punhado de rostos! [...] Imaginei que o que eu iria fazer era me levantar e travar um debate comigo mesmo [...] com a esperança de provocar e inflamar a opinião o suficiente para que houvesse uma explosão de cadeiras atiradas uns sobre os outros no final.
>
> Antes de embarcar no tema com o qual pretendo me atracar, devo avisá-los de que as coisas talvez soem um pouco perdidas em alguns momentos, porque uma boa parte das idéias veio daquilo que ouvimos hoje, de maneira que, se ocasionalmente eu [...] tenho uma filha de quatro anos de idade, e durante suas primeiras duas ou três semanas de vida eu ficava olhando seu rosto com muito, muito interesse, e de repente eu me dei conta de algo que ninguém percebeu antes — ela estava inicializando!
>
> Quero mencionar algo, que não tem a menor importância, mas de que me sinto tremendamente orgulhoso — eu nasci em Cambridge em 1952 e minhas iniciais são DNA!

Essas entusiasmadas mudanças de assunto são tão características de seu estilo, e tão cativantes.

> Lembro-me de uma ocasião, muito tempo atrás, em que eu precisava de uma definição de "vida" para uma palestra que ia apresentar. Supondo que haveria uma definição simples, fui pesquisar na internet e fiquei espantado ao observar a diversidade de definições e o quanto cada uma delas tinha que ser muito detalhada para que pudesse incluir "isso" mas não "aquilo". Se pararmos para pensar, uma coleção que inclua a mosca-das-frutas, Richard Dawkins e a Grande Barreira de Corais é um conjunto de objetos bem esquisito de se comparar.

Douglas ria de si mesmo, e de suas próprias piadas. Esse era um dos muitos ingredientes de seu charme.

> Há algumas coisas estranhas no modo como vemos o mundo. O fato de que nós vivemos na parte mais baixa de um poço gravitacional profundo, na superfície de um planeta coberto de gás que gira em torno de um globo de fogo nuclear a quase 150 milhões de quilômetros de distância, e achamos que isso é *normal*, obviamente já mostra um pouco o quanto a nossa perspectiva tende a ser distorcida, mas fizemos várias coisas ao longo de nossa história intelectual para, devagarinho, corrigir alguns dos nossos equívocos.

O próximo parágrafo é uma das tiradas de impacto de Douglas, que soará familiar para algumas pessoas aqui. Eu a ouvi em mais de uma ocasião e, a cada vez, ela se mostrava mais brilhante.

> Imagine uma poça d'água acordando de manhã certo dia e pensando: "Como é interessante este mundo em que eu me encontro — o buraco em que estou — combina muito bem comigo, não é mesmo? Na realidade, combina tão surpreendentemente bem que ele deve ter sido feito de encomenda para mim!". Essa é uma idéia

tão poderosa que, à medida que o sol se levanta no céu e o ar fica mais quente, e enquanto a poça vai se tornando cada vez menor, ela continua furiosamente agarrada à idéia de que tudo acabará bem, pois o mundo foi planejado para que ela existisse, foi construído para que ela fizesse parte dele. Assim, o momento em que ela desaparece a pega totalmente de surpresa. Eu penso que isso é algo com que devemos tomar cuidado.

Foi Douglas quem me apresentou a Lalla. Eles haviam trabalhado juntos, anos atrás, em *Dr. Who*, e ela foi a pessoa que me mostrou pela primeira vez a maravilhosa capacidade de Douglas de, assim como fazem as crianças, ir direto ao assunto, deixando de lado os detalhes.

Se tentarmos separar as partes de um gato para ver como ele funciona, a primeira coisa que teremos em nossas mãos será um gato que não funciona. A vida representa um nível de complexidade tão grande que fica praticamente fora da nossa possibilidade de visão; ela está tão além de tudo o que podemos compreender que nós simplesmente pensamos nela como outra classe de objetos, outra questão. A "vida", com sua essência misteriosa, foi dada por Deus — eis a única explicação de que dispúnhamos. A surpresa bombástica veio em 1859, quando Darwin publicou *A origem das espécies.* Levou um bom tempo até que realmente pudéssemos lidar com essa surpresa em profundidade e compreendê-la, dado que ela nos parece inacreditável e tremendamente humilhante, e que é um choque para o nosso sistema descobrir não apenas que não somos o centro do Universo e que não somos feitos de nada, como também que começamos como uma espécie de lodo e nos transformamos em macacos antes de chegar até aqui. Não é uma leitura que cai bem para nós.

Fico satisfeito em dizer que, para Douglas, a leitura de um livro sobre evolução particularmente moderno que lhe caiu às mãos por acaso aos trinta e poucos anos de idade representou uma espécie de experiência de Damasco:

> Todas as peças se encaixaram. Era um conceito extremamente simples, mas capaz de explicar com naturalidade toda a infinita e desconcertante complexidade da vida. A admiração reverencial que experimentei fez com que o êxtase que as pessoas descrevem em relação à experiência religiosa parecesse francamente simplório em comparação. Eu escolhi o êxtase do conhecimento em vez do deslumbramento da ignorância, quaisquer que fossem as circunstâncias.[99]

Numa ocasião, entrevistei Douglas para um programa de televisão que eu estava fazendo sobre o meu caso de amor pela ciência. Encerrei a entrevista perguntando a ele: "O que há na ciência que realmente mexe com você?". Essa foi a resposta que ele deu, novamente de improviso, e, por essa razão, ainda mais apaixonada:

> O mundo é uma coisa de uma complexidade desmedida, de uma riqueza e uma estranheza totalmente espantosas. O que quero dizer é que a idéia de que tamanha complexidade possa ter se originado não apenas de algo muito simples, mas, provavelmente, de absolutamente nada, é a idéia mais fabulosa que pode existir. E quando adquirimos alguma noção a respeito de como isso pode ter acontecido — essa é uma experiência simplesmente maravilhosa. E [...] a oportunidade de passar setenta ou oitenta anos de sua vida num universo como esse me parece um excelente emprego do tempo.[100]

A última frase, é claro, tem agora uma ressonância trágica para nós. Foi um privilégio termos conhecido um homem cuja capacidade de aproveitar ao máximo seu tempo de vida foi tão admirável quanto eram o seu charme e o seu humor e a sua inteligência genuína. Se houve um homem que compreendeu o lugar extraordinário que é o mundo, esse homem foi Douglas. E se houve um homem que fez dele um lugar melhor com a sua existência, esse homem foi Douglas. Teria sido muito bom se ele tivesse nos dado todos os setenta ou oitenta anos. Mas, por Deus, o que ele nos deu nesses 49 já foi bom demais!

3. Tributo a W. D. Hamilton

Proferido na cerimônia em memória de W. D. Hamilton (New College Chapel, Oxford, 1º de julho de 2000)

Aqueles de nós que desejariam ter conhecido Charles Darwin podem se sentir consolados: talvez nós tenhamos conhecido o equivalente mais próximo que o século XX, prestes a se encerrar, poderia nos oferecer. E no entanto ele era um homem tão discreto e tão absurdamente modesto que eu ouso supor que alguns membros desta escola tenham ficado um tanto desconcertados ao ler os obituários dele — e descobrir quem era de fato esse homem que tivemos entre nós durante todo esse tempo. Os obituários foram extraordinariamente unânimes. Lerei uma ou duas sentenças extraídas deles, e gostaria de acrescentar que não há aqui nenhuma escolha enviesada. Mencionarei trechos de todos os obituários de que tive notícia até este momento [os grifos são meus]:

> Bill Hamilton, que morreu aos 63 anos, após semanas de tratamento intensivo depois de uma expedição biológica ao Congo, foi *o principal responsável pelas inovações teóricas na biologia darwi-*

niana moderna e pela forma que esse modelo assume nos dias de hoje. [Alan Grafen, *The Guardian*]

[...] *o mais influente biólogo evolucionista de sua geração.* [Matt Ridley, *Telegraph*]

[...] *uma das figuras mais importantes da biologia moderna* [Natalie Angier, *New York Times*]

[...] *um dos maiores evolucionistas teóricos desde Darwin.* Com toda certeza, no que diz respeito às teorias sociais baseadas na seleção natural, ele era seguramente o nosso pensador mais profundo e original. [Robert Trivers, *Nature*]

[...] *um dos mais notáveis teóricos evolucionistas do século XX* [David Haig, Naomi Pierce e E. O. Wilson, *Science*]

Um bom candidato ao título do mais eminente darwiniano desde Darwin. [Minhas próprias palavras no *The Independent*, reproduzidas no *Oxford Today*]

[...] *um dos líderes daquela que foi denominada "a segunda revolução darwiniana".* [John Maynard Smith *The Times.* Numa descrição anterior, demasiado informal para ser reproduzida no obituário do *The Times*, Maynard Smith dissera: "Um gênio, que diabos, o único que nós temos!"]

[Finalmente, Olivia Judson na *The Economist*]: Durante toda sua vida, Bill Hamilton gostou de brincar com fogo. Na infância, ele quase morreu quando uma bomba que estava construindo explodiu antes da hora, decepando as pontas de seus dedos e fazendo com que estilhaços se alojassem em seu pulmão. Quando adulto, passou a escolher com mais cuidado onde colocar a munição. Ele pôs abaixo idéias estabelecidas e, no lugar delas, erigiu um edifício de *idéias mais estranhas, mais originais e mais profundas do que qualquer outro biólogo desde Darwin.*

Reconhecidamente, a maior lacuna na teoria deixada por Darwin já havia sido preenchida por R. A. Fisher e os outros mestres "neodarwinianos" das décadas de 1930 e 1940. Mas a "síntese moderna" produzida por eles deixou uns tantos problemas por solucionar — em muitos casos, problemas que nem mesmo eram reconhecidos —, muitos dos quais só foram resolvidos depois de 1960. É sem dúvida legítimo afirmar que Hamilton foi o pensador dominante nessa segunda onda do neodarwinismo, muito embora descrevê-lo como um solucionador de problemas seja algo que não faz justiça à sua imaginação decididamente criativa.

Com alguma freqüência ele enterrava, em afirmações produzidas aqui e ali, idéias originais que teorizadores de menor estatura dariam tudo para ter formulado. Certa vez, Bill e eu conversávamos sobre os cupins na hora do café no Departamento de Zoologia. Estávamos especulando sobre qual teria sido a pressão evolutiva que os tornou tão extremamente sociais, e Hamilton começou a tecer elogios à "teoria de Stephen Bartz". "Mas, Bill", eu protestei, "essa teoria não é de Bartz. Essa teoria é sua. Você a publicou sete anos antes." Com um ar acabrunhado, ele negou. Então, corri até a biblioteca, encontrei o volume em questão do *Annual review of ecology and systematics* e coloquei debaixo de seu nariz o parágrafo que ele mesmo escrevera, perdido no meio do artigo. Ele o leu e então admitiu, no tom de voz mais melancólico, que, sim, aparentemente se tratava de sua própria teoria, afinal. "Mas Bartz a expressou melhor."* Como últi-

* Isso é verdade, e, ao mencionar essa história, não tenho nenhuma intenção de diminuir a importância da contribuição de Stephen Bartz. Bill Hamilton

ma nota de rodapé nessa história, quero lembrar que entre as pessoas a quem Bartz agradeceu em seu artigo, "pelos conselhos e críticas proveitosos", estava — W. D. Hamilton!

De modo semelhante, Bill publicou sua teoria sobre a proporção entre os sexos das abelhas, não numa comunicação em um número da *Nature* dedicado ao assunto, como um cientista normalmente ambicioso teria feito, mas escondida no meio de uma resenha do livro de outro autor. Essa resenha, a propósito, tinha o título inequivocamente hamiltoniano de "Jogadores desde os primórdios da vida: cracas, afídeos e olmos".

Seus dois feitos mais importantes, e pelos quais ele é mais conhecido, foram a teoria genética do parentesco [*kin selection*] e a teoria parasítica do sexo. Mas, lado a lado com essas duas principais obsessões, Hamilton ainda encontrou tempo para resolver todo um conjunto de outros problemas importantes que a síntese neodarwiniana deixou sem resolver, ou para desempenhar um importante papel na solução cooperativa de tais problemas. Essas questões incluem:

Por que envelhecemos e morremos de velhice?

Por que a proporção entre os sexos nas populações às vezes se afasta dos 50%/50% normalmente esperados? Nesse breve artigo, Hamilton foi um dos primeiros a introduzir a Teoria dos Jogos na biologia evolutiva, um desenvolvimento que viria, é claro, se mostrar tão infinitamente fecundo nas mãos de John Maynard Smith.

Pode a malignidade ativa, em oposição ao egoísmo costumeiro, ser favorecida pela seleção natural?

Por que um número tão grande de animais se junta em rebanhos, cardumes ou manadas quando se vêem ameaçados pelos

---

sabia, bem mais do que muitas pessoas, que esquematizar uma idéia no verso de um envelope não é o mesmo que desenvolvê-la sob a forma de uma teoria completa.

predadores? Esse artigo também tinha um título muito característico: "A geometria do bando egoísta".

Por que os animais e as plantas fazem tanto esforço para disseminar tanto quanto possível seus descendentes, mesmo que os lugares para os quais se irradiam se mostrem inferiores ao lugar que eles já habitam? Esse trabalho foi escrito em conjunto com Robert May.

Num mundo essencialmente egoísta como aquele descrito por Darwin, como pode a cooperação se desenvolver entre dois indivíduos não aparentados? Esse trabalho foi escrito em coautoria com o cientista social Robert Axelrod.

Por que as folhas no outono ganham uma coloração avermelhada ou amarronzada tão evidente? Num trabalho teórico audacioso — e ainda assim convincente —, Hamilton levantou a suspeita de que a cor brilhante é um aviso produzido pela árvore para que os insetos não depositem nela seus ovos, aviso sustentado pela presença das toxinas, do mesmo modo como as listas amarelas e pretas de uma abelha indicam o perigo do ferrão.

Essa idéia extraordinária é típica daquela poderosa inventividade juvenil que, se é que isso parece possível, foi se intensificando à medida que Hamilton envelhecia. De fato, foi há bem pouco tempo que ele propôs uma teorização acertada sobre o modo como a teoria "Gaia", até então pouco levada a sério, poderia se tornar efetivamente viável num verdadeiro modelo darwiniano. Em seu funeral às margens do bosque de Wytham no mês de março, sua dedicada colega Luisa Bozzi proferiu algumas belas palavras diante de sua sepultura, aludindo à extraordinária idéia central desse artigo — à idéia de que as nuvens são, na realidade, adaptações produzidas pelos microorganismos, visando sua própria dispersão. Ela citou o notável artigo de Bill "Revirando cada pedra: vida e morte de um caçador de besouros", no qual ele manifesta seu desejo de, após sua morte, ser depositado no solo da floresta amazônica para que pudesse ser enterrado pelos besouros necrófilos e servir de alimento às suas larvas.

> Mais tarde, eu sobreviverei em seus filhos, alimentados cuidadosamente pelos pais antenados com nacos da minha carne do tamanho de um punho. Não conhecerei os vermes nem tampouco as sórdidas moscas: reconstruído e múltiplo, por fim sairei voando e zumbindo do solo, como abelhas saindo de um ninho — na verdade, zumbindo mais alto que as abelhas, como um enxame de bicicletas a motor. No vôo de cada besouro, serei conduzido, sob as estrelas, por toda a floresta brasileira.[101]

Depois disso, Luisa leu sua própria elegia, inspirada na teoria de Hamilton sobre as nuvens:

> Bill, seu corpo jaz agora no bosque de Wytham, mas daqui você alcançará novamente suas amadas florestas. Você viverá não apenas num besouro, mas em bilhões de esporos de fungos e de algas. Carregado pelo vento até lá em cima, na troposfera, cada parte de você se integrará às nuvens e, vagando através dos oceanos, você cairá e subirá de novo e de novo, até que finalmente uma gota de chuva o reunirá às águas da floresta inundada da Amazônia.*

Hamilton foi finalmente homenageado com honras, mas, de certo modo, isso apenas ressaltou o quanto o mundo foi lento em reconhecer seu valor. Ele ganhou muitos prêmios, in-

* Na cerimônia, Luisa leu as duas passagens. A segunda delas encontra-se gravada numa placa ao lado do túmulo de Bill, erigida por sua irmã, a doutora Mary Bliss, em sua memória.

cluindo o prêmio Crafoord e o prêmio Kyoto. No entanto, sua autobiografia perturbadoramente cândida revela um *jovem* atormentado pela insegurança e pela solidão. Ele não tinha somente dúvidas a respeito de si mesmo. Ele foi levado a duvidar até mesmo de que as *questões* que o moviam obsessivamente fossem de algum interesse para as outras pessoas. Não surpreende que, em certos momentos, ele chegasse a duvidar da própria sanidade.

A experiência conferiu a ele uma empatia vitalícia pelos desvalidos, o que talvez tenha motivado sua recente defesa de uma teoria em desuso, para não dizer uma teoria difamada, sobre a origem da AIDS nos seres humanos. Como vocês provavelmente sabem, foi isso o que o levou a fazer sua fatídica viagem à África este ano.

Diferentemente de outras pessoas que receberam prêmios, Bill realmente necessitava do dinheiro. Ele costumava levar seus consultores financeiros ao desespero. O dinheiro o interessava somente na medida dos benefícios que poderia trazer, em geral para os outros. Ele era uma negação para juntar dinheiro, e dava de presente boa parte do que tinha. É típico de sua inabilidade em assuntos financeiros ter deixado um testamento generoso — mas sem testemunhas. É igualmente característico que Bill tenha comprado uma casa em Michigan com o mercado em alta e mais tarde a tenha vendido com o mercado em baixa. Seus investimentos não apenas não conseguiram acompanhar a inflação. Ele de fato sofreu uma perda substancial, o que o impediu de arcar com a despesa de comprar uma casa em Oxford. Felizmente, a universidade tinha os direitos de uma simpática moradia em Wytham e, com Dick Southwood, como sempre, tomando conta dele silenciosamente nos bastidores, Bill, sua esposa Christine e seus filhos encontraram um lugar onde pudessem viver confortavelmente.

Todos os dias ele vinha de bicicleta de Wytham até Oxford, em altíssima velocidade. Essa velocidade era tão imprópria para os seus cabelos brancos que talvez tenha sido essa a razão dos numerosos acidentes que sofreu. Os motoristas não acreditavam que um homem aparentando a idade dele poderia pedalar com tanta velocidade, e calculavam mal, com resultados desastrosos. Não consegui reunir provas em relação à história amplamente repetida de que certa vez Bill foi atirado para dentro de um carro, aterrissou no banco traseiro e disse: "Por favor, leve-me para o hospital". Mas encontrei informações confiáveis sobre uma ocasião em que a ajuda que ele recebera da Royal Society para instalar-se em sua nova residência, um cheque no valor de 15 mil libras, saiu voando do cesto de sua bicicleta em alta velocidade.

Encontrei Bill Hamilton pela primeira vez quando ele veio de Londres a Oxford, por volta de 1969, para dar uma aula ao grupo de biomatemática, a que fui assistir para dar uma olhada no meu herói intelectual. Não direi que foi um desapontamento, mas ele não era, para dizer o mínimo, um orador carismático. Havia um quadro-negro que cobria uma parede inteira, e Bill tirou o máximo proveito dele. Ao final do seminário, não havia um centímetro quadrado da parede que não estivesse coberto por equações. Como o quadro-negro ia até embaixo, no chão, ele teve que se abaixar e ficar de joelhos para poder escrever naquele pedaço da lousa, e isso tornava sua voz murmurante ainda mais inaudível. Finalmente ele se levantou e examinou seu trabalho com um discreto sorriso. Depois de uma longa pausa, apontou para uma equação em particular (os aficionados talvez gostem de saber que se tratava da atualmente famosa "Equação de Price")[102] e disse: "Eu realmente gosto dessa aqui".

Imagino que todos os seus amigos tenham suas próprias histórias para contar, como ilustrações de seu charme tímido e idiossincrático, e elas, sem dúvida alguma, se transformarão em lendas com o passar do tempo. Eis uma história pela qual eu me responsabilizo, já que a testemunhei pessoalmente. Ele apareceu para o almoço no New College, um dia, com um grande clipe para papéis afixado aos óculos. Isso me pareceu excêntrico, até mesmo para Bill, e então eu lhe perguntei: "Bill, por que você está usando um clipe nos óculos?". Ele me olhou solenemente. "Você quer mesmo saber?", disse, em seu tom de voz mais pesaroso, embora eu pudesse ver os lábios se contraindo com o esforço para suprimir um sorriso. "Sim", respondi com entusiasmo, "eu quero mesmo saber." "Bem", disse ele, "eu acho que os óculos pesam muito sobre o meu nariz quando estou lendo. Então eu uso o clipe para prender os óculos num cacho do meu cabelo, o que diminui um pouco o peso." Então, quando eu ri, ele também o fez, e ainda posso ver o maravilhoso sorriso que iluminava seu rosto enquanto ele ria de si mesmo.

Em outra ocasião, ele veio a um jantar em nossa casa. Os convidados, em sua maioria, conversavam à toa, bebericando antes do jantar, mas Bill desapareceu na sala ao lado, investigando minhas prateleiras de livros. Pouco a pouco fomos percebendo a presença de um som murmurante, baixo, vindo daquela sala. "Me ajudem. É... preciso de ajuda. Eu acho. Sim, sim, me ajudem! Me ajudem!" Finalmente nos demos conta de que, à sua maneira ímpar e sutil, Bill estava dizendo o equivalente a "SOCOOORRROOO!!!!!!". Corremos para lá e o encontramos, numa cena parecida com a do inspetor Clouseau com os tacos de bilhar, lutando desesperadamente para equilibrar os livros que caíam à sua volta enquanto as prateleiras desabavam em seus braços.

Qualquer outro cientista de seu gabarito esperaria receber uma passagem aérea de primeira classe e um pagamento generoso para aceitar um convite para apresentar uma conferência no exterior. Bill foi convidado para um congresso na Rússia. Como era próprio dele, esqueceu-se de notar que não estavam lhe oferecendo passagem aérea nenhuma, muito menos um pagamento, e terminou não apenas custeando a própria viagem mas vendo-se obrigado também a pagar um suborno para conseguir sair do país. Pior que isso, o táxi que ele tomou não tinha gasolina suficiente para levá-lo ao aeroporto de Moscou, de modo que Bill teve que ajudar o taxista a retirar gasolina do carro de seu primo com o auxílio de um sifão. Quanto à conferência em si, Bill descobriu ao chegar lá que não havia um local previsto para ela. Os participantes faziam caminhadas pelas florestas. De tempos em tempos, chegavam a uma clareira e paravam para que alguém apresentasse sua conferência. Então continuavam a caminhar, em busca de outra clareira. Bill ficou com a impressão de que se tratava de um gesto inconsciente de precaução para evitar que a KGB os espionasse. Ele havia levado slides para sua apresentação, de maneira que os participantes tiveram que sair para uma perambulação *noturna*, carregando um projetor. Acabaram por encontrar um antigo celeiro em cuja parede caiada projetaram os slides. Por alguma razão, eu não consigo imaginar nenhum outro ganhador do prêmio Crafoord se metendo numa experiência como essa.

Sua distração era lendária, mas totalmente genuína. Como Olivia Judson escreveu em *The Economist*, suas atribuições em Oxford previam que ele desse somente uma aula por ano para os estudantes da graduação, e ele geralmente se esquecia dela. Martin Birch relata que certo dia ele encontrou Bill no Departamento de Zoologia e se desculpou por ter esquecido de ir ao seu seminário de pesquisa no dia anterior. "Não tem importância", disse Bill. "Para dizer a verdade, eu próprio me esqueci."

Adquiri o hábito, sempre que havia uma boa conferência ou um bom seminário de pesquisa no departamento, de ir à sala de Bill cinco minutos antes de seu início, informá-lo sobre o evento e estimulá-lo a ir assistir. Polidamente, ele levantava os olhos do que quer que o estivesse absorvendo naquele momento, escutava o que eu tinha a dizer e então se levantava com entusiasmo, acompanhando-me até o seminário. Não adiantava lembrá-lo com *mais* de cinco minutos de antecedência, ou mesmo enviar a ele lembretes por escrito. Ele simplesmente acabava se envolvendo de novo com alguma coisa que fosse a sua obsessão naquele momento, e esquecia tudo o mais. Pois ele era um obsessivo. Esse traço foi com certeza um dos que mais colaboraram para o seu sucesso. Mas havia outros ingredientes. Gosto particularmente da analogia musical feita por Robert Trivers: "Enquanto o resto de nós fala e pensa em notas isoladas, ele pensava em acordes". Isso descreve Hamilton de uma maneira muito precisa.

Ele era também um naturalista maravilhoso — e parecia quase preferir a companhia dos naturalistas do que a dos teóricos. Ainda assim, era um matemático muito melhor do que a grande maioria dos biólogos, e tinha aquele jeito próprio dos matemáticos de *visualizar* a essência abstrata e clara de uma situação antes que se pusesse a construir um modelo sobre ela. Embora muitos de seus artigos fossem matemáticos, Bill tinha também um estilo extraordinariamente singular de escrever. Eis o modo como, na antologia de seus artigos que ele mesmo organizou, *Narrow roads of gene land*,[103] Bill introduz a reedição de seu artigo de 1966 sobre a construção da senescência pela seleção natural. Inicialmente, ele transcreve para os leitores uma nota marginal que fez em sua própria cópia desse artigo: "Conseqüentemente, o animal em processo de envelhecimento *retrocederia* em sua árvore evolutiva: dos traços viçosos do homem jovem em direção ao *velho* gorila".

Isso leva o seu lado mais amadurecido a produzir uma seqüência no magnífico estilo hamiltoniano:

Portanto, uma última confissão. Provavelmente eu também sou covarde o suficiente para doar fundos para o "elixir" da gerontologia, se alguém conseguir me persuadir de que há esperança: ao mesmo tempo, meu desejo é que não exista esperança alguma, para que eu não me sinta tentado. Para mim, os elixires são uma aspiração antieugênica do pior tipo, e não são absolutamente uma maneira de criar um mundo de que os nossos descendentes possam desfrutar. Pensando desse modo, faço caretas, esfrego duas sobrancelhas indesejavelmente cerradas com a ponta de um dedão que felizmente ainda funciona como opositor, resfolego através das minhas narinas que a cada dia se parecem mais com os tufos de crina de cavalo saindo de dentro de um velho sofá eduardiano e, com os nós dos meus dedos que ainda não estão chegando ao chão, mas já estão perto disso, sigo em frente, cheio de orgulho, até o meu próximo artigo.

Sua imaginação poética emerge a todo instante em pequenos comentários laterais, mesmo nos seus artigos mais difíceis. E, como seria de imaginar, Hamilton nutria um grande amor pelos poetas, e guardava muitos poemas de memória, especialmente os de A. E. Housman. Talvez ele se identificasse, quando jovem, com o melancólico protagonista de *A Shropshire lad* [Um rapaz de Shropshire]. Em sua resenha do meu primeiro livro — e vocês podem imaginar minha alegria ao ver meu livro resenhado por alguém como ele? —, Bill citou os seguintes versos:*

Vinda de longe, do anoitecer e da manhã,
Pelo céu de doze ventos,
A matéria da vida soprou nessa direção
Para me tecer: aqui estou.

* Lidos por Ruth Hamilton na cerimônia.

Agora — ainda não desfeito em pedaços
Eu espero por uma brisa.
Ande, pegue a minha mão e diga
O que vai em seu coração.

Fale agora, e eu responderei;
Como posso ajudá-lo, diga;
Antes que os doze cantos do vento
*Me levem de volta à minha estrada infinita.**

Ele concluiu a mesma resenha com os famosos versos de Wordsworth sobre a estátua de Newton na capela do Trinity College, em Cambridge. Bill não teve a intenção de dizer isso, é claro, mas os últimos versos do poema se ajustam a *ele* tão bem quanto eles se ajustam a Newton, e eu os deixo com essas palavras.

Uma mente, viajando para sempre,
*Solitária, pelos estranhos mares do pensamento.***

* No original inglês, "*From far, from eve and morning/ And yon twelve-winded sky,/ The stuff of life to knit me/ Blew hither: here am I.// Now — for a breath I tarry/ Nor yet dispersed apart —/ Take my hand quick and tell me/ What have you in your heart.// Speak now, and I will answer;/ How shall I help you, say;/ Ere to the wind's twelve quarters/ I take my endless way*".
** "[...] *a mind forever/ Voyaging through strange seas of thought, alone*".

4. Falsos remédios

Prefácio ao livro póstumo Snake oil and other preoccupations [*Falsos remédios e outras preocupações*], *de John Diamond*[104]

John Diamond não fez muito caso do modo como alguns de seus muitos admiradores exaltaram sua coragem. Mas há diferentes tipos de coragem, e não devemos confundi-los. Existe a resistência física diante da fatalidade atroz, a coragem estóica para suportar a dor e a indignidade na luta heróica contra uma forma particularmente maligna de câncer. Diamond dizia que ele não tinha esse tipo de coragem (na minha opinião, por excesso de modéstia; em todo caso, ninguém poderia negar que sua fantástica esposa se mostrava igualmente corajosa). Ele chegou até mesmo a usar o subtítulo *Porque os covardes também têm câncer* no comovente e, a meu ver, corajoso relato autobiográfico de sua doença.

Mas existe outro tipo de coragem, e aqui John Diamond se mostra sem dúvida admirável. Trata-se da coragem intelectual: a coragem de se manter fiel aos próprios princípios intelectuais, mesmo nos últimos instantes de vida, quando seria de esperar que ele se sentisse dolorosamente tentado pelo conforto fácil que a quebra desses princípios poderia aparentemente oferecer. Desde Sócrates, passando por David Hume, até os dias de hoje, aqueles que recusaram o cobertor de segurança da superstição irracional foram sempre desafiados: "Agora é fácil falar assim. Mas espere até que você esteja em seu leito de morte. Você logo mudará de tom". No caso de Hume, o conforto polidamente recusado (do qual temos conhecimento pela última visita, curiosamente mórbida, que Boswell fez a ele) era algo condizente com os costumes daquele período. Na época de John Diamond, e na nossa, trata-se das milagrosas curas "alternativas", oferecidas quando a medicina ortodoxa já não funciona e talvez tenha até mesmo desistido de nos salvar.

Quando o patologista já leu as runas, quando os oráculos do raio X, da tomografia computadorizada e da biópsia já deram o seu veredicto de que a esperança é mínima, quando o cirurgião entra no quarto acompanhado por "um homem alto [...] de aparência constrangida [...] vestindo uma longa túnica e um capuz e carregando no ombro uma foice", é então que os abutres das terapias "alternativas" ou "complementares" começam a voar em volta. Essa é a hora deles. É aí que eles encontram seu lugar, pois a esperança é um produto vendável: quanto mais desesperadamente se necessitar de esperança, mais rica será a colheita. E, para ser justo, muitos daqueles que empurram remédios desonestos são pessoas motivadas por um desejo sincero de ajudar. A insistência enfadonha dessas pessoas e seus oferecimentos invasivos de pílulas e poções mostram uma sinceridade que está acima da voracidade financeira dos charlatães que elas acabam por promover.

> Você já tentou a cartilagem de lula? A medicina oficial não a reconhece, é claro, mas minha tia continua viva graças à cartilagem de lula, dois anos depois de seu oncologista ter lhe dado apenas seis meses de vida (bem, já que você perguntou, ela também está fa-

> zendo radioterapia). E há também esse terapeuta maravilhoso que pratica a imposição dos pés, com resultados surpreendentes. Ao que parece, é tudo uma questão de sintonização de nossas energias holísticas (ou será que o termo é holográficas?) às freqüências naturais das vibrações cósmicas orgânicas (ou será que são as vibrações orgônicas?). Você não tem nada a perder, de modo que valeria a pena tentar. Cada período de tratamento custa 500 libras, o que pode parecer caro, mas de que vale o dinheiro quando a sua vida está em risco?

Como uma figura pública que escrevia, de maneira tocante e pessoal, sobre o terrível desenrolar de sua doença, John Diamond ficava ainda mais exposto do que o habitual a esses cantos da sereia: ele era invadido o tempo todo por bem-intencionados conselhos e sugestões milagrosas. Ele examinava as afirmações, procurava evidências em favor delas, não encontrava nenhuma e percebia que as falsas esperanças que elas traziam poderiam na verdade ser prejudiciais — e ele manteve essa honestidade e essa clareza de visão até o fim. Quando a minha hora chegar, não suponho que eu vá demonstrar nem a metade da coragem física de John Diamond, por mais que ele não a admitisse. Mas espero realmente que eu possa tomá-lo como modelo quando se trata de coragem intelectual.

A resposta imediata e óbvia a uma postura como a de John Diamond é a acusação de arrogância. Longe de ser apenas racional, não seria sua "coragem intelectual" na realidade uma posição insensata, um excesso de confiança na ciência, uma recusa cega e fanática a levar em conta visões alternativas do mundo e da saúde humana? Não, não e não. A acusação se sustentaria caso ele tivesse apostado na medicina ortodoxa simplesmente porque ela é ortodoxa, e tivesse evitado a medicina alternativa simplesmente porque ela é alternativa. Mas ele não fez nada disso, é claro. Na visão de John Diamond (e na minha), a medicina científica *se define* como um conjunto de práticas que se submetem ao suplício dos *testes*. A medicina alternativa é definida como um conjunto de práticas que não podem ser testadas, se recusam a ser testadas ou são invariavelmente reprovadas nos testes. Se for demonstrado em testes de duplo-cego adequadamente controlados que uma técnica terapêutica tem propriedades curativas, ela deixará de ser alternativa. Então, como explica Diamond, ela passará a fazer parte da medicina. Inversamente, se uma técnica criada pelo presidente do Royal College of Physicians falhar repetidas vezes nos testes de duplo-cego, ela deixará de fazer parte da medicina "ortodoxa". Se ela se tornará então "alternativa", isso dependerá de sua adoção por um charlatão suficientemente ambicioso (pois sempre há pacientes suficientemente crédulos).

Mas não será ainda assim uma arrogância exigir que o método de *testagem* seja sempre o método científico? É natural que se usem testes científicos para a medicina científica, mas não seria justo que a medicina "alternativa" fosse avaliada por meio de testes "alternativos"? Não. Não existe uma coisa tal como testes alternativos. Esse é o ponto de vista que Diamond defende, e ele está correto em fazê-lo.

Ou é verdade que um remédio funciona ou não é verdade. Não há possibilidade de que isso seja falso no sentido usual da palavra, mas verdadeiro em algum sentido "alternativo". Se uma terapia ou tratamento é algo mais que um placebo, os testes de duplo-cego, adequadamente conduzidos e submetidos a uma análise estatística, acabarão por demonstrá-lo com retumbante sucesso. Muitos candidatos a medicamentos "ortodoxos" falham nos testes e são sumariamente abandonados. O rótulo "alternativo" não deveria (embora, infelizmente, ele o faça) significar imunidade em relação a esse mesmo destino.

O príncipe Charles recentemente solicitou que o governo investisse 10 milhões de libras em pesquisas para examinar as propostas da medicina "alternativa" ou "complementar". Uma sugestão admirável, embora não me pareça imediatamente claro por que razões o governo, que é obrigado a fazer malabarismos para atender prioridades que competem entre si, seria a fonte apropriada de recursos para isso, uma vez que as principais técnicas "alternativas" já foram testadas — e reprovadas nos testes — diversas vezes. John Diamond mostra que na Grã-Bretanha a medicina alternativa movimenta bilhões de libras. Talvez uma pequena fração dos lucros gerados por esses remédios pudesse ser destinada aos testes para averiguar se eles realmente funcionam. Isso, afinal de contas, é o que se presume que as indústrias farmacêuticas "ortodoxas" façam. Talvez os fornecedores dos medicamentos alternativos saibam muito bem qual seria o resultado dos testes, se conduzidos da maneira correta. Nesse caso, a relutância deles em financiar a própria destruição seria algo totalmente compreensível. No entanto, espero que essa verba para a pesquisa venha de algum lugar, talvez dos recursos que o príncipe Charles destina à filantropia, e eu ficaria feliz em participar de uma comissão para assessorar sua distribuição, caso fosse convidado a fazê-lo. Na realidade, eu suspeito que um orçamento de pesquisa de 10 milhões de libras é maior do que seria necessário para nos vermos livres de boa parte das práticas "alternativas" mais populares e lucrativas.

De que modo esse dinheiro poderia ser gasto? Tomemos a homeopatia como um exemplo, e imaginemos que nossos recursos são suficientes para planejar um experimento em escala relativamente grande. Depois de consentir em tomar parte desse experimento, um contingente de mil pacientes será dividido em dois grupos: quinhentos pacientes receberão a dose homeopática e quinhentos pacientes de controle não a receberão. Abrindo uma concessão a fim de respeitar o princípio "holístico" de que cada paciente deve ser tratado como um indivíduo, não insistiremos em dar a todos os sujeitos do experimento o mesmo remédio. O procedimento não será assim tão grosseiro. Em vez disso, cada paciente será examinado por um homeopata reconhecido, que prescreverá um tratamento individual para ele. Os diferentes pacientes nem sequer precisarão receber a mesma substância homeopática.

Mas agora vem o passo crucial, a randomização duplo-cego. Após a prescrição ter sido escrita pelo médico, metade dos pacientes, escolhidos ao acaso, fará parte do grupo de controle. Esses pacientes não receberão de fato o remédio prescrito. Em vez disso, receberão uma dose que será em todos os aspectos idêntica à medicação prescrita, mas com uma diferença crucial. O suposto ingrediente ativo estará ausente da fórmula. A randomização será feita por computador, de maneira que ninguém saberá quais pacientes fazem parte do grupo de controle. Os próprios pacientes não saberão, os médicos não saberão, os farmacêuticos responsáveis pela preparação dos remédios não saberão e os médicos que julgarão os resultados também não. Os frascos de remédio serão identificados apenas por impenetráveis códigos numéricos. Isso é de importância vital, uma vez que ninguém nega a existência do efeito placebo: os pacientes que supõem que estão sendo medicados com um remédio efetivo se sentem melhor do que aqueles que pensam o contrário.

Cada paciente será examinado por uma equipe de médicos e homeopatas, tanto antes como depois do tratamento com a medicação. A equipe escreverá seu julgamento em relação a cada paciente: o paciente melhorou, seu estado permaneceu o mesmo ou ele piorou? Apenas quando esses resultados estiverem escritos e selados, os códigos de randomização no computador serão revelados. Só então saberemos quais pacientes receberam o medicamento homeopático e quais receberam o placebo controle. Os resultados serão analisados estatisticamente para verificar se os remédios homeopáticos tiveram algum efeito numa ou noutra direção. Sei de antemão em que resultado eu apostaria os meus últimos centavos, mas — essa é a beleza da ciência de boa qualidade — não há como eu enviesar a conclusão do estudo. O desenho experimental duplo-cego neutraliza todos os vieses. O experimento pode ser levado a cabo por aqueles que advogam os efeitos terapêuticos da substância testada ou por pesquisadores céticos em relação a isso, ou por ambos, conjuntamente, e isso em nada modificará o resultado.

Há uma série de detalhes que poderiam ser planejados para tornar esse desenho experimental mais sensível. Os pacientes poderiam ser agrupados em "pares correspondentes" em relação a variáveis como idade, peso, sexo, prognóstico e prescrição homeopática preferida. A única diferença recorrente entre eles seria a de que um dos membros de cada par faria parte do grupo de controle (uma escolha aleatória e mantida em segredo) e receberia um placebo. A análise estatística compararia especificamente cada indivíduo que houvesse tomado o remédio com o seu controle correspondente.

O maior refinamento que se pode atingir em relação ao desenho experimental que utiliza pares correspondentes é fazer com que cada paciente funcione como o seu próprio controle, recebendo, sucessivamente, o remédio que está sendo testado e o placebo, sem nunca saber em que momento essa mudança é feita. A ordem em que os dois tratamentos são administrados a cada paciente seria determinada ao acaso, com programas aleatoriamente diferentes para os diversos pacientes.

Desenhos experimentais como o dos "pares correspondentes" e o do "paciente como o seu próprio controle" têm a vantagem de aumentar a sensibilidade do teste. Em outras palavras, de aumentar a probabilidade de se chegar a um resultado estatisticamente significativo para a homeopatia. Note-se que um resultado estatisticamente significativo não é um critério demasiado exigente. Não é necessário que cada paciente se sinta melhor com a medicação homeopática do que com o controle. Tudo o que procuramos é uma ligeira vantagem do medicamento homeopático em relação ao controle cego, uma vantagem que, por mais superficial que seja, não possa ser interpretada como um acaso, de acordo com os métodos padrão da estatística. Isso é o que se exige rotineiramente dos medicamentos ortodoxos para que obtenham permissão para serem anunciados e vendidos como remédios que curam. É muito menos do que exige um laboratório farmacêutico cauteloso antes de investir um montante de dinheiro na produção em massa desse medicamento.

Aqui, chegamos a um fato delicado a respeito da homeopatia, especificamente, algo que foi abordado por John Diamond, mas que vale a pena salientar de novo. Um princípio fundamental da teoria homeopática é que o ingrediente ativo — a arnica, o veneno de abelha, ou seja o que for — deve ser sucessivamente diluído um grande número de vezes, até que — todos os cálculos concordam nesse ponto — não reste nem uma só molécula do ingrediente. Na realidade, os homeopatas ousam fazer a alegação paradoxal de que, quanto mais diluída a solução, mais potente é o seu efeito. O mágico investigador James Randi calculou que, após uma típica seqüência de diluições sucessivas, não se encontraria uma única molécula do ingrediente ativo num tonel do tamanho do sistema solar! (Na prática, a bem da verdade, haverá um número maior de moléculas desse ingrediente vagando a esmo na água mais pura que se possa obter.)

Agora, vejamos quais são os efeitos disso. Toda a fundamentação lógica do experimento reside na comparação do medicamento em teste (que inclui o ingrediente "ativo") com o medicamento de controle (que inclui todos os mesmos ingredientes exceto o ingrediente ativo). Os dois remédios devem ter a mesma aparência visual, o mesmo sabor, a mesma textura. O único aspecto em que eles diferem deve ser a presença ou a ausência do ingrediente que supostamente tem efeito curativo. Mas, no caso da medicina homeopática, a diluição é tão grande que não há diferença entre o remédio em teste e o remédio controle! Ambos contêm o mesmo número de moléculas do ingrediente ativo — zero, ou seja qual for o menor número que se possa atingir, na prática. Isso parece sugerir que um teste duplo-cego de um medicamento homeopático não pode, em princípio, dar certo. Seria possível dizer até mesmo que um resultado bem-sucedido seria uma indicação de que a diluição foi insuficiente!

Há uma saída possível em relação a esse problema, da qual os homeopatas freqüentemente lançam mão desde que se chamou a atenção deles para essa dificuldade embaraçosa. O modo de ação de seus remédios, dizem eles, não é químico, mas físico. Eles concordam com a afirmação de que nem uma única molécula do ingrediente ativo subsiste no frasco que compramos, mas isso só importa se insistirmos em raciocinar nos termos da química. Eles acreditam que, por algum mecanismo físico que os próprios físicos desconhecem, uma espécie de "traço" ou de "memória" das moléculas ativas se imprime nas moléculas da água empregada para diluí-las. É o molde impresso fisicamente na água que cura o paciente, e não a natureza química do ingrediente original.

Essa é uma hipótese científica, no sentido de que é passível de verificação. Ela é facilmente testável, na verdade, e se não me dou ao trabalho de fazê-lo é somente porque considero que o tempo e o dinheiro de que dispomos seria mais bem empregado no teste de uma hipótese mais plausível. Mas todo homeopata que realmente acredite em sua teoria deveria se esforçar dia e noite para comprová-la. Afinal de contas, se os testes duplo-cego dos medicamentos prescritos aos pacientes produzissem repetidamente um resultado positivo confiável, ele ganharia um prêmio Nobel não somente de medicina como também de física. E teria descoberto um princípio da física novinho em folha, talvez uma nova força fundamental no universo. Com uma tal perspectiva em vista, os homeopatas com certeza devem estar se acotovelando uns com os outros na sua ânsia por chegar primeiro ao laboratório, correndo em disparada, como Watsons e Cricks alternativos, para reclamar para si esse brilhante galardão científico. Bem, na verdade eles não estão. Será que eles não acreditam de fato em sua teoria, afinal de contas?

A essas alturas, os últimos pretextos começam a ser usados. "Algumas coisas são verdadeiras em relação ao homem, mas elas não se prestam à verificação científica. A atmosfera cética do laboratório científico não favorece as forças sensíveis envolvidas." Tais desculpas são produzidas com freqüência pelos praticantes das terapias alternativas, incluindo as práticas que não oferecem as dificuldades peculiares da homeopatia, mas que, ainda assim, falham constantemente nos testes duplo-cego. John Diamond tem um senso de humor muito penetrante e uma das passagens mais engraçadas de seu livro é a descrição de um teste experimental de "cinesiologia" feito por Ray Hyman, meu colega no CSIOP (o Comitê de Investigação Científica das Alegações dos Paranormais).

Por coincidência, eu próprio tive uma experiência pessoal com a cinesiologia. O único charlatão que eu, um dia — para minha vergonha —, consultei praticava essa modalidade de terapia alternativa. Eu havia dado mau jeito no pescoço e me recomendaram fortemente uma terapeuta especializada em manipulação. A manipulação pode de fato mostrar-se muito eficaz, e essa terapeuta podia me atender no final de semana, período em que eu não desejava perturbar o meu médico. A combinação entre a dor e uma mente aberta me levou a experimentar o tratamento oferecido por ela. Antes de iniciar a manipulação propriamente dita, a técnica diagnóstica que ela empregava era a cinesiologia. Eu tinha que me deitar e levantar meu braço, e ela então o empurrava, testando a minha força. A chave para o diagnóstico era o efeito da vitamina C sobre o meu desempenho nesse "braço-de-ferro". Mas ela não pediu que eu ingerisse a vitamina. Em vez disso (não estou exagerando, isso aconteceu mesmo), um frasco fechado de vitamina C foi colocado sobre o meu peito. Isso aparentemente provocou um aumento imediato e dramático na força com que o meu braço empurrava o dela. Quando expressei o ceticismo que seria de se esperar numa situação como essa, ela exclamou, alegremente: "Sim, a vitamina C é uma vitamina maravilhosa, não é mesmo?". Foi por polidez que eu não me levantei e fui embora imediatamente, e cheguei mesmo (para evitar discussões) a pagar o valor vergonhoso que ela cobrou por aquela sessão.

O que seria necessário (e eu duvido que aquela mulher tivesse ao menos compreendido o argumento) é uma série de experimentos duplo-cego em que nem ela nem eu pudéssemos saber se o frasco continha o suposto ingrediente ativo ou alguma outra substância. Foi esse o procedimento do professor Hyman, na descrição hilária de um caso semelhante feita por John Diamond. Quando, como era de esperar, a técnica "alternativa" fracassou vergonhosamente no teste duplo-cego, o terapeuta proferiu a seguinte resposta imortal: "Está vendo? É por isso que nós não fazemos testes duplo-cego. Eles nunca funcionam!".

Boa parte da história da ciência, especialmente da ciência médica, consistiu numa progressiva libertação do fascínio superficial exercido pelas histórias individuais, que parecem — mas apenas parecem — revelar um padrão. A mente humana é uma contadora de casos obstinada e, mais que isso, busca avidamente encontrar padrões. Nós enxergamos rostos nas nuvens, lemos a sorte nas folhas de chá e nos movimentos dos planetas. É muito difícil provar que há uma enorme distância entre um padrão verdadeiro e uma ilusão superficial. A mente humana precisa aprender a suspeitar de sua propensão inata para enxergar padrões onde existe apenas acaso. É para isso que serve a estatística, e é por isso que nenhuma droga ou terapêutica deveria ser adotada até que seu efeito tivesse sido comprovado por um experimento submetido à análise estatística, no qual a inclinação da mente humana a encontrar padrões, tão sujeita a enganos, tenha sido sistematicamente afastada. Histórias pessoais nunca resultam em demonstrações satisfatórias de alguma tendência geral.

Apesar disso, há médicos que iniciam um julgamento dizendo algo como: "Os testes todos dizem o contrário, mas na *minha* experiência clínica...". Talvez essa seja uma razão mais forte para mudar de médico do que um tratamento inadequado passível de processo! Pelo menos, isso é o que se poderia supor a partir de tudo o que eu disse acima. Mas trata-se de um exagero. Com toda certeza, antes que um medicamento seja aprovado para ampla utilização, ele deve ser adequadamente testado e deve receber o imprimátur da comprovação estatística. Mas as observações clínicas de um médico experiente constituem no mínimo um excelente indicador das hipóteses cuja testagem merece o investimento do nosso tempo e dos nossos recursos. E pode-se afirmar mais que isso. Corretamente ou não (e quase sempre sim), nós de fato levamos a sério o julgamento pessoal de um ser humano respeitado. Isso se dá também com os julgamentos estéticos, razão pela qual um crítico famoso pode alçar à fama ou então destruir uma peça teatral na Broadway ou na avenida Shaftsbury. Quer gostemos disso ou não, as pessoas são persuadidas pelas historietas da vida privada, pelos casos pessoais, pelo particular.

E isso, um tanto paradoxalmente, faz de John Diamond um advogado poderoso. Ele é um homem que apreciamos e admiramos por sua história pessoal, e cujas opiniões desejamos ler pela sua habilidade de expressá-las tão bem. Pessoas que talvez não dessem ouvidos a um conjunto de dados estatísticos anônimos, entoados por um cientista ou um médico que nunca vimos, podem escutar o que diz John Diamond, não apenas porque ele escreve de maneira envolvente, como também porque ele estava morrendo enquanto escrevia, e sabia disso: morrendo, a despeito dos melhores esforços das próprias práticas médicas que ele estava defendendo dos opositores cuja única munição são as historietas particulares. Mas não há aí, na realidade, nenhum paradoxo. Damos ouvidos a John Diamond em virtude de suas qualidades singulares e de sua história como homem. Mas aquilo que escutamos ao ouvi-lo não é algo anedótico. É algo que resiste a um exame rigoroso. Algo que seria sensato e convincente por si mesmo, ainda que seu autor não tivesse previamente conquistado nossa admiração e afeição.

John Diamond jamais mergulharia na noite eterna com docilidade.* Ele partiu disparando a artilharia, pois os capítulos maravilhosamente polêmicos de *Falsos remédios e outras preocupações* o mantiveram ocupado até o fim, lutando contra... não exatamente o relógio, mas contra a própria carruagem alada do tempo. Ele não se enfurece contra a luz que se esvai, nem contra seu câncer inclemente, nem contra o destino cruel. De que adiantaria? Por que eles se importariam? Seus alvos são aqueles que podem tremer ao serem atingidos. São alvos que merecem ser

* Referência ao poema de Dylan Thomas, "*Do not go gentle into that good night*". (N. T.)

atingidos duramente, alvos cuja neutralização faria do mundo um lugar melhor: charlatães cínicos (ou sonhadores tolos, ainda que sinceros) que fazem dos desventurados crédulos as suas vítimas. E o melhor de tudo é que, embora esse homem valente esteja morto, suas armas não estão silenciadas. Ele nos deixou uma poderosa plataforma de canhões. Este livro póstumo dispara sua banda de artilharia. Abram fogo, e não cessem.

V. MESMO OS EXÉRCITOS DA TOSCANA

Stephen Jay Gould e eu não fatigávamos o sol com nossas conversas, acelerando seu ocaso no céu.* Éramos suficientemente cordiais quando nos encontrávamos, mas eu não seria sincero se sugerisse que éramos próximos. Nossas diferenças acadêmicas tomaram o tamanho de um livro (*Dawkins vs Gould: survival of the fittest* [Dawkins vs. Gould: a sobrevivência dos mais aptos],[105] do filósofo Kim Sterelny), ao mesmo tempo que Andrew Brown, em *The Darwin wars: how stupid genes became selfish gods* [As batalhas darwinianas: como genes estúpidos se tornaram deuses egoístas],[106] chega a ponto de dividir os darwinianos modernos em "gouldianos" e "dawkinsianos". No entanto, apesar de nossas diferenças, não é apenas o respeito aos mortos que me leva a incluir neste livro uma seção dedicada a Stephen Jay Gould, num tom em grande medida elogioso.

"Mesmo os exércitos da Toscana" (Steve, com sua formidável memória literária, logo teria completado a citação) "mal po-

* Alusão ao poema "Heraclitus", de William Johnson Cory (ver nota da p. 283). (N. T.)

diam deixar de dar vivas."* Macaulay[107] celebrou a admiração que é capaz de unir os inimigos na morte. "Inimigos" é uma palavra demasiado forte para uma contenda puramente acadêmica, mas a palavra admiração não é, e estivemos lado a lado em muitas coisas. Em sua resenha do meu livro *A escalada do monte Improvável*, Steve invocou nosso coleguismo (o que eu retribuí) diante de um inimigo comum:

> Nessa importante e árdua batalha para informar um público hesitante (se não francamente hostil) sobre os argumentos da evolução darwiniana e para explicar tanto a beleza como o poder de sua visão revolucionária da vida, sinto-me unido a Richard Dawkins, como dois colegas numa empreitada comum.[108]

Steve nunca se envergonhava de sua falta de modéstia e eu espero que os leitores me perdoem por partilhar com eles a única ocasião em que ele foi bondoso o suficiente para me incluir nela: "Richard e eu somos as duas pessoas que melhor escrevem sobre a evolução...".[109] Havia um "mas", é claro, porém deixarei isso de lado.

Espero que as resenhas apresentadas a seguir, separadas por muitos anos, sejam lidas como um diálogo entre colegas, mesmo nos lugares em que faço críticas aos livros de Gould. *Darwin e os grandes enigmas da vida* foi a primeira coletânea dos famosos ensaios de Gould publicados na revista *Natural History*. Esse livro estabeleceu o tom para as dez coletâneas que ele publicou, e as farpas entusiasmadas de "Exultando com a natureza multiforme" serviriam igualmente para todas elas.

"A arte do desenvolvível", embora tenha sido escrito em 1983, não foi publicado anteriormente. Trata-se de uma resenha

* No original inglês, "*And even the ranks of Tuscany/ Could scarce forebear to cheer*". (N. T.)

conjunta de *Pluto's Republic* [A República de Plutão], de Peter Medawar, e da terceira coletânea de ensaios escritos por Gould para a *Natural History*. O texto foi encomendado pelo *New York Review of Books*, mas, no final das contas, por razões de que eu já não me recordo, não chegou a ser publicado. Anos mais tarde, enviei a resenha para Steve e ele expressou calorosamente o seu desapontamento com o fato de que o texto havia permanecido inédito. Medawar foi um dos meus heróis intelectuais, e também de Gould: esse era outro ponto em comum entre nós. O título que dei à resenha — "A arte do desenvolvível" — reúne o *Art of the soluble* [Arte do solucionável][110] de Medawar ao permanente interesse de Gould pela evolução do desenvolvimento.

Do meu ponto de vista, *Vida maravilhosa* é um livro belo e equivocado, cuja retórica entusiasmada leva outros autores a conclusões que ultrapassam em muito as intenções de Gould. Discuti isso longamente em "Vastos símbolos nebulosos da alta fantasia", um dos capítulos de meu livro *Desvendando o arco-íris*. O texto reimpresso aqui como "*Hallucigenia, Wiwaxia* e seus amigos", título dado pelo *Sunday Telegraph*, é minha resenha de *Vida maravilhosa*.

"Antropocentrismo e progresso evolutivo" é minha crítica de *Lance de dados*, um livro que foi rebatizado pelos editores britânicos como *Life's grandeur* [A grandeza da vida]. A crítica foi publicada juntamente com a resenha de *A escalada do monte Improvável* escrita por Steve. O editor de *Evolution* achou que seria divertido nos convidar para resenhar simultaneamente o livro um do outro, tendo-nos informado desse fato, mas não do conteúdo das críticas em questão. O texto escrito por Gould recebeu o título, bem ao seu estilo, de "Auto-ajuda para um ouriço preso na toca da toupeira". *Lance de dados* é um livro que se ocupa inteiramente da discussão sobre o progresso na evolução. Estou de acordo com as objeções de Gould à idéia de progresso tal como definida por ele. Mas nessa resenha eu desenvolvo duas definições alternativas de progresso que considero importantes e que escapam a essas objeções. Minha intenção foi ir além de uma mera resenha do livro, prestando uma contribuição ao pensamento evolucionista.

Stephen Gould tinha exatamente a mesma idade que eu, mas sempre pensei nele como um homem mais velho, talvez porque seu prodigioso conhecimento parecesse pertencer a uma época mais cultivada. Seu colega de longa data, Niles Eldredge, que foi muito gentil em enviar-me o texto de seu comovente elogio fúnebre, declarou que perdera um irmão mais velho. Anos atrás, eu estava viajando pelos Estados Unidos e fui convidado para um "debate" na televisão com um criacionista. Minha reação natural foi pedir o conselho de Steve. Ele me respondeu que sempre recusava convites desse tipo, não porque tivesse medo de "perder" o debate (a idéia é, em si mesma, risível), mas por uma razão mais sutil que eu aceitei e que jamais esqueci. Pouco antes de sua última enfermidade, escrevi a ele, lembrando-o do conselho que havia me dado e propondo que publicássemos uma carta conjunta dando o mesmo conselho a outros colegas. Ele concordou com entusiasmo, e sugeriu que eu escrevesse uma primeira versão na qual pudéssemos trabalhar juntos mais tarde. Eu a escrevi, no entanto, lamentavelmente, "mais tarde" nunca chegou. Quando soube de sua morte repentina, escrevi a Niles Eldredge, perguntando se ele achava que Steve desejaria que eu publicasse a carta mesmo assim. Niles me encorajou a fazê-lo, e, com o título de "Correspondência inconclusa com um peso-pesado darwiniano", esse texto encerra a seção.

Para o bem ou para o mal, Steve Gould exerceu enorme influência na cultura científica americana e, fazendo um balanço, o bem foi maior. Alegra-me saber que pouco antes de sua morte ele conseguiu completar sua *magnum opus* a respeito da evolução e também o seu ciclo de dez coletâneas de ensaios da revista *Natural History*. Embora discordássemos em muitos pontos, partilhávamos muitas coisas, incluindo um encanto fascinado pelas maravilhas da natureza e uma convicção apaixonada de que tais maravilhas merecem nada menos que uma explicação puramente naturalista.

1. Exultando com a natureza multiforme[111]

Resenha de Darwin e os grandes enigmas da vida, *de S. J. Gould*

"O autor nos mostra o que se desvela quando removemos os anteolhos de que Darwin despiu a biologia um século atrás." Há um certo exagero aqui ou será que se trata de uma técnica de strip-tease excitantemente paradoxal? O primeiro ensaio do livro fala justamente da timidez de Darwin, que demorou vinte anos para revelar sua teoria, e eu retornarei a esse ponto mais adiante. A citação, extraída do resumo da sobrecapa, produz uma impressão falsa sobre o livro, uma vez que o estilo de Stephen Gould é elegante, erudito, espirituoso, coerente e vigoroso. O livro é também, na minha opinião, em grande medida correto. Se há elementos paradoxais e se há exageros na posição intelectual do dr. Gould, eles não estão entre as capas desse livro. *Darwin e os grandes enigmas da vida* é uma coletânea de ensaios originalmente publicados como uma coluna mensal regular na revista *Natural History*. Editados com habilidade de modo a se agruparem fluentemente em oito seções principais, os 33 ensaios, dos quais eu posso mencionar apenas uma amostra, reforçam o meu sentimento de que o jornalismo científico é importante demais para ser deixado nas mãos dos jornalistas e encorajam minha esperança de que, de todo modo, os verdadeiros cientistas talvez se saiam melhor nessa tarefa.

A coletânea de Gould começa por ser comparável ao imortal *The art of the soluble* [A arte do solucionável], de P. B. Medawar. E, se o seu estilo não chega a fazer o leitor sacudir-se de rir, deliciado, e correr para mostrar um trecho do livro a alguém — a quem quer que seja —, como faz o estilo de Medawar, ainda assim devemos agradecer a Gould por algumas passagens memoráveis. Não há dúvida de que algum puritano desmancha-prazeres da *Science for "The People"* irá denunciar o evidente e oportuno antropomorfismo em "Reproduza-se o mais que puder enquanto você ainda dispõe dos efêmeros recursos para isso, uma vez que eles não durarão muito e que uma parcela dos seus descendentes necessita sobreviver para produzir a geração seguinte". Mas, pensando melhor, talvez eles estejam demasiado ocupados tramando a abolição da escravatura das formigas ou se preocupando com o desviacionismo presente em:

> A seleção natural determina que os organismos atuem em interesse próprio [...] Eles "lutam" continuamente para aumentar a representação de seus genes, suplantando os seus companheiros. E, apesar de sua trivialidade, é apenas disso que se trata; não descobrimos nenhum princípio superior na natureza.

Desde Darwin nós temos conhecimento das razões por que existimos e sabemos ao menos como começar a explicar a natureza humana. Estou inteiramente de acordo que a seleção natural é "a idéia mais revolucionária na história da biologia" e eu cogitaria até mesmo substituir a palavra "biologia" pela palavra "ciência". Por mais simples e ingênua que essa idéia possa parecer, ninguém pensou nela durante séculos, mesmo depois que hipóteses muito mais complicadas tivessem se tornado moeda corrente. Ainda hoje, ela é objeto de compreensão equivocada e até de indiferença entre as pessoas instruídas. Um microcosmo desse enigma histórico é o tema do primeiro ensaio de Gould. Assim como a humanidade esperou muito mais séculos do que hoje nos parece que seriam necessários antes de descobrir a seleção natural, também Darwin esperou vinte anos, depois de ter formulado a teoria pela primeira vez em 1838, para publicá-la. A explicação de Gould é que Darwin temia as implicações psicológicas de sua idéia. Ele enxergou aquilo que Wallace jamais chegaria a admitir, que a mente humana em si mesma é um produto material da seleção natural. Darwin, na realidade, era um materialista científico.

Em outro ensaio Gould é encorajado pela proximidade genética entre os humanos e os chimpanzés a especular que "o cruzamento entre eles pode muito bem ser possível". Tenho dúvidas quanto a isso, mas, do meu ponto de vista, essa é uma idéia encantadora, e Gould certamente exagera quando a classifica como "o experimento científico mais inaceitável do ponto de vista ético que eu posso imaginar". De acordo com a minha ética, é possível pensar em experimentos muito menos aceitáveis — e muitos deles são efetivamente realizados todos os dias nos laboratórios de fisiologia animal —, e um híbrido entre o chimpanzé e o homem forneceria exatamente a reprimenda de que a "dignidade humana" parece necessitar. Gould é, de forma geral, muito bom em espetar a vaidade do especiesista humano; em particular, ele não se compromete com o mito de que a evolução seja equivalente ao progresso na direção do humano. Esse ceticismo inspira a sua valiosa descrição dos "Arbustos e escadas na evolução humana", e estimula seu desdém pelas tentativas de classificação das raças como primitivas ou avançadas.

Ele volta a atacar a idéia de progresso sob o pretexto muito diverso da teoria da ortogênese, a idéia de que as tendências evolutivas têm sua própria e interna força motriz que, por fim, leva as linhagens à extinção. Sua narrativa da clássica história do alce irlandês ganha todo um frescor que decorre de sua intimidade com os fósseis do museu de Dublin e desmente o mito de que a paleontologia é um campo árido e monótono. É provável que sua conclusão de que os chifres proverbialmente pesados eram importantes na vida social desses animais esteja correta, mas talvez ele subestime o papel da competição no interior da espécie no processo que leva à sua extinção. Os chifres enormes poderiam ter diretamente causado a extinção do alce irlandês, enquanto, ao mesmo tempo, até a ocorrência de sua extinção, os indivíduos com chifres relativamente maiores se reproduzissem mais do que os indivíduos com chifres relativamente menores. Eu gostaria de ver Gould fazer as pazes com o impacto "ortosseletivo" das "corridas armamentistas", tanto entre as diferentes espécies como no interior de uma mesma espécie. Ele parece se aproximar disso em seus ensaios sobre a "explosão cambriana".

A história natural exerce por si mesma uma fascinação, mas ela é muito melhor quando empregada como argumento. Gould nos fala de um mosquito que come sua mãe por dentro, de cigarras de dezessete anos de idade e de bambus de 120 anos, e também de sinistros mexilhões que funcionam como chamariz para os peixes. Ele emprega o proveitoso artifício de, inicialmente, deixar o leitor intrigado, para então introduzir o importante princípio biológico em questão. Um princípio sobre o qual eu gostaria que ele tivesse se detido mais longamente é o da limitação da perfeição evolutiva: "As orquídeas são máquinas de Rube Goldberg;* um bom engenheiro certamente teria se saído com algo

* Máquina que, por meio de um funcionamento extremamente complexo, executa tarefas muito simples (*Webster's Third New International Dictionary*). (N. T.)

melhor" (uma máquina de Rube Goldberg é o equivalente americano de uma máquina de Heath Robinson). Meu exemplo favorito disso, que herdei de um professor, é o do recorrente nervo laríngeo. Ele começa na cabeça, vai até o peito, dá a volta em torno da aorta e então sobe direto para a cabeça de novo. Numa girafa esse desvio deve se mostrar realmente dispendioso. O engenheiro que desenhou pela primeira vez o motor a jato simplesmente jogou fora o antigo motor a hélice e começou do zero. Imagine a geringonça que ele teria produzido se tivesse sido obrigado a "desenvolver" seu motor a jato fazendo pequenas transformações passo a passo num motor a hélice, parafuso por parafuso e porca por porca!

Em relação ao problema da perfeição, acho que Gould exagera na importância das "mutações neutras". Os geneticistas moleculares, compreensivelmente, se interessam pelas mudanças no DNA como eventos moleculares, e qualquer mudança que não tenha efeito algum em função protéica pode razoavelmente ser chamada de mutação neutra. Mas, para um estudioso da biologia do organismo como um todo, elas são menos do que neutras — simplesmente não são mutações, em sentido algum que possa ser de interesse. Se os neutralistas moleculares estão corretos, o tipo de mutação neutra que eles descrevem permanecerá para sempre escondido do biólogo que faz pesquisa de campo e também da seleção natural. E se um biólogo que faz pesquisa de campo efetivamente verifica que há variação nos fenótipos, se a variação poderia ser neutra do ponto de vista da seleção ou não é uma questão que não pode ser resolvida no laboratório de bioquímica.

Diversos ensaios abordam aspectos da relação entre o darwinismo e a sociedade e a política humanas. Há muito bom senso neles, e eu concordo com quase tudo. Embora a "sociobiologia" venha inspirando pesquisas excelentes, Gould está certo em afirmar que ela também deu origem a certos modismos de segunda categoria. "Mas houve algum dia um cão que elogiasse suas pulgas?", perguntava-se o poeta irlandês W. B. Yeats. Talvez um cão possa ser responsabilizado pelas pulgas que ele espalha, mas apenas até certo ponto. Na reunião da AAAS [American Association for the Advancement of Science] em Washington, em 1997, Gould e eu testemunhamos um ataque organizado ao seu mais respeitado colega de Harvard.* A ovação recebida por Gould pela hábil citação de Lênin com que ele repudiou os manifestantes foi sem dúvida merecida. Mas, ao ver aquelas patéticas pulgas pulando inutilmente em volta do palco e entoando palavras como "genocida", será que ele se perguntou com uma ligeira coceira na consciência em que cães elas vinham se alimentando?

O epílogo aponta para o futuro e aguça o nosso apetite pelo volume 2, que eu espero sinceramente que esteja próximo.** Um tema do qual eu sei que Gould se ocupou em sua coluna na *Natural History* é a sua antipatia pelo "atomismo absoluto" de considerar os organismos como "receptáculos temporários [...] nada além de instrumentos que os genes utilizam para produzir mais genes como eles".[112] Ao descrever isso como um "metáfora sem sentido", Gould subestima a sofisticação dessa idéia, apresentada de modo convincente e na sua forma atual por George C. Williams.[113] A controvérsia é em grande parte semântica. A aptidão [*fitness*] inclusiva é definida de uma tal maneira que dizer que "o indivíduo trabalha com vistas a maximizar sua aptidão inclusiva" é o mesmo que dizer que "os genes trabalham para maximizar sua sobrevivência". Cada uma dessas duas formas é valiosa em relação a propósitos diferentes. As duas contêm um

* Um copo d'água foi atirado em direção ao professor E. O. Wilson (subseqüentemente exagerado em vários relatos de um "jarro de água gelada derramado sobre ele").

** De fato, dez volumes foram por fim publicados, o último deles, *I have landed*, na época de sua morte.

elemento de personificação; é perigosamente mais fácil personificar organismos do que personificar genes. A idéia da seleção de genes não é ingenuamente atomista, pois ela reconhece que os genes são selecionados por sua capacidade de interagir de maneira produtiva com os outros genes com os quais é maior a probabilidade de partilhar "receptáculos", ou seja, os outros genes do conjunto de genes, e este pode portanto se assemelhar a um "sistema homeostaticamente protegido" que tende a retornar ao seu estado evolutivamente estável (ou a um desses estados). A determinação irrevogável dos genes não faz parte da idéia, nem algo remotamente parecido com relações do tipo "um gene, um traço" mapeando o genótipo no fenótipo. De toda forma, essa idéia não tem nada a ver com a "suprema confiança na adaptação universal", que é encontrada com igual probabilidade entre os devotos da "seleção individual" e entre os devotos da "seleção da espécie".

"Exultarei com a multiformidade da natureza e deixarei a quimera da certeza para os políticos e os pregadores": uma conclusão retumbante para um livro inspirador — o fruto de uma mente científica livre e cheia de imaginação. O triste paradoxo final é exatamente esse. Como pode uma mente capaz de exultar desse modo, uma mente aberta o suficiente para contemplar o esplendor mutável de 3 bilhões de anos, que se comove com a poesia antiga escrita na pedra, como pode ela não se aborrecer com a balbuciante vida efêmera dos panfleteiros juvenis e a pregação gélida dos velhos e odiosos linhas-dura? Sem dúvida eles estão certos em dizer que a ciência não é politicamente neutra. Mas se, para eles, isso é o mais importante em relação à ciência, imagine só o que eles estão perdendo! Stephen Gould tem todas as qualificações necessárias, e também uma posição estratégica, para arrancar até mesmo essas vendas escuras e para deixar deslumbrados esses pobres olhos inexperientes.

2. A arte do desenvolvível

Resenha de Pluto's Republic, *de Peter Medawar,*[114]
e de A galinha e seus dentes e outras reflexões sobre
história natural, *de S. J. Gould*[115]

Há muito tempo que Sir Peter Medawar é reconhecidamente o mestre das belas-letras em biologia. Se existe algum biólogo mais jovem ou ainda um biólogo americano que se compare a ele, é provável que se trate, em ambos os casos, de Stephen Jay Gould. Assim, foi com grande expectativa que recebi essas duas coletâneas de ensaios, as reflexões de dois biólogos altamente versados em literatura, ambos renomados na sua própria área de estudo e também na história e na filosofia da biologia.

Pluto's Republic [A República de Plutão] é um desses títulos que requerem uma explicação imediata, e é assim que Peter Medawar inicia:

> Muitos anos atrás, uma pessoa vizinha cujo sexo o meu cavalheirismo me impede de revelar [é preciso ser um Medawar para dizer esse tipo de coisa impunemente hoje em dia] exclamou, ao saber de meu interesse pela filosofia: "Você não acha que *A República* de Plutão é um livro adorável?". "A República de Plutão" ficou gravada em minha mente desde então, como uma descrição insuperá-

vel daquele submundo intelectual que muitos dos ensaios neste livro exploram. Cada um de nós preenche a República de Plutão de acordo com os próprios preconceitos.

Nesse ponto eu alimentei uma certa esperança maliciosa de que Stephen Jay Gould pudesse estar entre os habitantes do submundo particular de Medawar — os mais dissimulados entre seus co-signatários numa famosa carta sobre a "sociobiologia" endereçada à *New York Review of Books* (13 de novembro de 1975) têm um lugar de destaque na minha lista negra. Mas Gould encontra-se muitos degraus acima desses seus antigos companheiros e não figura entre os alvos de Medawar. Na realidade, os dois partilham entre si uma série de alvos, como, por exemplo, os medidores de QI.

A maioria dos ensaios em *Pluto's Republic* já foi publicada duas vezes, inicialmente como resenhas de livros ou transcrições de conferências, e depois em antologias anteriores como *The art of the soluble* [A arte do solucionável] e *The hope of progress* [A esperança do progresso],[116] que foram presumivelmente resenhadas à época de sua publicação. Embora eu vá, portanto, conceder menos espaço a *Pluto's Republic* nesta resenha conjunta, repudio fortemente quaisquer queixumes de que a edição de novas antologias de ensaios já publicados é um exagero. Os livros anteriores estão esgotados há muito tempo, e eu venho vasculhando os sebos em busca deles desde que meu próprio exemplar de *The art of the soluble* foi roubado.

Descobri, ao reler os ensaios agora, que muitas das minhas passagens favoritas estavam perfeitamente gravadas na minha memória. Quem, de fato, poderia esquecer o enunciado de abertura da Romanes Lecture de 1968, "Ciência e Literatura"? "Espero que não me considerem indelicado se eu disser logo de início que nada neste mundo me faria vir até aqui assistir a uma conferência como essa que lhes apresentarei a seguir." Essa declaração incitou a réplica perspicaz de John Holloway: "Um conferencista como esse jamais pode ter sido considerado indelicado em sua vida".

Ou quem se esqueceria de ouvir Medawar a respeito de outro grande biólogo, Sir D'Arcy Thompson:

> Ele era famoso como um bom conversador e como um bom conferencista (com freqüência se julga que essas duas coisas andam juntas, mas raramente isso é verdade), e era o autor de um trabalho que, do ponto de vista literário, é comparável a qualquer um dos trabalhos de Pater ou de Logan Pearsall Smith em seu absoluto domínio do estilo *bel canto*. Acrescente-se a isso o fato de que ele tinha mais de um metro e oitenta de altura, com a compleição e o porte de um viking e com aquela atitude segura que se adquire quando se tem consciência da própria beleza.

O leitor talvez permaneça no escuro a respeito de Logan Pearsall Smith ou de Pater, mas fica marcado com a impressão arrebatadora (dado que ele provavelmente conhece o idioma de P. G. Wodehouse) de um estilo indubitavelmente belo, que pode bem soar como um canto para os seus ouvidos. E há muito mais do próprio Medawar na passagem citada do que ele próprio se dava conta.

Medawar lisonjeia continuamente seus leitores, atribuindo-lhes uma erudição que está além deles, mas fazendo-o de um modo tal que eles quase chegam a acreditar nela:

> John Venn afirmou em 1907 que "muitos não se dão conta hoje em dia da importância das idéias de Mill no pensamento e nos estudos dos alunos inteligentes"; no entanto, ele ainda pressupunha com toda a naturalidade que as pessoas tivessem uma certa familiaridade com os pontos de vista de Mill.

O leitor mal se dá conta de que Medawar continua a assumir como algo implícito que as idéias de Mill são suficientemente conhecidas, embora, no caso do próprio leitor, isso talvez esteja longe de ser verdade. "Até mesmo George Henry Lewes foi incapaz de apresentar sua visão bastante sensata sobre essas hipóteses sem tergiversações e sem fazer biquinhos." O leitor ri à socapa antes mesmo de perceber que não está em posição de responder com conhecimento de causa a esse "até mesmo".

Medawar tornou-se uma espécie de porta-voz principal da ciência no mundo atual. Ele assume uma visão menos sombria da condição humana do que está na moda hoje em dia, acreditando que as mãos servem para resolver os problemas, mais do que para se retorcerem. Para ele, o método científico — desde que nas mãos corretas — é o nosso instrumento mais poderoso para se "descobrir o que há de errado [com o mundo] e então dar os passos necessários para consertá-lo". Em relação ao método científico propriamente dito, Medawar tem muito a nos dizer e se mostra extremamente qualificado para fazê-lo. Não que ser um contemplado com o prêmio Nobel e companheiro próximo de Karl Popper sejam indicações suficientes de que alguém falará com seriedade: se pensarmos em outras pessoas nessa mesma categoria, veremos que isso está longe de ser verdade. Mas Medawar não apenas é um ganhador do prêmio Nobel, ele realmente *parece* um ganhador do prêmio Nobel; ele é tudo aquilo que acreditamos que um ganhador do prêmio Nobel deveria ser. Se você nunca conseguiu entender cientistas como Popper, experimente a exposição feita por Medawar sobre a filosofia de seu "guru pessoal".

Ele foi professor de zoologia em Harvard e fez importantes contribuições à zoologia clássica no início de sua carreira. Contudo, logo foi levado para o universo altamente populoso e fartamente financiado da pesquisa médica. Como seria de esperar, seus parceiros eram especialistas em biologia molecular e biologia celular, mas ele raramente se aproximou do chauvinismo molecular que infestou a biologia durante duas décadas. Medawar compreende muito bem a importância da biologia em todos os seus níveis.

Como também seria de esperar, ele se aproximou bastante dos médicos, e pode-se sentir em vários desses ensaios a presença da preocupação e da compaixão próprias dos médicos, por exemplo nas sensíveis resenhas de livros sobre o câncer e sobre os problemas cardíacos psicossomáticos. Apreciei especialmente seu inflamado desprezo pela psicanálise: não o desprezo arrogante, distanciado, que se poderia nutrir por qualquer tagarelice pretensiosa e corriqueira, mas um desprezo comprometido, incitado pela preocupação que um médico sentiria. Os psicanalistas se pronunciaram até mesmo em relação ao enigma da longa doença de Darwin, e Medawar se mostra em sua melhor forma no relato que ele faz disso:

> Definitivamente, há fartos indícios que apontam indiscutivelmente para a idéia de que a doença de Darwin era "uma expressão distorcida da agressão, do ódio e do ressentimento que ele, inconscientemente, experimentava em relação a seu tirânico pai". Esses sentimentos profundos e terríveis encontraram expressão exterior na comovente reverência de Darwin à memória de seu pai, que ele descrevia como o homem mais gentil e mais sábio que jamais conheceu: uma demonstração clara, se é que fatos demonstrativos seriam necessários aqui, do modo como seus verdadeiros sentimentos haviam sido profundamente recalcados.

Medawar pode ser um homem perigoso quando pressente no ar o cheiro de pseudociência pretensiosa. A famosa destruição de *The phenomenon of man* [O fenômeno humano], de Teilhard de Chardin, talvez tivesse sido interpretada como um injusto ataque aos mortos, não fosse pela extraordinária influência que Teilhard exercia (e ainda exerce: Stephen Gould nos revela que dois periódicos fundados para discutir suas idéias sobrevivem a pleno vapor) sobre legiões de pessoas crédulas, incluindo, sinto dizer, eu mesmo quando era jovem. Eu adoraria citar longas passagens daquela que é certamente uma das grandes resenhas destrutivas de todos os tempos, mas vou me contentar com apenas duas frases da explicação tipicamente afiada de Medawar sobre o apelo popular de Teilhard.

> Do mesmo modo como o ensino primário obrigatório criou um mercado que é suprido pelos jornais baratos diários e semanais, também a disseminação da educação secundária e, mais tarde, da educação de terceiro grau criou uma vasta população de pessoas, quase sempre com gostos literários e acadêmicos bastante bem definidos, que foram instruídas muito além de sua capacidade de fazer uso do pensamento analítico [...] [*The phenomenon of man*] é escrito de maneira quase totalmente ininteligível, num estilo construído com o intuito de produzir, à primeira vista, a impressão de profundidade.

A resenha que Medawar escreveu de *Act of creation* [Ato da criação], de Arthur Koestler, e também a sua Herbert Spencer Lecture são mais respeitosas em relação às suas vítimas, mas ainda assim bastante vigorosas. A crítica de *Life of J. B. S. Haldane*, de Ronald Clark, é colorida pelas recordações pessoais de Medawar e revela uma espécie de ternura pelo velho bárbaro que parece ter sido recíproca.

> Eu me recordo de Haldane, numa dada ocasião, voltando atrás no firme compromisso de presidir a conferência de um famoso cientista americano, com a alegação de que isso seria muito embaraçoso para o conferencista: certa vez Haldane havia sido vítima de

uma investida sexual por parte da esposa daquele. A acusação era absolutamente ridícula e Haldane em momento algum se ressentiu de que eu o dissesse a ele. Ele simplesmente não queria presidir a conferência e não foi capaz de dizê-lo da maneira usual.

Mas se Haldane não se ressentiu nem de longe com a franqueza de Medawar, podemos nos perguntar se isso não se devia ao fato de que Medawar era provavelmente uma das poucas pessoas conhecidas por Haldane que podiam olhá-lo da mesma altura, como um igual do ponto de vista intelectual. Peter Medawar é um gigante entre os cientistas, e um demônio com a prosa em língua inglesa. Ainda que o livro o incomode, você não se arrependerá de ler *Pluto's Republic.*

Em 1978, o editor de resenhas de um famoso periódico científico, cujo caráter a prudência me impede de descrever, me convidou a fazer uma resenha de *Darwin e os grandes enigmas da vida*, de Stephen Jay Gould, acrescentando que eu teria a oportunidade de "me vingar" dos opositores ao "determinismo genético". Não sei dizer o que foi que me enraiveceu mais: a sugestão de que eu era um defensor do "determinismo" (essa é uma daquelas palavras semelhantes a "pecado" e "reducionismo": o simples fato de usá-las já indica nossa oposição) genético ou a sugestão de que eu pudesse resenhar um livro com o objetivo de me vingar. Este relato serve para advertir meus leitores da suposição de que o dr. Gould e eu estejamos em lados opostos no que diz respeito a certos muros. Na ocasião, aceitei a incumbência e fiz, em relação ao livro em questão, o que poderia ser descrito com justiça como uma crítica entusiástica, penso eu, indo até mesmo tão longe a ponto de louvar o estilo de Gould como o segundo melhor depois de Peter Medawar.*

* Ver "Exultando com a natureza multiforme" (p. 334).

Sinto-me inclinado a fazer o mesmo em relação a *A galinha e seus dentes e outras reflexões sobre história natural.* Trata-se de outra coletânea de ensaios reproduzidos da coluna de Gould na *Natural History*. Quando se tem que finalizar um ensaio desses uma vez por mês, é preciso adquirir alguns dos hábitos do profissional que trabalha com prazos restritos — e isso não é uma crítica, Mozart fazia o mesmo. A escrita de Gould tem algo da previsibilidade que apreciamos em Mozart ou numa boa refeição. Seus volumes de ensaios, dos quais esse é o terceiro, são construídos segundo uma receita: uma porção de história da biologia, uma porção de política da biologia (menos, se tivermos sorte), e uma porção (mais, se tivermos sorte) de vinhetas das maravilhas da biologia, o equivalente moderno de um bestiário medieval, mas acompanhadas de lições morais interessantes em matéria de ciência em vez de morais pias e enfadonhas. Os ensaios em si também parecem quase sempre seguir uma fórmula ou menu. Como aperitivo, há uma citação extraída das operetas ou dos clássicos; às vezes esse lugar é ocupado por uma passagem nostálgica e reconfortante, uma reminiscência do universo infantil normal, feliz e muito americano das estrelas do beisebol, das barras de chocolate Hershey e das cerimônias de bar mitzvah — Gould, ficamos sabendo dessa maneira, não é somente um desses intelectuais que existem por aí, ele é um cara normal. Essa informalidade simpática suaviza o tom visivelmente erudito do prato principal — a fluência em diversas línguas, a familiaridade quase medawariana com a literatura e as humanidades — e chega mesmo a lhe dar um certo charme (diferente do charme medawariano; vejamos, a título de comparação, o modo como Gould descreve Louis Agassiz: "... a erudição que tanto encantou os rústicos americanos...").

O respeito do próprio Gould por Medawar é evidente. A idéia da ciência como "a arte do solúvel" fornece o mote para pelo menos quatro dos ensaios: "Podemos chafurdar eternamente no pensável; a ciência trafega no factível", "a ciência lida com o exeqüível e o solucionável"; e dois ensaios terminam com citações explícitas da frase de Medawar. Sua visão sobre o estilo de Teilhard de Chardin também é semelhante à de Medawar: "[sua] escrita difícil, retorcida, pode se mostrar simplesmente vaga, em vez de profunda". Se ele empresta à filosofia de Teilhard ouvidos um pouco mais receptivos, provavelmente trata-se apenas de uma compensação pela sua tese deliciosamente maldosa de que o jovem Teilhard era conivente com a fraude de Piltdown. Para Medawar, o papel de Teilhard como uma das principais vítimas do embuste é só mais um sinal de que ele "não era em nenhum sentido sério um pensador. Ele leva consigo aquela inocência que torna fácil entender por que o falsificador do crânio Piltdown teria escolhido Teilhard para ser o descobridor de seu dente canino".

Os argumentos de que Gould lança mão na sua acusação constituem um verdadeiro trabalho de detetive que eu não pretendo estragar na tentativa de resumi-los. Meu próprio veredicto é um escocês "sem provas".

Não importa qual seja o submundo em que o falsificador de Piltdown definha agora, a sua dívida é enorme. Ainda no mês passado, uma pessoa conhecida, cujo sexo a gramática dos pronomes em inglês provavelmente me forçará a revelar, exclamou, ao saber de meu interesse pela evolução: "Mas eu pensei que tivesse sido provado que Darwin estava errado!". Minha mente começou a fazer apostas: qual teria sido exatamente a meia-verdade, distorcida, de segunda mão, que ela compreendera mal? Eu acabara de apostar meu dinheiro num Stephen Gould deturpado, com uma pequena aposta lateral em Fred Hoyle (nesse caso, a deturpação seria dispensável), quando minha conhecida revelou que o vencedor estava entre os favoritos mais antigos: "Eu ouvi dizer que haviam provado que o elo perdido era uma fraude". Piltdown, meu Deus, ainda hoje erguendo seu horrível crânio depois de todos esses anos!

Incidentes como esse mostram a extrema inconsistência das bagatelas às quais se agarram as pessoas que têm um forte desejo de acreditar em alguma coisa boba. Existem entre 3 e 30 milhões de espécies vivas hoje, e provavelmente 1 bilhão delas existiram desde o aparecimento da vida. Descobre-se que um único fóssil de apenas uma entre as milhões de espécies vem a ser um embuste. E, ainda assim, de todo o enorme contingente de fatos sobre a evolução, a única coisa que ficou gravada na memória de minha conhecida foi a fraude de Piltdown. Um caso semelhante é a excessiva popularização da teoria do "equilíbrio pontuado" de Eldredge e Gould. Uma polêmica menor entre especialistas (o ponto de vista de que a evolução é suavemente contínua e a visão segundo a qual ela é interrompida por períodos de estagnação em que nenhuma mudança evolutiva ocorre numa dada linhagem) foi quintuplicada de modo a dar a impressão de que os fundamentos do darwinismo estão abalados. É como se a descoberta de que a Terra não é uma esfera perfeita, mas um esferóide achatado nos pólos, lançasse uma dúvida espetacular sobre toda a visão de mundo copernicana e reinstaurasse a doutrina da Terra plana. A retórica dos defensores do equilíbrio pontuado, porque soa antidarwiniana, foi lamentavelmente um presente para os criacionistas. O dr. Gould lastima isso tanto quanto qualquer outra pessoa, mas eu temo que serão em vão seus protestos de que suas palavras foram mal interpretadas.*

* "Desde que propusemos os equilíbrios pontuados como explicação para tendências, é enfurecedor ser repetidamente citado pelos criacionistas — se intencionalmente ou por estupidez, isso eu não saberia dizer — como alguém que admite que o registro fóssil não inclui formas transicionais. Em geral os

Se Gould tem ou não algo pelo que responder, é inegável que ele combateu do lado bom na tragicomédia bizarra ou na tragifarsa da moderna política americana acerca da evolução. Ele foi ao Arkansas em 1981 emprestar ao lado certo sua formidável voz no "Scopes Trial II". Sua obsessão em relação à história o levou até mesmo a uma visita a Dayton, no Tennessee, cena da farsa sulina anterior, que é o tema de um dos ensaios mais simpáticos e charmosos no presente volume. Sua análise sobre o apelo do criacionismo é bastante lúcida, e deveria ser lida pelos intolerantes fanáticos por Darwin como eu.

A tolerância de Gould é a sua maior virtude como historiador, lado a lado com o entusiasmo que ele nutre por seus temas. Seu tributo ao centenário de Charles Darwin, um texto fora do comum, é escrito daquela maneira encantadora e afetuosa que é uma marca de Gould. Enquanto outros pontificam soberbamente, ele mantém os pés no chão e celebra o último tratado de Darwin, sobre as minhocas. O livro das minhocas de Darwin não é um "trabalho inofensivo, de pouca importância, escrito por um grande naturalista em sua decrepitude". Ele ilustra toda a visão de mundo de Darwin, baseada no poder das causas pequenas, agindo em grande número e durante longos períodos de tempo, de desencadear grandes mudanças:

> Aqueles de nós que não fazem uma apreciação adequada da história e que têm tão pouca consciência da importância agregada das mudanças pequenas, porém contínuas, mal se apercebem de que seu próprio chão está sendo escavado debaixo de seus pés; ele está vivo e é revirado todo o tempo [...] Será que Darwin estava

grupos transicionais não são encontrados no nível da espécie, mas eles são abundantes entre os grupos maiores." Do ensaio "A evolução como fato e como teoria", de *A galinha e seus dentes e outras reflexões sobre história natural.*

> realmente consciente do que estava fazendo quando escreveu suas últimas linhas como cientista, ou terá ele agido intuitivamente, como fazem às vezes os homens de gênio? Chegando ao último parágrafo, tremi de alegria ao compreender. Aquele velho esperto, ele sabia muitíssimo bem! Em suas últimas palavras, ele olhou de volta para o começo, comparou as minhocas aos seus primeiros corais e finalizou o trabalho de sua vida tanto em relação ao grande como em relação ao pequeno.

E segue-se a citação das últimas sentenças de Darwin.

A galinha e seus dentes é um título tão enigmático quanto *A República de Plutão*, e requer uma explicação ainda maior. Se há uma idéia que Gould persegue obsessivamente nesse livro, à diferença dos dois volumes precedentes, ela pode ser resumida pelo ensaio que leva o mesmo nome. Explicarei esse ponto detalhadamente, pois se trata de um argumento com o qual estou de acordo, embora as pessoas pressuponham — incluindo, aparentemente, o próprio Gould (além de outros) — que eu sustente uma visão oposta. É possível resumir a questão fazendo uma pequena torção numa sentença já retorcida por Peter Medawar. Se a ciência é a arte do solucionável, então a evolução é a arte do desenvolvível.

O desenvolvimento é a mudança no interior de um organismo individual, desde a célula única até o adulto. A evolução também é uma mudança, mas é um tipo de mudança que requer um entendimento mais sutil. Numa série evolutiva, cada uma das formas adultas parece "mudar" em direção à seguinte, no entanto trata-se de mudança apenas no sentido em que cada fotograma num filme "muda" para o fotograma subseqüente. Na realidade, é claro, cada um dos adultos nessa sucessão começa como uma única célula e se desenvolve do zero. A mudança evolutiva é a mudança em processos geneticamente controlados de desenvolvimento embriológico, e não a mudança literal de uma forma adulta para outra.

Gould teme que muitos evolucionistas percam de vista o desenvolvimento e que isso os induza ao erro. Há, primeiramente, o erro do atomismo genético, a crença falaciosa num mapeamento um-a-um entre os genes isolados e as partes do corpo. O desenvolvimento embriológico não opera dessa maneira. O genoma não é um "projeto". Gould me considera um atomista arquigenético, o que é um equívoco, como já tive oportunidade de explicar em detalhe numa outra ocasião.[117] Esse é um daqueles casos em que acabamos compreendendo mal um autor, a menos que suas palavras sejam interpretadas no contexto da posição contra a qual ele está argumentando.

Considere-se, por exemplo, a seguinte passagem, do próprio Gould: "A evolução tem a natureza de um mosaico, ocorrendo em ritmos diferentes em estruturas diferentes. As partes de um animal são altamente dissociáveis, o que permite que a mudança histórica aconteça".

Isso soa como um indicador de um atomismo desmedido e profundamente antigouldiano, até o momento em que percebemos contra o que Gould está argumentando: a crença de Cuvier de que a evolução é impossível porque a mudança numa única parte é inútil a menos que seja imediatamente acompanhada de mudança em todas as outras partes.* De modo semelhante, o aparente atomismo genético que Gould critica em alguns autores faz sentido quando nos damos conta daquilo a que eles estão se opondo: teorias da evolução de "seleção de grupo" nas quais se pressupõe que os animais ajam em favor da espécie ou de algum outro grupo extenso. A interpretação atomista do papel dos

* Uma doutrina recentemente revivida como a da "complexidade irredutível" sob a impressão equivocada de que se trata de algo novo.

genes no desenvolvimento é incorreta. A interpretação atomista do papel das diferenças genéticas na evolução não é incorreta, e constitui a base de um argumento efetivo contra equívocos como o da "seleção de grupo".

O atomismo é apenas um entre os diversos erros que Gould considera resultantes do tratamento descuidado que os evolucionistas dão ao desenvolvimento. Há dois outros, aparentemente opostos: o equívoco de presumir que a evolução é poderosa demais e o equívoco de presumir que ela não é poderosa o bastante. O perfeccionista ingênuo acredita que a matéria viva é infinitamente maleável, pronta a ser moldada numa forma qualquer que seja ditada pela seleção natural. Essa visão não leva em conta a possibilidade de que os processos de desenvolvimento sejam incapazes de reproduzir a forma desejada. O "gradualista" extremo acredita que todas as mudanças evolutivas são diminutas, esquecendo-se, segundo Gould, de que os processos de desenvolvimento podem modificar-se enormemente e de formas complexas em passos mutacionais únicos. O argumento geral de que devemos compreender o desenvolvimento antes que possamos especular de maneira construtiva a respeito da evolução está correto.

Deve ser isso o que Medawar queria dizer quando se queixava sobre "o verdadeiro ponto fraco da teoria evolutiva moderna, a saber, a ausência de uma teoria completa da variação, que vem a ser o ponto de partida da candidatura à evolução". E é essa a razão do interesse de Gould pelos dentes das galinhas e pelos dedos dos cavalos. Ele argumenta que "regressões" atávicas, como galinhas com dentes e cavalos com três dedos em vez de um, são interessantes porque elas nos mostram a magnitude da mudança evolutiva permitida pelo desenvolvimento. Pela mesma razão ele demonstra interesse (e faz uma discussão muito interessante) a respeito do desenvolvimento das listas nas zebras, e de macromutações como os insetos com um número excedente de tóraces e de asas.

Afirmei que existe a suposição de que Gould e eu sejamos adversários profissionais, e eu seria insincero se fingisse gostar de tudo no livro dele. Por quê, por exemplo, depois de usar a expressão "um darwiniano estrito", ele julga necessário acrescentar entre travessões: "Eu não sou um deles"? É claro que Gould é um darwiniano estrito, e, se ele não é, então ninguém é; se interpretarmos "estrito" de maneira demasiadamente estrita, ninguém é estrito em relação a coisa nenhuma. É uma pena, também, que Gould continue pregando contra expressões inócuas como "adultério nos azulões-das-montanhas" e "escravidão das formigas". Sua pergunta retórica "Será isso um mero queixume pedante?", que emana do fato de que ele desaprova esses antropomorfismos inofensivos, deveria ser respondida com um retumbante "sim". O próprio Gould fez uso, inconscientemente, de "escravidão das formigas" ao abordar o fenômeno (*Darwin e os enigmas da vida*, texto que presumivelmente foi escrito antes que algum camarada pomposo descobrisse as perigosas implicações ideológicas dessa expressão). Dado que nossa língua se desenvolveu num ambiente humano, se os biólogos tentassem banir as imagens humanas, eles quase parariam de se comunicar. Gould é um perito em comunicação e é claro que, na prática, trata as próprias constrições puritanas com o desdém que ele secretamente sabe que merecem. Logo no primeiro ensaio do livro Gould nos relata o modo como dois peixes-pescadores (peixes *pescadores*?) são apanhados "*in flagrante delicto*" e descobrem "por si mesmos aquilo que, de acordo com Shakespeare, 'todo os homens bons e de engenho sabem' — 'as viagens terminam quando se encontra o amor'".*

* "*Journeys end in lovers meeting,/ Every wise man's son doth know*" (*Noite de reis*, ii, iii, 44). (N. T.)

Trata-se realmente de um belo livro, cujas páginas reluzem com o amor de um naturalista pela vida, e o respeito e a afeição de um historiador pelos seus temas, com uma visão ampliada e iluminada, além disso, pela familiaridade do geólogo com as "eras remotas". Para tomar emprestada uma expressão medawariana, Stephen Gould é, à semelhança do próprio Peter Medawar, um aristocrata do conhecimento. Os dois são homens extraordinariamente talentosos, com algo daquela arrogância natural aos fidalgos e àqueles que sempre estiveram no topo de todas as associações de que foram membros, mas grandes o suficiente para serem perdoados por ela e generosos o bastante para se erguerem acima dessa arrogância também. Leia seus livros se você for um cientista e, especialmente, leia-os se você não for.

3. *Hallucigenia, Wiwaxia* e seus amigos[118]

Resenha de Vida maravilhosa, *de S. J. Gould*

Vida maravilhosa é um livro encantador e profundamente confuso. Prender a atenção do leitor com uma intrincada descrição técnica da anatomia dos vermes e de outros habitantes diminutos de um mar de meio bilhão de anos é sem dúvida um *tour de force* literário. Mas a teoria que Stephen Gould extrai de seus fósseis é um emaranhado lamentável.

O Burgess Shale, uma pedreira no Canadá que data do Cambriano, a mais antiga das grandes eras fósseis, constitui um tesouro zoológico. Condições excepcionais tornaram possível que seus animais fossem preservados inteiros (incluindo suas partes moles) e verdadeiramente em três dimensões. Pode-se realmente dissecar de ponta a ponta um animal de 530 milhões de anos. C. D. Walcott, o eminente paleontólogo que descobriu os fósseis do Burgess em 1909, classificou-os segundo o modelo de sua época: com uma calçadeira, forçou a inclusão deles nos grupos modernos. "Calçadeira", aliás, é uma expressão excelente usada também por Gould. Ela me faz lembrar a minha própria impaciência, quando estudante, com um professor que nos perguntava se os vertebrados descendiam deste ou daquele grupo invertebrado. "Você não percebe", dizia eu, inflamado, "que nossas categorias são todas modernas? No Pré-cambriano, nós simplesmente não teríamos reconhecido esses grupos de invertebrados. A sua questão é uma não-questão." Meu professor concordava e continuava a traçar as relações de descendência entre um grupo de animais modernos e outros grupos modernos.

Isso era "usar uma calçadeira", e foi o que Walcott fez com os animais do Burgess. Nos anos 70 e 80, um grupo de paleontólogos de Cambridge retornou aos espécimes do museu de Walcott (munidos de algumas coleções mais novas do sítio de Burgess), dissecou sua estrutura tridimensional e subverteu essas classificações. Esses revisionistas, principalmente Harry Whittington, Derek Briggs e Simon Conway Morris, são os heróis da história narrada por Gould. Ele extrai cada gota do drama de sua rebelião contra a calçadeira e, em certos momentos, vai longe demais: "Acredito que a reconstituição de *Opabinia* feita por Whittington em 1975 ficará situada entre os grandes documentos da história do conhecimento humano".

Whittington e seus colegas perceberam que a maior parte de seus espécimes mostrava muito menos semelhança com os animais modernos do que Walcott havia alegado. Ao final de sua épica série de monografias, não hesitaram em cunhar um novo filo para um único espécime ("filo" é a unidade mais alta de classificação zoológica; mesmo os vertebrados constituem apenas uma subcategoria do filo dos cordados). Essas brilhantes revisões parecem geralmente corretas e, para mim, consistem num deleite que ultrapassa os meus sonhos do tempo de estudante. O que está errado é o uso que Gould faz delas. Ele conclui que foi demonstrado que a fauna do Burgess é mais diversa que a fauna do planeta todo hoje em dia, alega que sua conclusão é profundamente chocante para os outros evolucionistas e imagina ter perturbado nossa visão estabelecida acerca da história. Sua primeira conclusão é inconvincente, e as outras duas, claramente equivocadas.

Em 1958, o paleontólogo James Brough publicou a seguinte hipótese memorável: a evolução deve ter sido qualitativamente diferente nas primeiras eras geológicas, porque naquele momento os novos filos estavam se originando; hoje, surgem apenas novas espécies! A falácia é evidente: cada novo filo obrigatoriamente se inicia como uma nova espécie. Brough estava brandindo a outra extremidade da calçadeira de Walcott, vendo os animais antigos com a visão retrospectiva e fora de lugar de um zoólogo moderno: animais que na verdade provavelmente eram parentes próximos foram colocados à força em filos separados porque partilhavam traços diagnósticos essenciais com seus descendentes modernos mais divergentes. Gould, igualmente, embora não esteja exatamente revivendo a proposição de Brough, cai na própria armadilha.

De que maneira Gould deveria sustentar sua afirmação de que a fauna do Burgess é superdiversa? Ele deveria — e isso exigiria muitos anos de trabalho e talvez nunca chegasse a se mostrar convincente o bastante — se pautar pelos animais propriamente ditos, com imparcialidade, deixando de lado seus pressupostos modernos sobre "planos corporais fundamentais" e sobre a classificação. O que verdadeiramente indica quão diferentes são dois animais é o quanto eles se mostram realmente diferentes. Gould prefere se perguntar se eles são membros de filos conhecidos. Mas os filos conhecidos são construções modernas. A semelhança em relação aos animais modernos não é uma maneira sensata de julgar o quanto os animais do Cambriano se assemelham uns aos outros.

O *Opabinia*, com seus cinco olhos e sua tromba, não pode ser assimilado a nenhum filo descrito em nossos manuais. Mas, uma vez que os manuais são escritos tendo em mente os animais modernos, isso não significa que o *Opabinia* era realmente tão diferente de seus contemporâneos quanto o estatuto de "filo distinto" sugere. Gould faz uma tentativa de se defender dessa crítica, mas fica paralisado por um essencialismo arraigado e pelas formas ideais platônicas. E parece verdadeiramente incapaz de compreender que os animais são máquinas funcionais que variam de maneira contínua. É como se ele visse os grandes filos não como divergências de seus irmãos de sangue anteriores, mas brotando completamente diferenciados.

Desse modo, Gould fracassa excepcionalmente em estabelecer sua tese sobre a superdiversidade. Ainda que ele estivesse certo, o que isso nos diria sobre "a natureza da história"? Uma vez que, para Gould, o Cambriano era povoado por um elenco de filos maior do que aquele existente hoje, nós somos, é provável, sobreviventes admiravelmente sortudos. Aqueles que entraram em extinção poderiam ter sido os nossos ancestrais; em vez disso, foram os "exóticos prodígios" de Conway Morris, *Hallucigenia*, *Wiwaxia* e seus amigos. Chegamos "assim tão perto" de simplesmente não existir.

Gould espera que isso nos surpreenda. Por quê? A visão que ele ataca — a de que a evolução caminha inexoravelmente em direção a um ápice tal como o homem — já não é algo em que acreditamos há muito anos. Mas seus quixotescos argumentos imaginários, sua luta impudente contra os moinhos de vento, parecem quase destinados a incentivar o mal-entendido (e não é a primeira vez: numa ocasião anterior ele foi tão longe a ponto de escrever que a síntese neodarwiniana estava "efetivamente morta"). A passagem a seguir é típica da publicidade em torno de *Vida maravilhosa* (aliás, eu suspeito que a frase introdutória tenha sido acrescentada sem o conhecimento do jornalista que assina o texto): "A raça humana não resultou da 'sobrevivência dos mais aptos', de acordo com o eminente professor americano Stephen Jay Gould. O que criou a humanidade foi um acaso feliz".[119] Esse palavrório, é claro, não faz parte do texto de Gould, mas quer procure ou não esse tipo de propaganda, o fato é que ele a atrai com muita freqüência. Os leitores ficam repetidamente com a impressão de que Gould está fazendo uma afirmação muito mais radical do que ele de fato está.

A sobrevivência dos mais aptos significa a sobrevivência dos indivíduos, e não das linhagens-chave. Todo darwiniano ortodoxo concordaria inteiramente que as grandes extinções são em larga medida uma questão de acaso. Reconhecidamente, há uma minoria de evolucionistas que acreditam que a seleção darwiniana se dá entre grupos de nível superior. É provável que eles fossem os únicos darwinianos a ficar desconcertados com a "extinção contingente" de Gould. E quem é, hoje em dia, o mais proeminente defensor da hipótese de que a seleção atua em grupos de nível superior? Adivinhou. Preso na própria armadilha, outra vez!

4. Chauvinismo humano e progresso evolutivo[120]

Resenha de Lance de dados, *de S. J. Gould*

Esse livro agradavelmente bem escrito tem dois temas relacionados entre si. O primeiro é um argumento estatístico, ao qual Gould atribui grande generalidade, unindo o beisebol, uma comovente resposta pessoal à grave doença da qual o autor se encontra agora felizmente recuperado e seu segundo tema: o caráter progressivo (ou não) da evolução. O argumento sobre a evolução e o progresso mostra-se interessante — embora tenha seus pontos fracos, como pretendo mostrar —, e eu dedicarei a ele quase todo o espaço desta resenha. O argumento estatístico geral é correto e relativamente curioso, mas não mais do que uma série de outras homilias metodológicas corriqueiras em relação às quais pode-se ficar às vezes visivelmente obcecado.

A questão, simples e indiscutível, que Gould levanta é a seguinte. Aquilo que, numa medição, parece indicar uma tendência pode significar nada mais nada menos que uma mudança em variância, não raro acompanhada da presença de um limite máximo ou de um limite mínimo. Os jogadores de beisebol de hoje em dia já não alcançam desempenhos como a rebatida de

0,400 (o que quer que isso signifique; e, evidentemente, trata-se de uma marca muito boa). Mas isso não quer dizer que eles estejam se tornando piores. Na realidade, todas as marcas relativas a esse esporte mostram uma melhora, e a variância é cada vez menor. Os extremos estão sendo comprimidos, e a rebatida de 0,400, como um extremo, é uma casualidade. O aparente decréscimo no sucesso das rebatidas é um artefato estatístico, e artefatos semelhantes infestam as generalizações feitas em campos menos frívolos.

Essa explicação não me tomou muito tempo, mas 55 páginas desse livro — que, não fosse por isso, seria extremamente claro — são dominadas pelo jargão do beisebol, e eu gostaria de fazer um discreto protesto a respeito, em nome daqueles leitores que vivem na pequena e obscura região que chamamos de "o resto do mundo". Peço aos americanos que se imaginem lendo um longo capítulo escrito no seguinte espírito:

> O *home keeper* estava *on a pair*, vulnerável a qualquer coisa desde um *yorker* até um *chinaman*, quando caiu num *googly* bem arejado. *Silly mid on* apelou para *leg before*, o *finger* de Dicky Bird subiu e a *tail* desabou. Não foi surpresa o *skipper* levar o lance. Na manhã seguinte o *night watchman*, desafiadoramente fora de sua *popping crease*, deu um *snick* fazendo uma *cover drive* de uma *no ball* que passou direto pelos *gullies* e um terceiro homem do *fast outfield* não conseguiu parar a *boundary*... etc. etc.

Os leitores na Inglaterra, nas Índias Ocidentais, Austrália, Nova Zelândia, Índia, Paquistão, Sri Lanka e na África anglófona entenderiam cada palavra, mas os americanos, depois de padecer por uma página ou duas, teriam razão em protestar.

A obsessão de Gould com o beisebol é inofensiva e, nas pequenas doses com as quais nos acostumamos até aqui, é até mesmo simpática. Mas essa presunção insolente de sustentar a atenção dos leitores ao longo de seis capítulos escritos num denso palavrório sobre beisebol constitui um chauvinismo americano (e, além do mais, um chauvinismo masculino, suspeito eu). Trata-se daquele tipo de auto-indulgência de que o autor deveria ter sido salvo pelo editor e por seus amigos antes da publicação — e, até onde sei, eles tentaram. Gould habitualmente se mostra muito civilizado em sua urbanidade cosmopolita, genial em sua perspicácia e habilidoso em termos de estilo. O livro inclui um "Epílogo sobre a cultura humana" deliciosamente refinado e, ainda assim, despretensioso, que eu recomendo enfaticamente a qualquer leitor, de qualquer país. Ele tem um extraordinário talento para explicar os fatos da ciência sem fazer uso de jargões e também sem subestimar seu interlocutor, e é extremamente delicado na sua avaliação sobre o momento de fornecer explicações detalhadas e o momento de lisonjear o leitor, deixando um pouquinho por dizer. Por que razão seu generoso instinto o abandona quando o beisebol entra em cena?

Tenho outra reclamação a fazer daqui do outro lado do oceano, desta vez uma reclamação menor, a respeito da qual o dr. Gould seguramente não tem nenhuma responsabilidade: permitam-me lastimar o costume cada vez mais freqüente dos editores de rebatizar os livros quando eles cruzam o Atlântico (em ambas as direções). Dois de meus colegas estão correndo o risco de ter seus (excelentes e já bem intitulados) livros rebatizados como, respectivamente, *The pelican's breast* [O peito do pelicano] e *The pony fish's glow* [O brilho do peixe-pônei] (eu me pergunto o que terá inspirado tamanhos arroubos de imaginação associativa). Como um autor envolvido nessa guerra me escreveu certa vez, "eles gostam tanto de mudar os títulos porque isso não requer nem ao menos a leitura do livro, mas serve para justificar seus salários!". No caso do livro aqui resenhado, se o título escolhido pelo próprio autor, *Lance de dados*, é bom o bastante para o mercado americano, por que a edição inglesa se apresenta mascarada sob o pseudônimo de *Life's grandeur* [A grandeza da vida]? Será que eles imaginam que é necessário nos proteger do linguajar da mesa de carteado?*

Na melhor das hipóteses, mudanças de título provocam confusão e bagunçam nossas referências à literatura. Nesse caso específico, a mudança foi duplamente infeliz porque *A grandeza da vida* (o título, não o livro) parece sob medida para ser confundido com *Vida maravilhosa*, e não há nada na diferença entre os títulos que transmita a diferença de conteúdo entre eles. Os dois livros não são Tweedledum e Tweedledee,** e é uma injustiça com o seu autor nomeá-los como se o fossem. Minha sugestão geral é de que os autores do mundo todo se unam e assegurem seu direito a batizar os próprios livros.

Basta de queixumes. Passemos à evolução: seria ela progressiva? A definição de progresso de Gould é uma definição centrada no homem, que torna fácil demais recusar a idéia de progresso na evolução. Mostrarei que, empregando uma definição menos antropocêntrica, mais sensata do ponto de vista biológico e mais "adaptacionista", veremos que a evolução é clara e decisivamente progressiva, tanto a curto como a médio prazo. Há outro sentido em que provavelmente ela é progressiva também a longo prazo

A definição de progresso de Gould, calculada de modo a conduzir a uma resposta negativa à indagação sobre seu possível caráter progressivo, é

* No pôquer, *full house*, título em inglês do livro de Gould, é uma trinca e um par na mesma mão. (N. T.)

** Personagens gêmeos de *Através do espelho*, de Lewis Carroll. (N. T.)

a tendência dos seres vivos a apresentar um aumento na complexidade anatômica, ou na elaboração neurológica, ou na extensão e na flexibilidade do repertório de comportamentos, ou em qualquer critério obviamente forjado (se ao menos fôssemos suficientemente honestos e conscientes em relação às nossas motivações) para situar o *Homo sapiens* no alto de um suposta pilha de seres.

Minha definição alternativa, "adaptacionista", de progresso é: "a tendência das linhagens de se tornarem cumulativamente mais adaptadas aos seus modos particulares de vida, pelo aumento do número de traços que se combinam nos complexos adaptativos". Mais adiante, defenderei essa definição e a parcial conclusão progressivista que decorre dela.

Gould está correto em dizer que o antropocentrismo, como uma espécie de tema recorrente não declarado, subjaz a uma boa parte da literatura evolucionista. Ele encontrará ilustrações ainda melhores disso se buscar na literatura da psicologia comparada, que é repleta de expressões esnobes e francamente estúpidas como "primatas subumanos", "mamíferos subprimatas" e "vertebrados submamíferos", implicando sem questionamento a existência de uma escala crescente da vida definida de modo a nos empoleirar satisfeitos no degrau mais alto dela. Autores desprovidos de crítica regularmente se movimentam "para cima" ou "para baixo" na "escala evolutiva" (devemos ter em mente que, na realidade, quando se trata dos animais modernos, eles estão se movendo para o lado, entre os galhinhos contemporâneos espalhados em torno da árvore da vida). Os alunos que tendem ao raciocínio comparativo nos perguntam ridícula e impassivelmente: "Até aonde, *descendo* na escala animal, existe aprendizagem?". O volume 1 do famoso tratado sobre os invertebrados escrito por Hyman se intitula "Dos protozoários *aos* ctenóforos" (grifo meu) — como se os filos se dispusessem ao longo de uma escala ordenada tal que as pessoas soubessem quais são os grupos situados "entre" os protozoários e os ctenóforos. Infelizmente — e todos os estudantes de zoologia sabem disso —, os mesmos mitos sem fundamentos foram ensinados a todos nós.[121]

Trata-se de uma idéia sem o menor valor, e Gould poderia atacá-la ainda mais duramente do que a seus alvos usuais. Eu escolheria fazê-lo com base em argumentos lógicos, mas Gould dá preferência a uma investida empírica. Ele se volta para o curso da evolução propriamente dito e alega que o progresso aparente que se pode geralmente detectar constitui um artefato (como o fenômeno estatístico no beisebol). A regra de Cope em relação ao aumento do tamanho corporal, por exemplo, resulta do simples princípio da "caminhada do bêbado". A distribuição possível dos tamanhos é limitada por uma parede à esquerda, um tamanho mínimo. Uma caminhada aleatória partindo de um ponto inicial próximo a essa parede não pode senão levar ao aumento, e isso não implica uma tendência evolutiva dirigida a um tamanho maior.

Como Gould convincentemente argumenta, o efeito é intensificado pela tendência humana a atribuir um peso desmedido aos recém-chegados à cena geológica. As histórias biológicas nos manuais enfatizam a progressão dos graus de organização. À medida que um novo grau de organização aparece, nos vemos tentados a esquecer que os graus precedentes não desapareceram. Os ilustradores estimulam essa falácia quando desenham apenas os recém-chegados de cada era como os espécimes representativos desse período. Até um certo momento, não existiam os eucariotos. Sua chegada acaba por aparentar algo mais progressivo do que realmente foi em razão da ausência da representação das persistentes hordas de procariotos. A mesma impressão falsa é transmitida com cada um dos recém-chegados que adentram a cena: os vertebrados, os animais de cérebro grande, e assim por diante. Uma era é muitas vezes descrita como a "Era dos Xs" — como se os habitantes da "Era" anterior tivessem sido substituídos por novos habitantes, em vez de apenas coexistir com eles.

Gould demonstra muito bem seu ponto de vista com uma admirável seção sobre as bactérias. Durante boa parte da nossa história, relembra ele, nossos ancestrais foram as bactérias. Bactérias ainda são a maioria dos organismos, e é possível argumentar que a maior parte da biomassa contemporânea ainda assume a forma bacteriana. Nós, os eucariotos, os animais de grande porte, os animais dotados de cérebro, somos uma excrescência recente diante de uma biosfera que permanece, fundamental e predominantemente, constituída por procariotos. Se o tamanho médio, a complexidade, o número de células ou o volume do cérebro aumentaram desde a "era das bactérias", pode ser simplesmente porque a parede à esquerda impede que o bêbado se movimente em qualquer outra direção. John Maynard Smith reconheceu essa possibilidade, mas teve dúvidas em relação a ela ao refletir sobre o problema em 1970.[122]

> A explicação óbvia e pouco interessante sobre o aumento da complexidade na evolução é a de que os primeiros organismos eram obrigatoriamente simples [...] E se os primeiros organismos eram simples, a mudança evolutiva só poderia se dar na direção da complexidade.

Maynard Smith suspeitou que houvesse algo mais a dizer para além dessa "explicação óbvia e pouco interessante", mas não entrou em maiores detalhes. Talvez ele estivesse pensando no que veio mais tarde a chamar de *as grandes transições na evolução*, ou naquilo a que eu chamei de "a evolução da evolutibilidade" (ver abaixo).

A abordagem empírica de Gould segue a definição de complexidade proposta por McShea,[123] que por sua vez faz lembrar a de J. W. S. Pringle,[124] e também a definição de "individualidade" como "heterogeneidade das partes" formulada por Julian Huxley.[125] Pringle interpretava a "complexidade" como um conceito epistemológico, relativo à descrição que fazemos de alguma coisa, mais do que à coisa em si mesma. Um caranguejo é mais complexo morfologicamente do que um milípede porque, se escrevêssemos dois livros para descrever cada um desses animais em igual detalhe, o livro sobre o caranguejo conteria um número de palavras maior do que o livro sobre o milípede. O livro sobre o milípede descreveria um dos seus segmentos típicos e então acrescentaria simplesmente que, com as exceções elencadas a seguir, os outros segmentos são exatamente idênticos. O livro sobre o caranguejo exigiria um capítulo separado para cada segmento e teria, portanto, um conteúdo informativo maior.* McShea aplicou uma idéia semelhante à coluna vertebral, expressando a complexidade em termos de heterogeneidade entre as vértebras.

Munido de sua medida de complexidade, McShea procurou indícios estatísticos capazes de sustentar a hipótese de uma tendência geral ao aumento da complexidade nas linhagens de fósseis. Ele fez uma distinção entre tendências passivas (os artefatos estatísticos de Gould) e tendências dirigidas (uma propensão verdadeira para o aumento de complexidade, presumivelmente dirigida pela seleção natural). De acordo com a descrição entusiástica de Gould, ele concluiu que não há nenhuma demonstração geral de que a maioria estatística das linhagens evolutivas

* Ver também "O 'desafio da informação'" (p. 165).

apresenta tendências dirigidas a um aumento na complexidade. Gould vai ainda mais longe, indicando que, uma vez que um número tão grande de espécies são parasitas e as linhagens parasitas geralmente favorecem a diminuição da complexidade, pode ser que haja até mesmo uma tendência estatística na direção oposta àquela que foi hipotetizada.

Gould se aproxima perigosamente da luta contra os moinhos de vento da qual ele, já antes, fez seu estilo pessoal de arte. Por que um darwiniano sensato teria esperado que a maioria das linhagens apresentasse aumento na complexidade anatômica? Não me parece nem um pouco evidente que todos aqueles que seguem a filosofia adaptacionista o fariam. Sabemos que as pessoas inspiradas pela vaidade humana decerto esperariam isso (e Gould está correto ao afirmar que, historicamente, muitos incorreram nesse vício). Acontece que a nossa linhagem se especializou na complexidade, em especial a do sistema nervoso, de modo que é simplesmente humano que definamos progresso como um aumento em complexidade ou um aumento do cérebro. Outras espécies encararão isso de um modo diferente, como indicou Julian Huxley num poema intitulado "Progresso":[126]

O Caranguejo aconselhou o Caranguejo Jr.
"Decida o que quer, meu filho, e então prossiga
Sempre para o lado. Deus assim determinou —
O Progresso é lateral; que isso vos baste."

Solitárias darwinianas, por sua vez,
Sabem que o Progresso é uma perda de cérebro,
E de tudo aquilo que as impede de atingir
O verdadeiro Nirvana — péptico, puro e supremo.

Também o Homem gosta de umbilicar.
*Ele é o Centro do Universo...**

Não se trata de uma grande obra poética (não agüentei reproduzir o final), e há no poema uma certa confusão de escalas entre o verso do caranguejo (o progresso em termos de comportamento) e o verso das solitárias (o progresso evolutivo), mas uma questão importante se esconde aqui. Gould usa uma definição de "progresso" centrada no homem, adotando a complexidade como critério. É por isso que ele pôde usar os parasitas como munição contra a idéia de progresso. As solitárias de Huxley, partindo de uma definição de progresso centrada nos parasitas, vêem a questão da maneira oposta. Um andorinhão com inclinações para a estatística procuraria em vão pelas evidências de que a maioria das linhagens tende a uma melhora relativa ao desempenho no vôo. Elefantes instruídos, para tomar emprestada uma brincadeira de Steven Pinker,[127] seriam lamentavelmente malsucedidos em confirmar a hipótese confortante de que o progresso, definido como um alongamento dirigido da tromba, se manifesta na maioria estatística das linhagens animais.

Essa discussão pode parecer jocosa, porém não é essa a minha intenção. Pelo contrário, ela toca o cerne da minha definição adaptacionista de progresso. Nessa definição, volto a dizer, o progresso é entendido como um aumento, não na complexidade, na inteligência ou em algum outro valor antropocêntrico, mas no

* No original inglês, "*The Crab to Cancer junior gave advice:/ 'Know what you want, my son, and then proceed/ Directly sideways. God has thus decreed —/ Progress is lateral; let that suffice'.// Darwinian Tapeworms on the other hand/ Agree that Progress is a loss of brain,/ And all that makes it hard for worms to attain/ The true Nirvana — peptic, pure and grand.// Man too enjoys to omphaloscopize/ Himself as Navel of the Universe...*".

número cumulativo de traços que contribuem para a adaptação da linhagem, qualquer que seja a adaptação em questão. De acordo com essa definição, a evolução adaptativa não é apenas incidentalmente progressiva, ela é profunda, intrínseca e indispensavelmente progressiva. É crucial que ela seja progressiva, se pretendermos que a seleção natural darwiniana desempenhe o papel explicativo em nossa visão de mundo que esperamos dela, e que apenas ela pode desempenhar. Explicarei por quê.

Os criacionistas adoram a fulgurante metáfora de Sir Fred Hoyle, em virtude da compreensão equivocada da seleção natural que ela expressa. É como se um furacão, soprando sobre um ferro-velho, tivesse a sorte de construir um Boeing 747. O que Hoyle pretende indicar é a improbabilidade do ponto de vista estatístico. Nossa resposta, a sua, a minha e a de Stephen Gould, é a de que a seleção natural é cumulativa. Há uma pequena alavanca de retenção que faz com que os pequenos ganhos sejam preservados. O furacão não constrói espontaneamente e de uma vez só o avião. Pequenas melhoras são acrescentadas pedacinho por pedacinho. Para mudar de metáfora, por mais assustadores que sejam os rochedos íngremes que a montanha da adaptação apresenta inicialmente, rampas graduais podem ser encontradas do outro lado, e o pico é, por fim, escalado.* A evolução adaptativa é necessariamente gradual e cumulativa, não porque os fatos o comprovam (embora eles o façam), mas porque nada, exceto a acumulação gradual, poderia em princípio resolver o enigma do 747. Nem mesmo a criação divina representaria um auxílio aqui. Muito pelo contrário, já que uma entidade complexa e inteligente o bastante para desempenhar o papel criativo seria ela própria a última palavra em termos de complexidade. E é exatamente

* Essa alusão um tanto tímida à *Escalada do monte Improvável* me pareceu apropriada uma vez que, como mencionei na introdução desta seção, o editor de *Evolution* encomendara simultaneamente uma resenha desse livro ao dr. Gould.

pela mesma razão que a evolução das adaptações complexas, formadas por muitos componentes, deve ser progressiva. Os descendentes que vierem mais tarde terão acumulado um número maior de componentes para a combinação adaptativa do que seus ancestrais.

A evolução do olho dos vertebrados foi necessariamente progressiva. Os ancestrais antigos tinham olhos muito simples, contendo apenas alguns poucos traços favoráveis à visão. Não precisamos de comprovações disso (embora seja bom que elas existam). Isso é necessariamente verdadeiro, dado que a alternativa — um olho inicialmente complexo bem dotado de traços apropriados à visão — nos envia de volta à terra de Hoyle e aos íngremes rochedos da improbabilidade. Deve haver uma rampa de acesso passo a passo até o descendente moderno (dotado de muitos traços) daquele protótipo óptico. É claro que, nesse caso, podem-se encontrar análogos modernos de cada uma dessas rampas de acesso, desempenhando suas funções, em dezenas de olhos espalhados independentemente por todo o reino animal. Mas, mesmo sem esses exemplos, poderíamos nos sentir confiantes de que houve um aumento gradual, progressivo, no número de traços que um engenheiro reconheceria como aqueles que contribuem para a qualidade óptica. Mesmo sem nos levantarmos de nossas poltronas, podemos deduzir que isso se deu necessariamente dessa maneira.

O próprio Darwin entendeu com clareza esse tipo de argumento, e essa é a razão pela qual ele foi um gradualista tão ferrenho. A propósito, é também por essa razão que Gould é injusto quando sugere, não no livro em questão, mas em muitos outros, que Darwin era contrário ao espírito do pontuacionismo. A teoria do equilíbrio pontuado é em si mesma gradualista (e, por Deus, é bom que ela seja) no mesmo sentido em que Darwin era um gradualista — no sentido em que todos os evolucionistas sensatos são necessariamente gradualistas, pelo menos no que diz respeito às adaptações complexas. O que acontece é que, se o pontuacionismo está correto, os passos progressivos, gradualistas, ficam comprimidos no interior de um intervalo de tempo que o registro fóssil não permite visualizar. Gould admite isso quando é pressionado a fazê-lo, contudo isso não ocorre com freqüência suficiente.

Mark Ridley faz menção a uma carta de Darwin a Asa Gray, em que ele fala sobre as orquídeas: "É impossível imaginar um número tão grande de co-adaptações se formando todas por uma única manobra do acaso". Conforme Ridley afirma na seqüência, "a evolução de órgãos complexos tinha que ser gradual porque todas as mudanças corretas não ocorreriam em uma simples e grande mutação".[128] E gradual, nesse contexto, significa obrigatoriamente progressivo no sentido "adaptacionista" que dei ao termo. O desenvolvimento de algo tão complexo como uma orquídea foi progressivo. Do mesmo modo, o desenvolvimento da ecolocalização nos morcegos e nos delfinídeos de rio foi progressivo, constituindo-se ao longo de muitos e muitos passos. Também foi progressivo o desenvolvimento da eletrolocalização nos peixes, e do deslocamento do crânio nas cobras para permitir que presas grandes fossem engolidas. Foi igualmente progressivo o desenvolvimento do complexo de adaptações que possibilitam aos guepardos matar, e o complexo correspondente que possibilita às gazelas escapar de seus predadores.

De fato, como Darwin novamente percebeu, embora ele não tenha usado essa expressão, uma das principais forças que guiam a evolução progressiva é a corrida armamentista coevolutiva, tal como ocorre entre os predadores e suas presas. É bem possível que a adaptação ao clima, às vicissitudes inanimadas das eras do gelo e das secas, não seja progressiva, mas somente um rastro incerto de variáveis climáticas sofrendo mudanças sinuosas não progressivas. No entanto, é provável que a adaptação ao ambiente biótico será progressiva porque os inimigos, diferentemente do clima, também se desenvolvem. O retorno positivo resultante é uma boa explicação para a evolução progressiva dirigida, e sua força motriz pode se sustentar por muitas gerações sucessivas. Os participantes da corrida não são necessariamente bem-sucedidos em sobreviver por um período mais longo à medida que o tempo passa — seus "parceiros" na espiral coevolutiva podem se encarregar disso (o conhecido Efeito Rainha Vermelha).* Mas o equipamento para a sobrevivência, dos dois lados, melhora de acordo com os critérios da engenharia. Há casos altamente complexos em que é possível perceber uma mudança progressiva nos recursos presentes em outras partes da economia do animal para manter-se em dia na corrida armamentista.[129] E, de todo modo, a melhora no equipamento será, normalmente, progressiva. Outro tipo de feedback positivo na evolução, se R. A. Fisher e seus seguidores estão corretos, resulta da seleção sexual. Mais uma vez, a evolução progressiva é a conseqüência esperada.

O aumento progressivo na complexidade morfológica deve ser esperado somente nos grupos taxonômicos cujo modo de vida se beneficia dela. O aumento progressivo no tamanho do cérebro deve ser esperado apenas nos animais em que esse traço representa uma vantagem. Até onde sei, esse pode ser o caso numa minoria das linhagens. Mas o argumento no qual insisto é o de que na maioria das linhagens evolutivas haverá evolução pro-

* Dawkins se refere ao princípio formulado em 1973 por Leigh Van Valen, da Universidade de Chicago, segundo o qual é necessário que um sistema evolutivo se desenvolva continuamente para que possa se manter adaptado em relação aos sistemas que coevoluem com ele. O título do princípio alude à fala da Rainha de Copas, personagem de Lewis Carroll: "Aqui, temos que correr o máximo que pudermos para permanecermos no mesmo lugar". (N. T.)

gressiva em direção a alguma coisa. Não se tratará, contudo, da mesma coisa em diferentes linhagens (esse era o xis da questão quando mencionei os andorinhões e os elefantes). E não há nenhuma razão geral para se supor que a maioria das linhagens progrida nas direções inauguradas pela linhagem humana.

Mas, terei agora definido "progresso" de uma maneira tão geral a ponto de torná-lo um termo impreciso e inútil? Penso que não. Afirmar que a evolução do olho dos vertebrados foi progressiva equivale a dizer algo bastante forte e importante. Se pudéssemos dispor todos os ancestrais intermediários numa ordem cronológica, descobriríamos que, primeiro, em relação à maioria das dimensões de nossa medição, as mudanças se transmitiriam ao longo da seqüência toda. Ou seja, se A é ancestral de B, e B é ancestral de C, a direção da mudança de A a B provavelmente será a mesma que a direção da mudança de B a C. Segundo, o número de passos sucessivos ao longo dos quais o progresso é observado provavelmente será grande: as transmissões se estendem para além de A, B e C, pelo alfabeto adiante. Terceiro, um engenheiro consideraria que o desempenho melhorou ao longo da seqüência. Quarto, o número de traços independentes que se combinarão entre si, conspirando para melhorar o desempenho, aumentará. Finalmente, esse tipo de progresso é de fato importante porque ele é a chave para responder ao desafio de Hoyle. Haverá reversões excepcionais, por exemplo, na evolução do peixe-cego das cavernas, no qual os olhos degeneram porque não são usados e porque é dispendioso produzi-los. E sem dúvida haverá momentos de estase onde não há evolução alguma, nem progressiva nem de outro tipo.

Para concluir essa questão, Gould está errado ao afirmar que a aparência de progresso na evolução é uma ilusão estatística. Ela não resulta simplesmente de uma mudança de variação como no artefato descrito por ele em relação ao beisebol. É certo que não deveríamos esperar que a complexidade, o volume do cérebro e outras qualidades particulares caras ao ego humano devessem obrigatoriamente aumentar de maneira progressiva na maioria das linhagens — embora fosse interessante se elas o fizessem: as investigações de McShea, Jerison[130] e outros não são perda de tempo. Mas se definirmos progresso de forma menos chauvinista — se deixarmos os animais contribuírem com suas próprias definições —, encontraremos progresso, num sentido genuinamente interessante da palavra, em quase toda parte.

Mas é importante sublinhar que, nessa perspectiva adaptacionista (em contraste com a perspectiva da "evolução da evolutibilidade" que será discutida a seguir), a evolução progressiva é esperada somente a curto e médio prazos. As corridas armamentistas coevolutivas podem ocorrer durante milhões de anos, mas provavelmente não por centenas de milhões. Ao longo de escalas de tempo muito longas, asteróides e outras catástrofes colocam um ponto final repentino na evolução, levando à extinção os principais grupos taxonômicos e todo o conjunto de radiações. Vácuos ecológicos são criados, a serem preenchidos por novas radiações adaptativas dirigidas por novas variedades de corridas armamentistas. As diferentes corridas armamentistas entre os dinossauros carnívoros e suas presas foram mais tarde espelhadas por uma sucessão de corridas análogas entre os mamíferos carnívoros e suas presas. Cada uma dessas corridas sucessivas e independentes impulsionou seqüências de evolução que foram progressivas na acepção que atribuí ao termo. Mas não houve progresso global ao longo das centenas de milhões de anos, apenas uma sucessão de pequenos picos de progresso aos quais as extinções puseram fim. No entanto, a fase ascendente de cada um desses pequenos picos era verdadeira e significativamente progressiva.

Ironicamente, para um antagonista tão eloqüente da noção de progresso, Gould flerta com a idéia de que a evolução em si muda ao longo de um decurso de tempo muito longo, mas introduz essa idéia de maneira confusa, o que sem dúvida deve ter levado a muitos mal-entendidos. Essa hipótese é examinada em maior profundidade em *Vida maravilhosa*, e reaparece em *Lance de dados*. Para Gould, a evolução no Cambriano foi um processo de outra natureza, diferente do que é a evolução hoje. O Cambriano foi um período de "experimentação" evolutiva, de "tentativa e erro", de "falsos começos". Ele o descreve como um período de invenção "explosiva", antes que a evolução se estabilizasse sob a forma do processo monótono que vemos hoje. Foi o tempo fértil em que todos os grandes "planos corporais fundamentais" foram inventados. Hoje, a evolução apenas remenda velhos planos corporais. No Cambriano, novos filos e novas classes apareceram. Hoje surgem somente novas espécies!

Isso pode parecer, até um certo ponto, uma caricatura da posição cuidadosamente ponderada do próprio Gould, mas não há dúvida de que muitos não especialistas americanos que, infelizmente, como Maynard Smith[131] observa com maldade, adquirem seu conhecimento sobre a evolução tão-só a partir de Gould, foram profundamente iludidos. Devo admitir que o que vem a seguir é um exemplo extremo, mas Daniel Dennett me relatou uma conversa com um colega filósofo para o qual *Vida maravilhosa* argumentava que os filos do Cambriano não tinham um ancestral comum — que eles haviam surgido de repente como formas de vida iniciadas independentemente de quaisquer outras! Quando Dennett assegurou a ele que não era isso o que Gould afirmava, a resposta de seu colega foi: "Bem, mas então por que todo aquele estardalhaço?".

Até mesmo alguns evolucionistas profissionais foram levados pela retórica de Gould a cometer certos erros bastante notáveis. *The sixth extinction* [A sexta extinção],[132] de Leakey e Lewin, é um livro excelente, exceto pelo capítulo 3 — "A mola principal da evolução" —, que é declaradamente muito influenciado por Gould. As citações a seguir extraídas desse capítulo não poderiam ser mais embaraçosamente explícitas:

> Por que novos planos corporais animais não continuaram a surgir do caldeirão evolutivo durante as últimas centenas de milhões de anos?
>
> No começo do Cambriano, as inovações no nível do filo sobreviviam porque enfrentavam pouca competição.
>
> Abaixo do nível da família, a explosão cambriana produziu relativamente poucas espécies, ao passo que no pós-permiano uma tremenda diversidade de espécies germinou. Acima do nível da família, contudo, a radiação pós-permiana mostrou-se hesitante, gerando poucas classes novas e nenhum novo filo. Evidentemente, a mola principal da evolução operou em ambos os períodos, mas produziu mais experimentação extrema no Cambriano do que durante o pós-permiano, e maiores variações nos temas já existentes durante o pós-permiano.
>
> Por essa razão, a evolução nos organismos cambrianos podia dar saltos maiores, incluindo os saltos no nível do filo, ao passo que posteriormente ela se tornaria mais limitada, produzindo apenas saltos modestos, até o nível da classe.

É como se um jardineiro olhasse para um velho carvalho e perguntasse aos seus próprios botões: "Não é estranho que nenhum galho mais grosso tenha aparecido nesta árvore recentemente? Hoje em dia, todo o seu crescimento parece se dar no nível dos ramos mais finos!".

A propósito, as evidências do relógio molecular indicam que a "explosão cambriana" talvez nunca tenha ocorrido. Wray, Levinton e Shapiro[133] apresentam indícios de que, contrariamente à hipótese de que os principais filos divergem desde um ponto no início do Cambriano, os ancestrais comuns dos maiores filos distribuem-se de forma desencontrada ao longo das centenas de milhões de anos antecedentes, no Pré-cambriano. Mas deixemos isso para lá. Não é esse o ponto principal, a meu ver. Ainda que tenha havido uma explosão cambriana de tal maneira que todos os principais filos tenham se separado durante um período de 10 milhões de anos, isso não é razão para se pensar que a evolução cambriana era um tipo qualitativamente especial de processo definido por supersaltos. *Baupläne* [planos corporais] não caem do céu platônico, eles se desenvolvem passo a passo a partir de seus predecessores, e eles o fazem (apostaria eu, e Gould também, caso alguém o desafiasse explicitamente) sob aproximadamente as mesmas regras darwinianas que observamos hoje.

"Grandes saltos no nível do filo" e "saltos modestos, até o nível da classe" são uma absoluta bobagem. Saltos acima do nível da espécie não acontecem, e ninguém que reflita sobre isso durante dois minutos afirmará que eles ocorrem. Até mesmo os grandes filos, quando originalmente se separaram, eram nada mais que pares de novas espécies, membros do mesmo gênero. Classes são espécies que divergiram muito tempo atrás, e filos são espécies que divergiram há mais tempo ainda. Na realidade, é uma questão discutível — e um tanto vazia — qual o momento exato no curso da divergência mútua gradativa entre, por exemplo, os ancestrais dos moluscos e os ancestrais dos anelídeos desde o momento em que eles eram espécies congêneres em que escolheríamos dizer que a divergência alcançou o status de "*Bauplan*". Pode-se argumentar que o *Bauplan* é um mito, provavelmente tão pernicioso quanto qualquer um dos mitos que Stephen Gould combateu com tanta habilidade. Mas esse mito, na sua forma moderna, é em grande medida perpetuado por ele.

Volto, por fim, à "evolução da evolutibilidade" e a um sentido muito real em que a própria evolução pode evoluir, progressivamente, no decorrer de uma escala de tempo mais longa do que as rampas individuais dos pequenos picos da corrida armamentista. Não obstante o justificado ceticismo de Gould em relação à tendência de nomear cada era pelos seus habitantes mais recentes, há realmente uma boa possibilidade de que as principais inovações na técnica embriológica abram novas perspectivas de possibilidade evolutiva e de que essas constituam melhoras genuinamente progressivas.* A origem do cromossomo, da célula delimitada, da meiose, da diploidia e do sexo organizados, da célula eucariótica, da multicelularidade, da gastrulação, da torção dos moluscos, da segmentação — cada uma delas pode ter constituído uma linha divisória na história da vida. Não apenas no sentido darwiniano usual de auxiliar os indivíduos a sobreviver e a se reproduzir, mas divisória no sentido de impulsionar a evolução em si mesma de maneiras que justificam sua descrição como progressivas. Pode bem ser que, digamos, após a invenção da multicelularidade ou a invenção da segmentação, a evolução nunca mais tenha sido a mesma. Nesse sentido, pode ser que exista uma catraca de mão única em relação à inovação progressiva na evolução.

Por essa razão, no que diz respeito à evolução a longo prazo, e em face do caráter cumulativo das corridas armamentistas coevolutivas num prazo mais curto, a tentativa de Gould de reduzir todo o progresso a um artefato trivial, semelhante ao que ocorre no beisebol, constitui um surpreendente empobrecimento, um inesperado menosprezo, uma simplificação inusitada da riqueza dos processos evolutivos.

* Essa é a idéia que eu apelidei de "a evolução da evolutibilidade" (in C. Langton (ed.), *Artificial life* (Santa Fé, Addison Wesley, 1982)) e sobre a qual Maynard Smith e Szathmáry escreveram um livro (J. Maynard Smith e E. Szathmáry, *The major transitions in evolution* (Oxford, W. H. Freeman/Spektrum, 1995)).

5. Correspondência inconclusa com um peso-pesado darwiniano

A seguinte correspondência por e-mail nunca foi concluída, e agora, lamentavelmente, já não poderá ser.

9 de dezembro de 2001
Stephen Jay Gould
Harvard

Caro Steve

Recebi recentemente um e-mail de Philip Johnson, fundador de uma escola de criacionistas chamada "Design Inteligente", exultando de triunfo porque um de seus colegas, Jonathan Wells, fora convidado a participar de um debate em Harvard. Ele incluiu o texto do e-mail em sua página na internet, "Wedge of truth" [Cunha da verdade], em que ele anunciava o debate com Wells sob o cabeçalho "Wells faz um *home run* em Harvard".*
<http://www.arn.org/docs/pjweekly/pj_weekly_011202.htm>

* No beisebol, trata-se da jogada máxima por parte de um atacante, que arremessa a bola fora dos limites do campo e conquista o direito de percor-

O "home run" NÃO foi o resultado do sucesso retumbante de Wells em convencer a platéia, NEM de algum tipo de vitória sobre seu oponente (Stephen Palumbi, que me contou que havia concordado com grande relutância em participar do debate somente porque alguém em Harvard JÁ havia convidado Wells e era tarde demais para se fazer algo a respeito). Não há nada que sugira que Wells se saiu bem no debate, nem tampouco algum interesse evidente em relação ao seu sucesso ou insucesso. Não, o "home run" se resume apenas e exclusivamente ao fato inicial de ele ter sido convidado por Harvard. Essas pessoas não têm a expectativa de convencer cientistas respeitáveis com seus argumentos ridículos. Em vez disso, o que elas buscam é o oxigênio da respeitabilidade. Nós lhes fornecemos esse oxigênio pelo mero gesto de nos ENVOLVERMOS com elas de alguma maneira. Elas não se importam de serem derrotadas em sua argumentação. O que desejam é o reconhecimento que lhes damos pelo simples fato de debatermos com elas em público.

Você me convenceu disso muitos anos atrás, quando lhe telefonei (provavelmente você já não se recorda mais disso) para pedir seu conselho ao ser convidado para um debate com Duane P. Gish. Desde esse telefonema, tenho mencionado repetidamente o que você me disse e me recusado a debater com essas pessoas, não porque eu tenha medo de "perder" o debate, mas porque, como você mesmo argumentou, o simples fato de aparecer num palanque com elas já implica conceder-lhes a respeitabilidade que tanto desejam. Seja qual for o resultado do debate, o mero fato de que ele ocorra sugere aos espectadores desinformados que há algo a ser debatido, em condições mais ou menos equivalentes.

---

rer um circuito completo pelas quatro bases sem o risco de ser eliminado. (N. T.)

Em primeiro lugar, quero saber se você continua a sustentar a mesma posição, como é o meu caso. Em segundo lugar, proponho que você considere a possibilidade de juntar-se a mim (não é necessário envolver outras pessoas) na assinatura de uma pequena carta dirigida, por exemplo, ao *New York Review of Books*, explicando publicamente por que nós não debatemos com os criacionistas (incluindo aqueles que se ocultam sob o eufemismo "Design Inteligente") e encorajando outros biólogos evolucionistas a adotar a mesma posição.

Uma carta como essa teria um grande impacto em razão da vasta publicidade existente a respeito das diferenças, e até mesmo das animosidades, entre nós (diferenças que os criacionistas, numa atitude de extrema desonestidade intelectual, não hesitaram em explorar). Minha sugestão é de que a carta não traga uma longa discussão sobre as diferenças técnicas existentes entre nós. Isso apenas provocaria confusão acerca do ponto em questão, tornaria mais difícil chegarmos a um texto final e reduziria o seu impacto. Eu nem mesmo mencionaria nossas diferenças. Minha sugestão é uma breve carta dirigida ao editor, explicando por que não nos envolvemos com o "Design Inteligente" ou com qualquer outro tipo de criacionistas, e oferecendo nossa carta como um modelo que os outros possam mencionar ao recusar convites desse tipo no futuro. Nós dois temos coisa melhor a fazer com o nosso tempo do que nos devotarmos a essa bobagem sem sentido. Ao chegar ao meu sexagésimo aniversário (temos quase exatamente a mesma idade), isso é algo que sinto de uma maneira bastante aguda.

Com os melhores votos
Richard

11 de dezembro de 2001

Caro Richard

A idéia é excelente — eu ficaria muito feliz em me juntar a você (e concordo que somente você e eu deveríamos ser os signatários). Você poderia escrever um esboço da carta e enviá-lo para mim?

Concordo com você. A carta deve ser breve e direta. E o *NYRB* seria o melhor lugar.

Eu não tinha me dado conta de que éramos tão próximos em idade (você parece tão jovem). O tempo se torna a cada dia mais precioso.

Com meus melhores votos.
Steve

14 de dezembro de 2001

Caro editor

Como toda ciência fecunda, o estudo da evolução tem suas controvérsias internas, coisa que ambos sabemos. Mas nenhum cientista qualificado duvida de que a evolução é um fato, no mesmo sentido correntemente aceito em que é um fato que a Terra orbita em torno do Sol. Que os seres humanos sejam primos dos macacos, dos cangurus, das águas-vivas e das bactérias, isso é um fato. Nenhum biólogo respeitável duvida disso. Nem os teólogos respeitáveis, desde a declaração do papa. Infelizmente, muitos americanos leigos têm dúvidas a esse respeito, incluindo algumas pessoas assustadoramente influentes, poderosas e, acima de tudo, fartamente financiadas.

Somos continuamente convidados a tomar parte em debates públicos contra os criacionistas, incluindo aqueles de última geração que se disfarçam sob o eufemismo de "teóricos do

Design Inteligente". Sempre recusamos esses convites, por uma razão acima de todas. Se tivermos a oportunidade de explicar com todas as letras e publicamente o motivo disso, nossa carta poderá ser de alguma ajuda para outros evolucionistas incomodados por convites semelhantes.

A questão sobre quem poderia "vencer" um debate desse tipo não é o foco aqui. Vencer não é algo a que essas pessoas realmente aspirem. Seu estratagema visa tão-somente ao reconhecimento que elas obtêm pelo simples fato de dividirem um palanque com um cientista de verdade. Isso acaba por sugerir aos inocentes espectadores que deve haver algo substancial que genuinamente mereça ser debatido, em condições aproximadamente iguais.

No momento em que escrevemos esta carta, o principal site do "Design Inteligente" na internet traz o relato de um debate em Harvard sob o cabeçalho "Wells faz um *home run* em Harvard".[134] Jonathan Wells é um criacionista, por acaso um devoto de longa data da Igreja da Unificação (os "*moonies*").* Ele participou de um debate em Harvard no mês passado, tendo como opositor Stephen Palumbi, professor de biologia na Universidade de Harvard. A expressão "*home run*" parece sugerir que o reverends *(sic)* Wells obteve algum tipo de vitória sobre o professor Palumbi. Ou, pelo menos, que ele apresentou poderosos argu-

* "Darwinismo: por que decidi fazer um segundo doutorado" é o testemunho do próprio Jonathan Wells sobre o momento decisivo de sua vida: "As palavras do Pai, meus estudos e minhas preces me convenceram de que eu deveria dedicar minha vida a destruir o darwinismo, do mesmo modo como muitos dos meus companheiros da Igreja da Unificação já devotavam suas vidas a destruir o marxismo. Quando o Pai me escolheu (junto com aproximadamente uma dúzia de outros seminaristas) para entrar num programa de doutorado em 1978, recebi com alegria a oportunidade de me preparar para a batalha" ("Pai", é claro, é o nome dado pelos *moonies* ao reverendo Moon em pessoa) <http://www.tparents.org/Library/Unification/Talks/Wells/DARWIN.htm>.

mentos e que sua fala foi bem recebida. Nada disso aconteceu. O debate nem ao menos despertou interesse.

O "*home run*" vem a ser simplesmente a demonstração pública dada por Harvard de que, nas palavras do autor da página da web, Phillip Johnson, "esse é o tipo de debate que ocorre atualmente nas universidades". Houve uma vitória, mas ela ocorreu muito antes do debate em si. O criacionista fez seu "*home run*" no momento em que o convite vindo de Harvard aterrissou em sua porta. A propósito, ele não veio de nenhum departamento de biologia nem de algum outro departamento de ciências, na realidade, e sim do Instituto de Política.

O próprio Phillip Johnson, pai e fundador do movimento "Design Inteligente" (que não é biólogo nem cientista, mas um advogado que se tornou cristão renascido ao chegar à meia-idade), escreveu, numa carta de 6 de abril de 2001, da qual fez uma cópia para um de nós:

> Não vale a pena debater com cada darwinista ambicioso que deseje tentar a sorte em ridicularizar a oposição, de maneira que a minha política geral é a de que os darwinistas devem estar preparados para colocar em risco a reputação de uma figura bem conhecida antes que eu concorde em debater com eles. Isso significa, especificamente, Dawkins ou Gould, ou alguém de estatura e visibilidade pública semelhante.

Bem, nós também somos capazes de condescendência e contamos com a vantagem de que os cientistas evolucionistas não necessitam da publicidade que esses debates podem produzir. No improvável caso de um argumento significativo vir a emergir das fileiras do criacionismo/"design inteligente", ficaremos felizes em debatê-lo. Enquanto isso, continuaremos a cultivar nossos jardins evolucionistas, ocasionalmente nos envolvendo na tarefa mais exigente e proveitosa de debatermos entre nós. O que não faremos é ajudar os criacionistas em sua desonrosa busca de publicidade gratuita e de respeitabilidade acadêmica imerecida.

Com toda a humildade, oferecemos essa reflexão aos nossos colegas que são convidados a participar de debates semelhantes.

Stephen Jay Gould, Universidade de Harvard
Richard Dawkins, Universidade de Oxford

Infelizmente, Steve nunca chegou a revisar essa carta, que carece portanto da gabolice elegante que seu toque habilidoso teria emprestado a ela. Eu ainda recebi outro e-mail dele, desculpando-se pela demora e dizendo que esperava que fosse possível lidar com o assunto em breve. O silêncio que se seguiu, eu me dou conta agora, coincidiu com sua derradeira doença. Desse modo, ofereço meu rascunho, por mais imperfeito que seja, na esperança de que ele possa de alguma forma transmitir a mensagem que originalmente ouvi dele muitos anos atrás. Não retirei seu nome do rascunho, mas espero que fique claro que todos os erros são meus somente.

Que eu conclua esta seção num tom tão conciliatório pode parecer algo difícil de entender. Dado que Steve era, tanto quanto eu, um neodarwinista, quais eram afinal os nossos pontos de discordância? O principal deles emerge de maneira muito clara de seu último grande livro, *The structure of evolutionary theory* [A estrutura da teoria da evolução],[135] que eu só vim a conhecer depois de sua morte. Parece apropriado, portanto, explicitar essa questão aqui e, coincidentemente, ela também tem uma ponte natural com o próximo ensaio. O problema em debate é o seguinte: qual é o papel dos genes na evolução? Os genes são, para usar a expressão de Gould, "os guarda-livros ou a causa" da evolução?

Gould via a seleção natural como um processo que opera em diversos níveis na hierarquia da vida. Pode ser que ela realmente o faça, até um certo ponto, mas acredito que essa seleção só pode ter *conseqüências* evolutivas quando as entidades selecionadas são "replicadores". Um replicador é uma unidade de informação codificada, de alta fidelidade, mas ocasionalmente mutável, com algum poder *causal* sobre seu próprio destino. Os genes são entidades desse tipo. Também os memes, em princípio, são assim, mas eles não estão em discussão aqui. A seleção natural biológica, seja qual for o nível em que a observemos, resulta em efeitos evolutivos somente na medida em que produz mudanças na freqüência dos genes em populações. Gould, entretanto, via os genes apenas como "guarda-livros", seguindo o rastro das mudanças que ocorrem em outros níveis. No meu modo de ver, sejam os genes o que forem, eles necessariamente são mais do que guarda-livros, caso contrário a seleção natural não poderia operar. Se uma mudança genética não tem nenhuma influência causal sobre os corpos, ou ao menos sobre *algo* que a seleção natural possa "ver", esta não pode favorecê-la ou desfavorecê-la. Nenhuma mudança evolutiva ocorrerá como resultado.

Gould e eu concordaríamos que os genes podem ser entendidos como um livro no qual está escrita a história evolutiva de uma espécie. Em *Desvendando o arco-íris* eu o chamei de "O livro genético dos mortos". Mas o livro é escrito por meio da seleção natural de genes que variam aleatoriamente, escolhidos em virtude de sua influência causal sobre os corpos. Guarda-livros vem a ser precisamente a metáfora errada, porque ela inverte a direção causal, de uma maneira quase lamarckiana, e faz dos genes registradores passivos. Tratei dessa questão em 1982 (*O fenótipo estendido*) na distinção que fiz entre "replicadores ativos" e "replicadores passivos". Esse ponto nodal é explicitado também na resenha excepcional do livro de Gould escrita por David Barash.[136]

Guarda-livros é, obstinada e tipicamente, uma metáfora valiosa na exata medida em que é tão diametralmente invertida. Não é a primeira vez que a nitidez e a clareza de uma metáfora gouldiana nos ajudam a enxergar nítida e claramente o que há de errado com a sua mensagem — e como ela precisa ser invertida para que se possa chegar à verdade.

Espero que esta breve nota não seja vista como uma tentativa de tirar vantagem, assumindo a última palavra. *The structure of evolutionary theory* é uma última palavra tão solidamente poderosa que nos manterá ocupados, respondendo a ela, durante muitos anos. Que despedida brilhante para um cientista! Sentirei sua falta.

VI. TODA A ÁFRICA E SEUS PRODÍGIOS ESTÃO DENTRO DE NÓS*

* O título desta parte contém uma citação de *Religio Medici*, de Sir Thomas Browne (1605-82): "*We carry within us the wonders we seek without us: There is all Africa and her prodigies in us*". (N. T.)

Como quase todo mundo que ao menos uma vez na vida esteve ao sul do Saara, sou uma dessas pessoas que pensam na África como um lugar mágico. Para mim, isso tem origem nas minhas lembranças da infância, tênues mas insistentes, que se somaram ao entendimento que vim a ter mais tarde de que a África é o nosso lugar ancestral. Esses temas são recorrentes nesta seção, e é com eles que inicio "A ecologia dos genes", meu prefácio ao livro de Harvey Croze e John Reader, *Pyramids of life* [Pirâmides da vida], que toma a África como um estudo de caso esclarecedor em relação aos princípios da ecologia, e eu aproveitei a oportunidade representada por esse prefácio para refletir sobre as relações entre a ecologia e a seleção natural. Trata-se de um texto que pode ser visto como um prosseguimento da minha argumentação ao final da seção precedente.

Neste livro, e em outros lugares, fui um tanto inclemente com um ponto de vista defendido por certos antropólogos, o "relativismo cultural", que atribui status equivalente a diversos tipos de verdade, negando à verdade científica uma posição privilegiada entre elas. Se algum dia eu me convertesse a alguma forma de relativismo, seria após a leitura do extraordinário épico sobre o Quênia, *Red strangers* [Forasteiros vermelhos], escrito por Elspeth Huxley. "Dentro da alma africana" é o prefácio à nova edição de seu romance. Escrevi um artigo para o *Financial Times* chamando atenção para o fato de que *Red strangers* estava esgotado havia muitos anos e desafiando os editores a fazerem algo a respeito. A admirável editora Penguin respondeu ao desafio, e escolheu reeditar meu artigo como prefácio do livro.

Estou aguardando agora que algum especialista em literatura me explique por que *Red strangers* não é classificado como um dos maiores romances do século XX, equiparável aos livros de um John Steinbeck, exceto pelo fato de que o universo retratado por Elspeth Huxley é o kikuyu, e não o americano.

> Corram como os elandes [...] Corram, guerreiros, com os pés feito flechas e os corações como os dos leões, cabe a vocês salvar as vidas e a riqueza de seus pais [...] As coxas eretas como árvores novas, os traços agudos como machados, a pele mais suave que o mel. Seus membros começaram a tremer como as asas de um beija-flor cujo bico suga o néctar.*

O romance é um prodígio de identificação com uma outra cultura. Huxley consegue não apenas penetrar na pele de um kikuyu, como também a proeza de levar o leitor a fazer o mesmo. E ela nos faz chorar.

Sinto-me ligeiramente envergonhado de admitir que outro livro que quase me leva às lágrimas — de alegria, dessa vez — é um livro infantil. Ou será que se trata de um livro muito adulto que por acaso foi escrito por crianças? É difícil decidir, o que faz

* Trata-se da descrição de antílopes africanos. (N. T.)

parte do charme do livro e é provavelmente a razão por que ele foi inexplicavelmente ignorado pelos críticos — eles não sabiam como classificá-lo. *The lion children* [As crianças leoas] é sobre uma família de crianças inglesas que vivem num acampamento em Botsuana, onde elas seguem, através do rádio, os rastros dos leões. Elas são educadas na selva, em tempo integral, por sua mãe, e escreveram um livro sobre sua vida extraordinária. Não importa se existe ou não uma prateleira apropriada para classificá-lo, simplesmente leia o livro! "Falo da África e de alegrias preciosas", meu prefácio, foi reeditado aqui.

O último capítulo nessa seção é um relato de viagem, que retorna aos dois temas da África como nosso lar ancestral e como meu lugar de nascimento e de inspiração. O título foi modificado pelo *Sunday Times* para "All our yesterdays" [Todos os nossos ontens], mas dado que o cansaço do mundo de Macbeth é diametralmente oposto ao estado de espírito do meu texto, decidi voltar ao título original, "Heróis e ancestrais". Agora, pensando nisso, vejo que "Heróis e ancestrais" teria sido outro belo título para esta coletânea.

1. A ecologia dos genes[137]

Prefácio a Pyramids of life [*Pirâmides da vida*], *de Harvey Croze e John Reader*

A África foi o meu berço particular. Mas eu parti aos sete anos, jovem demais para compreender — na verdade, não se sabia disso então — que a África é também o berço da humanidade. Os fósseis dos períodos formadores da nossa espécie são todos provenientes da África, e as evidências moleculares sugerem que os ancestrais de todos os povos existentes hoje permaneceram nesse lugar até pelo menos 100 mil anos atrás. Temos a África no nosso sangue, e a África tem os nossos esqueletos.

Isso, por si só, já faz do ecossistema africano o objeto de uma fascinação sem paralelos. Ele vem a ser a comunidade que nos deu forma, a comunidade de animais e plantas na qual fizemos nosso aprendizado ecológico. Mas ainda que não fosse nosso continente de origem, a África nos seduziria, talvez como o último grande refúgio das ecologias do Pleistoceno. Se é seu desejo dar uma última olhadela no Jardim do Éden, esqueça Tigre e Eufrates e o surgimento da agricultura. Vá, em vez disso, ao Serengueti ou ao Kalahari. Esqueça a Arcádia dos gregos e o Tempo dos Sonhos* das regiões remotas da Austrália, pois elas são muito recentes. Seja o que for que tenha vindo das montanhas do Olimpo ou do Sinai, ou mesmo de Ayers Rock, olhe, em vez disso, para o Kilimanjaro, ou para o Rift Valley em direção à High Veldt.** Fomos projetados para florescer nesse lugar.

O "projeto" de todas as coisas vivas e de seus órgãos é, claro, uma ilusão; uma ilusão extremamente poderosa, fabricada por um processo acertadamente poderoso, a seleção natural darwiniana. Há uma segunda ilusão de projeto na natureza, menos imperativa, mas ainda assim sedutora, e ela corre o risco de ser confundida com a primeira. Trata-se do aparente projeto dos ecossistemas. Enquanto as diversas partes do corpo se harmonizam e se regulam de maneira intrincada para mantê-lo vivo, os ecossistemas contam com espécies que parecem fazer a mesma coisa num nível mais acima. Há os produtores primários que convertem a energia solar em estado puro numa forma de energia que possa ser utilizada por outros seres. Os herbívoros os consomem para utilizar sua energia, e então tornam uma pequena parte dessa energia disponível para os carnívoros, e assim por diante, ao longo da cadeia alimentar — ou melhor, a pirâmide, pois as leis da termodinâmica determinam que apenas um décimo da energia de cada nível passa para o nível seguinte. Finalmente, há os carniceiros, que reciclam os resíduos para torná-los disponíveis de novo, e nesse processo produzem uma limpeza do mundo e impedem que ele se transforme numa grande desordem. Cada uma das coisas se ajusta a todas as outras como as peças recortadas que se encaixam num gigantesco quebra-cabe-

* *The dreamtime*, expressão que se refere ao sistema aborígine de leis e crenças e que se baseia numa rica mitologia sobre a criação da Terra. (N. T.)
** Alta Estepe. (N. T.)

ça multidimensional, e — como diz o clichê — quando mexemos com cada uma delas, corremos o risco de destruir um todo cujo valor é inestimável.

A tentação é imaginar que essa segunda ilusão é construída pelo mesmo tipo de processo que a primeira: por uma versão da seleção darwiniana, operando num nível mais alto. De acordo com essa visão errônea, os ecossistemas que sobrevivem são aqueles cujas partes — as espécies — se harmonizam entre si, do mesmo modo como os organismos que sobrevivem no darwinismo convencional são aqueles cujas partes — os órgãos e as células — trabalham de maneira harmoniosa para a sua sobrevivência. No meu entender, essa teoria é falsa. Os ecossistemas, como os organismos, parecem de fato harmoniosamente projetados, e a aparência de projeto é mesmo uma ilusão. Mas a semelhança termina aqui. Trata-se de um tipo diferente de ilusão, produzido por um processo distinto. Os melhores ecologistas, tais como Croze e Reader, compreendem isso.

O darwinismo faz parte desse processo, mas ele não pula níveis. Os genes continuam a sobreviver, ou a perecer, no interior dos conjuntos de genes das espécies em virtude de seus efeitos sobre a sobrevivência e a reprodução dos organismos individuais que os contêm. A ilusão de harmonia em um nível superior é uma conseqüência indireta da reprodução individual diferencial. No interior de qualquer espécie de animais ou de plantas, os indivíduos que sobrevivem melhor são aqueles que se mostram capazes de explorar os outros animais e plantas, bactérias e fungos que já prosperam em seu ambiente. Como Adam Smith compreendeu corretamente muito tempo atrás, uma ilusão de harmonia e de eficiência real emergirá em toda economia dominada pelo interesse individual num nível mais abaixo. Um ecossistema bem equilibrado é uma economia, e não uma adaptação.

As plantas florescem em seu próprio interesse, e não pelo bem dos herbívoros. Mas, porque as plantas florescem, abre-se um nicho para os herbívoros, que vêm então preenchê-lo. Dizem que o capim se beneficia ao servir como pasto. A verdade é mais interessante do que isso. Nenhuma planta individual se beneficia ao servir de pasto, pura e simplesmente. Mas uma planta que, ao servir de alimento, sofra apenas um pouco, supera em competição uma planta rival que sofra mais. Desse modo, as gramíneas que sobrevivem foram beneficiadas indiretamente pela presença de animais herbívoros. E os animais herbívoros, evidentemente, se beneficiam da presença das gramíneas. Os pastos, portanto, se formam como comunidades harmoniosas entre as gramíneas e os herbívoros, relativamente compatíveis. Eles parecem cooperar uns com os outros. De certa forma eles o fazem, porém apenas num sentido moderado do termo, que deve ser compreendido com cuidado e criteriosamente suavizado. O mesmo é verdadeiro em relação às outras comunidades africanas comentadas por Croze e Reader.

Afirmei que a ilusão de harmonia no nível do ecossistema é um tipo de ilusão diferente, que não deve de modo algum ser confundido com a ilusão darwiniana que produz cada corpo em seu funcionamento eficiente. Mas um olhar mais de perto revela que, afinal, há uma semelhança, uma semelhança mais profunda do que a simples observação de que também um animal pode ser visto como uma comunidade de bactérias simbióticas — afirmação que é feita com mais freqüência e que é reconhecidamente interessante. Consensualmente, a seleção darwiniana se define como a sobrevivência diferencial de alguns genes do conjunto total de genes de uma população. Os genes sobrevivem se eles construírem corpos que prosperem em seu ambiente normal. No entanto, o ambiente normal de um gene inclui, o que é muito importante, os outros genes (ou melhor, as conseqüências deles) no conjunto de genes da espécie. A seleção natural, portanto, favorece aqueles genes que cooperam harmoniosamente na empresa conjunta de construir os corpos no interior das espécies. Chamei os genes de "cooperadores egoístas". No final das contas, parece haver uma afinidade entre a harmonia de um corpo e a harmonia de um ecossistema. Há uma ecologia dos genes.

2. Dentro da alma africana[138]

Prefácio a Red strangers [Forasteiros vermelhos]*, de Elspeth Huxley*

Elspeth Huxley morreu em 1977 aos noventa anos. Mais conhecida pelas fulgurantes memórias de sua vida na África, ela era igualmente uma romancista considerável. Seu livro *Red strangers* poderia ser descrito, com propriedade, como um épico. Ele narra a saga de quatro gerações de uma família kikuyu, começando antes da chegada dos britânicos (forasteiros "vermelhos" em virtude da pele queimada pelo sol) ao Quênia, e terminando com o nascimento de uma menina, batizada por seu pai de Aeroplano ("Sua mulher, pensava ele, jamais conseguiria pronunciar uma palavra tão difícil; mas as pessoas instruídas conheceriam a palavra, e compreenderiam"). Suas quatrocentas páginas são impossíveis de largar, são comoventes, são esclarecedoras do ponto de vista histórico e antropológico, alargam nossas idéias humanistas... e, lamentavelmente, encontram-se esgotadas.*

Alimentei a ambição juvenil, nunca realizada, de escrever um romance de ficção científica. Ele descreveria uma expedição

* Não mais!

para Marte, por exemplo, narrada através dos olhos (ou do que estivesse no lugar dos olhos) dos habitantes nativos. Minha intenção era levar meus leitores a compreender tão bem o modo de pensar dos marcianos que eles acabariam por enxergar os humanos invasores como estranhos e estrangeiros. Essa extraordinária proeza é alcançada por Elspeth Huxley na primeira metade de *Red strangers*. Os leitores ficam de tal maneira imersos nos costumes e no pensamento kikuyu que, no momento em que os britânicos finalmente entram em cena, tudo a respeito deles nos parece estrangeiro, às vezes francamente ridículo, embora em geral com tolerância indulgente. Na realidade, trata-se do mesmo tipo de divertimento indulgente que, me recordo, conferíamos aos africanos durante minha infância colonial.

A sra. Huxley de fato mostra grande habilidade em transformar seus leitores em kikuyus, abrindo nossos olhos para que possamos ver os europeus e seus costumes de um modo como nunca havíamos visto antes. Nos habituamos a uma economia que adota como padrão o bode, por isso, quando as moedas (primeiro as rupias e depois os *shillings*) são introduzidas, nos espantamos com o absurdo de uma economia que não é o resultado direto de cada temporada de procriação. Passamos a aceitar um mundo em que cada evento tem uma interpretação sobrenatural, mágica, e nos sentimos pessoalmente enganados quando a declaração "As rupias que eu estou lhe pagando podem ser trocadas mais tarde por bodes" se revela literalmente falsa. Quando Kichui (todos os homens brancos são referidos pelos seus apelidos kikuyu) ordena que seus campos sejam adubados, nos damos conta de que ele está louco. Por que outra razão um homem tentaria lançar uma maldição sobre o seu próprio rebanho? "Matu não podia acreditar no que estava ouvindo. Enterrar o excremento de uma vaca era trazer a morte para ela, do mesmo modo que a morte, ou pelo menos uma doença grave, viria para um homem cujos excrementos fossem cobertos com terra... Ele recusou-se enfaticamente a cumprir a ordem." E tamanha é a destreza de Elspeth Huxley que até mesmo eu, desprezando como eu desprezo a panacéia tão em moda do "relativismo cultural", me vejo endossando o bom senso resoluto de Matu.

Somos levados a estranhar o caráter absurdo da justiça européia, que se importa em saber *qual* entre dois irmãos cometeu um assassinato: "[...] em que isso importa? Por acaso Muthengi e eu não somos irmãos? Quem quer que tenha sido entre nós aquele que segurou nas mãos a espada, nosso pai Waseru e outros membros do nosso clã ainda assim devem pagar com sangue".

Inexplicavelmente, não há pagamento com sangue, e tendo Matu, de boa vontade, confessado o crime de Muthengi, ele vai para a prisão, onde vive "uma vida estranha, sem conforto, cujo propósito ele não era capaz de decifrar". Finalmente, ele é libertado. Ele cumpriu seu tempo de pena, mas, por não ter se dado conta de que era isso o que ele estava fazendo, o acontecimento não assume nenhuma importância. Ao retornar à sua aldeia, longe de se ver renegado, ele adquire prestígio por sua permanência temporária com os estranhos misteriosos, que obviamente devem tê-lo em alta consideração para o terem convidado a viver junto deles.

O romance nos conduz por episódios que reconhecemos como se estivéssemos a uma grande distância; atravessamos a Primeira Guerra Mundial e os surtos de gripe espanhola que se seguiram a ela, a epidemia de varíola e a recessão econômica mundial, e nem uma vez sequer nos é dito, em termos europeus, o que é que está se passando. Assistimos a tudo através dos olhos kikuyu. Os alemães nada mais são que uma outra tribo branca e, quando a guerra termina, nos surpreendemos perguntando aos nossos botões onde está o gado roubado que os vitoriosos deveriam estar levando com eles. Afinal, *por que* outra razão se guerreia?

Desde que emprestei *Red strangers* da biblioteca, tenho procurado incessantemente adquirir meu próprio exemplar desse livro. Tem sido uma rotina procurá-lo em cada visita que faço aos sebos. Finalmente, consegui localizar ao mesmo tempo dois volumes usados, nos Estados Unidos, pela internet. Depois de tantos anos de procura impaciente, não pude resistir a comprar os dois. De maneira que agora, se alguma editora respeitável se dispuser sinceramente a dar uma olhada em *Red strangers* com vistas a publicar uma nova edição,* ficarei muito satisfeito em colocar à disposição um dos meus exemplares obtidos com tanto esforço. Nada no mundo me fará separar-me do outro.

* Esse artigo apareceu originalmente no *Financial Times*. Fico felicíssimo em dizer que a editora Penguin respondeu ao meu desafio e publicou uma nova edição do livro, usando meu artigo no *Financial Times*, aqui reproduzido, como prefácio.

3. Falo da África e de alegrias preciosas*[139]

Prefácio a The lion children [As crianças leoas], *de Angus, Maisie e Travers McNeice*

Este é um livro extraordinário, de um trio de crianças ainda mais extraordinário. É um livro difícil de descrever: é preciso lê-lo, e, uma vez que você tenha começado, não consegue mais parar. Pense em *Swallows and amazons* [Andorinhas e amazonas], com a diferença de que, neste caso, trata-se de uma história verídica e tudo se passa longe do conforto da Inglaterra. Pense em *O leão, a feiticeira e o guarda-roupa*, com a diferença de que as crianças leoas não precisam de nenhum guarda-roupa mágico para levá-las a um outro mundo, nem de um mundo maravilhoso de mentira. A África de verdade, o berço da humanidade, é mais mágica do que qualquer coisa que C. S. Lewis pudesse conceber. E, mesmo não contando com uma bruxa, esses jovens autores têm uma mãe fora do comum. Falarei mais sobre ela em breve.

Travers, Angus, Maisie e família viveram em tendas por um período de tempo quase tão longo quanto a memória de Oakley,

* O título original, *I speak of Africa and golden joys*, é uma citação de Shakespeare (*Henrique IV*, II, V, 3). (N. T.)

seu irmãozinho (pense em *Just William* [Simplesmente William]), é capaz de alcançar. Os três vêm dirigindo Land Rovers desde que seus pés conseguiram alcançar os pedais, e trocando pneus (com bastante freqüência) desde que se tornaram fortes o bastante para agüentar o peso.* Eles são muito mais auto-suficientes e confiáveis do que se esperaria de crianças dessa idade, mas não naquele sentido desagradável da astúcia e da malícia. O marechal Montgomery certa vez descreveu Mao Tsé-Tung como o tipo de homem com o qual se poderia entrar numa selva. Bem, não estou certo de que entraria com Mao Tsé-Tung nem sequer no Hyde Park, mas eu não hesitaria em entrar na selva com Travers, Angus e Maisie, mesmo sem absolutamente nenhuma outra companhia adulta. Sem armas de fogo, contando apenas com a presença de jovens de visão clara, reflexos rápidos e toda uma vida (ainda que curta) de know-how sobre como viver na África. Não sei o que devo fazer se encontrar um elefante. Eles sabem. Tenho pavor de víboras-aríete, mambas e escorpiões: eles dão conta deles sem dificuldade. Ao mesmo tempo, embora se mostrem tão confiáveis e fortes, eles continuam a irradiar a inocência e a graça da tenra idade. Ainda se trata de *Swallows and amazons*, de um idílio, o tipo de infância que para muitos de nós existe apenas nos sonhos e nas lembranças distorcidas e idealizadas, "a terra da alegria perdida". No entanto, trata-se de uma infância firmemente plantada no mundo real. Essas crianças inocentes viram alguns de seus leões favoritos serem brutalmente mortos, transmitiram sinais relatando essas tragédias no jargão desapaixonado da comunicação por rádio, assistiram às necropsias que se seguiram.

Este livro notável é inteiramente fruto do trabalho desses jovens autores, mas não é difícil adivinhar de onde vem o *talen-*

* Travers, Angus e Maisie tinham respectivamente dezesseis, catorze e doze anos de idade quando terminaram de escrever o livro.

to para realizá-lo — sua imaginação, seu arrojo, sua heterodoxia, seu espírito aventureiro. Minha esposa e eu conhecemos Kate Nicholls, a mãe deles, em 1992, quando ela morava em Cotswolds e, grávida de Oakley, viajava diariamente para estudar nas bibliotecas de Oxford. Atriz de sucesso, ela se desiludiu com os palcos e desenvolveu, perto dos quarenta anos, uma paixão (a paixão é a história de vida dessa mulher) pela ciência da evolução. Kate é uma dessas pessoas que não fazem nada pela metade e, para ela, o interesse pela evolução significava uma profunda imersão nas bibliotecas, escavando os textos originais das pesquisas. Com apenas algumas indicações dadas por mim numa série de orientações informais, seus estudos a transformaram numa espécie de autoridade intelectual na teoria darwiniana. Sua decisão final de levantar âncora e partir para Botsuana, onde o darwinismo pode ser testemunhado *na prática* dia após dia, parecia inteiramente de acordo com seu temperamento: uma extensão natural, ainda que pouco convencional, da mesma busca de conhecimento. Seus filhos, não podemos deixar de pensar, têm uma herança muito auspiciosa, e também um ambiente praticamente único no qual concretizá-la.

Eles também têm que agradecer à mãe pela educação que vêm recebendo, e esse talvez seja o aspecto mais surpreendente da vida deles. Logo após sua chegada em Botsuana, Kate decidiu encarregar-se ela mesma da instrução dos filhos. Uma decisão corajosa, e eu imagino que a teria aconselhado contra essa idéia. Mas eu teria errado. Embora todo o ensino das crianças seja realizado no acampamento, elas cumprem regularmente os períodos letivos, fazem exigentes lições de casa e preparam-se para os exames que têm reconhecimento internacional. Kate alcança bons resultados, de acordo com os padrões dos certificados educacionais, e ao mesmo tempo assegura, e até mesmo fortalece, a fascinação natural que as crianças, em circunstâncias normais, geralmente perdem ao entrar na adolescência. Não acredito que algum leitor desse livro deixará de julgar a sua heterodoxa "Escola na Selva" um grande sucesso. A prova disso está no próprio livro pois, repito-o aqui, as crianças o escreveram sozinhas. Os três autores se revelam excelentes escritores: sensíveis, instruídos, articulados, inteligentes e criativos.

A escolha de Botsuana, em vez de algum outro lugar na África, foi fortuita. No devido tempo, isso levou ao encontro de Kate com Pieter Kat. E, é claro, com os leões — leões no seu habitat natural, vivendo e morrendo no ambiente para o qual a seleção natural de seus ancestrais os preparou. Pieter é o padrasto ideal para seus filhos, e esses jovens cientistas, por sua vez, se tornaram parte indispensável do projeto de pesquisa e preservação dos leões.

Foi só no ano passado que eu e minha família finalmente visitamos o acampamento. A experiência foi inesquecível, e posso comprovar o que foi descrito em *The lion children*. Trata-se de uma vida mais fascinante do que louca, embora tenha um pouco de cada coisa. Minha filha Juliet foi antes de nós, como participante de uma grande invasão de jovens visitantes que logo foram contagiados pelo entusiasmo da família residente. No primeiro dia que Juliet passou na África, Travers a levou na Land Rover para seguir o rastro dos leões, monitorados por rádio através de um dispositivo instalado em suas coleiras. Quando recebemos em casa a carta de Juliet, transbordante de entusiasmo com tal iniciação, eu retransmiti a história à sua avó, que me interrompeu com a voz cheia de pânico: "Acompanhada, é claro, de pelo menos dois guardas-florestais africanos armados?". Tive que confessar que na realidade Travers havia sido o único a acompanhar Juliet, que não havia mais ninguém com ele na Land Rover e que, pelo que eu sabia, não havia guardas nem armas no acampamento. Não me importo de confessar que, embora eu não tenha dito a minha mãe, eu mesmo me encontrava bastante aflito com a história. Mas isso foi antes que eu tivesse visto Travers na selva. Ou, a bem da verdade, Angus ou Maisie.

Chegamos um mês depois de Juliet, e nossos temores logo cessaram. Eu já havia estado na África antes; na realidade, foi lá que eu nasci. Mas nunca me sentira tão próximo da natureza. Ou tão próximo dos leões ou de outros animais selvagens de grande porte. E, além disso, havia a maravilhosa camaradagem da vida no acampamento; as risadas e as discussões na barraca onde era servido o jantar, todo mundo gritando ao mesmo tempo. Recordo-me de dormir e de caminhar imerso nos sons da noite africana, do incansável "Trabalhe mais" da rola-do-cabo,* os guinchos insolentemente robustos dos babuínos, o distante — e, por vezes, nem tão distante assim — rugido dos bandos de leões. Lembro-me da festa de aniversário de dezesseis anos de Juliet, programada para a lua cheia: a cena surreal de uma mesa cheia de velas acesas erguendo-se orgulhosa e sozinha num campo aberto, a quilômetros de distância do acampamento e, para falar a verdade, a quilômetros de distância do que quer que fosse; do nó na garganta enquanto assistíamos à gigantesca lua cheia surgir exatamente na hora certa, a princípio refletida na rasa Poça dos Chacais e mais tarde destacando as sombras espectrais das hienas saqueadoras — o que nos fez levar às pressas o pequeno Oakley, que dormia, para um lugar seguro no interior da Land Rover. Recordo-me da nossa última noite e de uma dúzia de leões, rugindo e atracando-se com uma zebra recém-abatida logo adiante do acampamento. As emoções atávicas que essa cena noturna primitiva despertava — pois, onde quer que tenhamos crescido, nossos genes são africanos — ainda me perseguem.

* Dawkins se refere ao canto da rola-do-cabo [*Streptopelia capicola*], pássaro que habita essa região, que soa como "*Work harder*". (N. T.)

Mas não consigo nem de longe fazer justiça a esse mundo que foi o cenário de uma infância tão extraordinária. Estive lá somente por uma semana e, sem dúvida alguma, sou uma pessoa saciada pela maturidade. Leia o livro e experimente, através de vigilantes olhos jovens, toda a África — e seus prodígios.

4. Heróis e ancestrais[140]

Nossas primeiras lembranças podem construir um Éden particular, um jardim perdido para o qual não é possível retornar. Para mim, o nome Mbagathi invoca uma série de mitos. No início da guerra, meu pai, que estava em serviço em Niasalândia (hoje Malawi) com os colonos, foi chamado a se juntar ao exército no Quênia. Minha mãe desobedeceu às ordens para ficar em Niasalândia e o acompanhou, atravessando estradas sulcadas e poeirentas e fronteiras sem sinalização e, felizmente, também sem policiamento, até chegar ao Quênia, onde mais tarde eu nasci e vivi até os dois anos de idade. Minha lembrança mais antiga são as duas choupanas caiadas cobertas de sapé que meus pais construíram para nós num jardim perto do pequeno rio Mbagathi, com sua ponte para pedestres, de onde certa vez eu caí na água. Sempre sonhei em retornar ao lugar desse batismo involuntário, não porque houvesse ali alguma coisa extraordinária, mas porque na minha memória não há nenhuma lembrança anterior a essa.

O jardim com as duas choupanas caiadas foi o Éden dos meus primeiros anos de vida, e o Mbagathi, o meu rio particular. Mas numa escala de tempo maior, a África representa o Éden para todos nós, o jardim ancestral cujas recordações darwinianas foram entalhadas em nosso DNA durante milhões de anos até o nosso recente êxodo a partir da África pelo mundo afora. Foi pelo menos em parte a busca dessas raízes, os ancestrais de nossa espécie e o jardim de minha própria infância que me levaram de volta ao Quênia em dezembro de 1994.

Minha esposa Lalla sentou-se por acaso ao lado de Richard Leakey durante o almoço de lançamento de seu livro *The origin of humankind* [A origem da humanidade],[141] e, ao final desse evento, ele a havia convidado (e a mim) para passar o Natal com sua família no Quênia. Poderia haver um começo melhor para essa busca do que uma visita à família Leakey em sua própria casa? Aceitamos o convite com gratidão. No caminho, passamos alguns dias com um antigo colega, o especialista em ecologia econômica dr. Michael Norton-Griffiths, e sua esposa Annie, na casa deles em Langata, perto de Nairóbi. O encanto desse paraíso de buganvílias e de jardins de um verde luxuriante foi quebrado apenas pela necessidade evidente de um equivalente queniano ao alarme contra ladrões — o *askari** contratado pelos proprietários capazes de arcar com esse luxo para fazer a patrulha dos jardins durante a noite, à mão armada.

Eu não sabia por onde começar a procura do meu Mbaghati perdido. Sabia apenas que ele ficava em algum lugar próximo à Grande Nairóbi. Era óbvio que a cidade havia se expandido desde 1943. Era bem possível que o jardim de minha infância tivesse definhado debaixo de um estacionamento ou de um hotel internacional. Numa apresentação de hinos de Natal na casa de um vizinho, cultivei a amizade dos convidados mais grisalhos e mais enrugados, à procura de um cérebro antigo no qual o nome

* *Askari* significa "guarda" ou "guerreiro" em suaíli. (N. T.)

da sra. Walter, a filantrópica proprietária do nosso jardim, ou de Grazebrooks, a residência dela, pudesse ter se alojado. Embora instigados pela minha busca, nenhum deles pôde me ajudar. Então eu descobri que o córrego abaixo do jardim dos Norton-Griffiths era chamado de rio Mbaghati. Havia uma trilha íngreme de terra vermelha descendo a colina e eu fiz ali uma peregrinação ritual. Ao pé da colina, a menos de duzentos metros de onde estávamos hospedados, havia uma pequena ponte para os pedestres e eu fiquei ali, comovido, assistindo aos habitantes do povoado atravessarem o rio Mbagathi de volta para casa após um dia de trabalho.

Não sei, e talvez jamais venha a saber, se essa era a "minha" ponte, mas provavelmente esse rio era o meu Jordão, já que os rios vivem mais longamente que as obras construídas pelos homens. Jamais descobri meu jardim e tenho dúvidas se ele terá sobrevivido. A memória humana é frágil; nossas tradições se mostram tão erráticas quanto a brincadeira de telefone-sem-fio, e, em grande medida, falsas; os registros escritos se desintegram e, de todo modo, a escrita conta apenas com alguns milhares de anos. Se quisermos perseguir nossas raízes retrocedendo milhões de anos, necessitamos de recordações da linhagem humana que se mostrem mais persistentes. Há duas fontes de lembranças desse tipo, os fósseis e o DNA — o hardware e o software. O fato de que a nossa espécie conta agora com uma história substancial é algo que se deve creditar em parte a uma família, os Leakey: o falecido Louis Leakey, sua esposa Mary, seu filho Richard e a esposa deste, Meave. Era para a casa de veraneio de Richard e Meave em Lamu que estávamos indo no Natal.

A sedutoramente suja cidade de Lamu, uma das fortalezas do islã nas fronteiras do oceano Índico, fica numa ilha cor de areia próxima aos manguezais que bordejam a costa. A imponente região da cidade que se situa de frente para o mar faz lembrar a Matodi de Evelyn Waugh no primeiro capítulo de *Malícia negra*. Com suas valas de pedra abertas, escurecidas pela água espumenta, e ruelas demasiado estreitas para o trânsito sobre rodas, burricos sobrecarregados trotam resolutamente, sozinhos, em seus serviços pela cidade. Gatos esqueléticos dormem nos pedacinhos de chão onde bate sol. Mulheres vestindo véus negros como corvos passam humildemente na frente dos homens sentados à soleira das portas, espantando o calor e as moscas. A cada quatro horas os muezins (hoje em dia alguns deles foram substituídos por gravações em fitas cassete escondidas nos minaretes) conclamam os fiéis às orações. Nada perturba os marabus em sua vigília numa perna só ao redor do matadouro.

Os Leakey não são ingleses, mas brancos nascidos no Quênia. Sua casa foi construída no estilo suaíli (esse é um território nativo suaíli, diferentemente da maior parte do Quênia, onde ele foi introduzido como língua franca e disseminado pelo comércio de escravos feito pelos árabes). É uma casa muito alta, espaçosa, branca, abençoadamente fresca, com uma varanda em arcos, o chão coberto por ladrilhos e tapetes de junco, sem vidraças nas janelas, sem água quente nos canos e sem necessidade alguma dessas coisas. Todo o andar de cima, ao qual se chega por uma escada externa de degraus irregulares, é um único ambiente vazio, decorado apenas com tapetes de junco, almofadas e colchões, completamente aberto aos mornos ventos noturnos e aos morcegos que mergulham próximos de Órion. Sobre esse espaço arejado, suspenso sobre estacas, o inconfundível teto suaíli, uma cobertura de bambus presa a uma estrutura elevada lá no alto, construída com toras de palmeira presas intrincadamente umas às outras com tiras de couro.

Richard Leakey é robusto e heróico, e faz jus ao clichê "um grande homem em todos os sentidos". Como outros grandes homens, ele é querido por muitos, temido por alguns, e não se mostra exageradamente preocupado com a opinião de quem quer que seja. Ele perdeu as duas pernas num acidente aéreo quase fatal em 1993, ao final de um período extraordinariamente bem-sucedido em sua cruzada contra a caça ilegal. Como diretor do Kenya Wildlife Center, Richard transformou a polícia florestal, antes desmoralizada, num excelente exército munido de armas modernas para fazer frente aos caçadores e, o que é mais importante, com *esprit de corps* e determinação para contra-atacar. Em 1989, ele convenceu o presidente Moi a acender uma fogueira com mais de 2 mil presas arrancadas dos elefantes, um golpe de mestre de relações públicas bem de acordo com o inconfundível estilo leakeyano, que representou um importante auxílio na destruição do comércio do marfim e na preservação dos elefantes. Mas o prestígio internacional de Leakey, que contribuiu para que seu departamento obtivesse recursos cobiçados também por outros oficiais, tornou-se motivo de inveja. O que é mais imperdoável ainda, ele demonstrou de maneira ostensiva que é possível dirigir uma grande instituição governamental no Quênia com eficiência e sem corrupção. Leakey teve que deixar o cargo, e o fez. Coincidentemente, seu avião apresentou um inexplicável defeito no motor, e hoje ele se movimenta sobre duas pernas artificiais (com um par reserva desenhado especialmente para que possa nadar usando pés de pato). Ele voltou a velejar, levando como tripulantes sua esposa e suas filhas, e não perdeu tempo em reobter sua licença como piloto. Leakey não deixou que seu espírito fosse derrotado.

Se Richard Leakey é um herói, seu conhecimento sobre os elefantes se equipara ao daquele casal legendário e formidável,

Iain e Oria Douglas-Hamilton. Iain e eu (e também Mike Norton-Griffiths) fomos alunos do grande naturalista Niko Tinbergen, em Oxford. Nós não nos víamos havia muito tempo, e os Douglas-Hamilton convidaram Lalla e a mim para passarmos o final das nossas férias no lago Naivasha. Iain descende de uma dinastia de belicosos escoceses proprietários de terras que, nas gerações mais recentes, se tornaram campeões da aviação. Oria descende de uma família de valentões de origem ítalo-francesa que se aventuraram na África. Eles se conheceram de uma maneira romântica, viveram perigosamente, criaram suas filhas brincando destemidas entre os elefantes selvagens e combateram, com palavras, o comércio do marfim, e com armas de fogo os caçadores ilegais.

Os pais de Oria, exploradores e caçadores de elefantes na década de 1930, construíram à beira do lago Naivasha um espantoso monumento à elegância *art déco*, conhecido como Sirocco, o "palácio cor-de-rosa". Ali se estabeleceram para cuidar de uma fazenda de 3 mil acres. Eles foram enterrados um ao lado do outro no jardim, perto da alameda de ciprestes que plantaram para se lembrarem de Nápoles, tendo ao fundo o Longonot em vez do Vesúvio. Quando eles morreram, a propriedade sobreviveu de maneira decadente durante dez anos, até que Oria, imbuída de determinação e contrariando todas as recomendações econômicas, voltou para lá. Hoje, a fazenda voltou a prosperar, embora já não tenha 3 mil acres; o Sirocco propriamente dito foi restaurado e recuperou a aparência que tinha no passado. Iain pilota seu pequeníssimo avião de volta para casa todos os finais de semana, desde Nairóbi, onde dirige sua recém-inaugurada organização beneficente, Save the Elephants. Toda a família havia se reunido para o Natal em Sirocco e nós iríamos encontrá-los no Ano-Novo.

Nossa chegada foi inesquecível. Através das portas abertas, a música vibrava (a trilha composta por Vangelis para o filme *1492* — que eu, mais tarde, selecionei como um dos *Discos que eu levaria para uma ilha deserta*). Depois de um almoço típico africano e italiano para vinte convidados, nos instalamos no terraço, de onde podíamos avistar o pequeno padoque onde, 25 anos antes, sem ser convidado ou esperado, Iain havia aterrissado seu avião para o espanto aterrorizado dos pais de Oria e de seus convivas, durante um almoço festivo semelhante ao daquele dia. Na manhã seguinte à extraordinária entrada de Iain em sua vida, Oria havia, sem hesitações, decolado com ele em direção ao lago Manyara, onde os jovens deram início ao seu hoje famoso estudo sobre os elefantes na selva. Eles permanecem juntos desde então. A história deles foi narrada em dois livros, o bucólico *Among the elephants* [Entre os elefantes] e o mais sombrio *Battle for the elephants* [Batalha pelos elefantes].[142]

Na varanda, de frente para o monte Longonot, fica o crânio de Boadicea, a matriarca gigante de Manyara, mãe ou avó de uma boa parte dos elefantes de Iain. Vítima do holocausto da caça, seu crânio foi amarrado com devoção ao assento traseiro do avião de Iain e transportado até seu descanso final contemplando do alto um jardim tranqüilo. Não há elefantes na região de Naivasha, de modo que nós fomos poupados do famoso tratamento Douglas-Hamilton em que os convidados são levados a passear e amedrontados até não poder mais. A seguinte passagem, do livro *The tree where man was born* [A árvore em que nasceu o homem],[143] do escritor e viajante americano Peter Matthiessen, é absolutamente típica:

> "Não acredito que ela vá nos atacar", sussurrou Iain. Mas no momento em que a manada passou e nos vimos em segurança novamente, Ophelia veio se balançando pela ribanceira, e já não mostrava os sinais de ameaça. Nada de orelhas estendidas, nem de

urros, somente uma elefanta, a tromba levantada lá em cima, a menos de vinte metros de nós.

Quando comecei a correr, lembro-me de ter amaldiçoado a mim mesmo pelo simples fato de estar ali; minha única chance era que a elefanta apanhasse o meu amigo em vez de mim. Sentindo-me desamparado, ou talvez em resposta a algum instinto que me dizia para não dar as costas a um animal em pleno ataque, olhei em volta outra vez, e fui recompensado com uma das melhores cenas que já vi em toda a minha vida. Douglas-Hamilton, relutando em largar seu equipamento, sabendo que a tentativa de fugir seria de todo inútil e sem dúvida irritado porque Ophelia não tinha agido conforme ele previra, fazia uma última tentativa de resistir. Enquanto o elefante avançava sobre nós, preenchendo o desagradável calor do meio-dia com seu corpo avantajado coberto de pó, ele abriu os braços e agitou o equipamento brilhante na cara dela, gritando "Cai fora!". Surpresa, a atordoada Ophelia abriu suas orelhas e urrou, mas ela dera um passo para o lado, perdendo a iniciativa, e agora, desviada de sua trajetória, foi se balançando na direção do rio, trombeteando zangadamente e olhando para trás.

Lá do alto da ribanceira veio a risada estrepitosa de Oria. Iain e eu nos arrastamos de volta para almoçar. Não tínhamos absolutamente coisa nenhuma a dizer.

O único defeito das nossas férias em Naivasha foi o desagradável rumor de que um leopardo ficara preso numa armadilha numa fazenda nas vizinhanças e a estava arrastando dolorosamente em algum lugar próximo dali. Num silêncio enfurecido, Iain apanhou sua arma (pois um leopardo ferido pode ser perigoso), chamou o melhor rastreador Masai que havia na fazenda e partimos numa velha Land Rover.

O plano era encontrar o leopardo seguindo seus rastros e buscando informações das testemunhas, atraí-lo para um alçapão, cuidar dele até que se recuperasse e então soltá-lo novamente na fazenda. Como não tenho conhecimento algum do suaíli, eu podia avaliar o progresso das investigações somente pelas expressões faciais, pelas entonações e pelos ocasionais resumos que Iain fazia em meu benefício. Finalmente encontramos um rapaz que tinha visto o leopardo, embora o negasse, de início. Iain sussurrou para mim que essas negativas iniciais — desconcertantes, para a minha ingênua honestidade — faziam parte do ritual e eram esperadas. No final das contas, sem reconhecer nem por um momento que havia mudado sua história, o jovem declarou que nos conduziria até o local. Ele decididamente o fez, e ali o rastreador Masai encontrou pêlos de leopardo e possíveis pegadas. Ele pulava e se abaixava por entre as canas de papiro, seguido por Iain e por mim. Quando concluí que estávamos definitivamente perdidos, nós reemergimos em nosso ponto de partida. A pista tinha esfriado.

Com mais algumas escaramuças verbais igualmente indiretas, localizamos uma testemunha mais recente que nos levou a uma outra clareira em meio às canas de papiro, e Iain decidiu que ali era o melhor lugar para uma armadilha. Ele telefonou para o Kenya Wildlife Center e eles trouxeram, ainda naquele dia, uma grande jaula de ferro na parte traseira de uma Land Rover. Sua porta era projetada para se fechar quando a carne usada como isca fosse puxada. Tarde da noite, atravessamos aos trancos a plantação de papiro e o estrume dos hipopótamos, camuflamos a armadilha com folhagem, fizemos uma trilha de carne crua até a sua entrada, colocamos como isca a metade de um carneiro e fomos dormir.

No dia seguinte, Lalla e eu tínhamos que retornar a Nairóbi e, quando partimos, a isca permanecia na armadilha, não atraíra nada mais substancial do que um mangusto. Iain nos levou em seu pequeno avião, voando acima das colinas vulcânicas que soltavam fumaça e mais baixo sobre os vales preenchidos por rios, sobre as zebras e (quase) sob as girafas, dispersando a poeira e os bodes das aldeias Masai, bordejando as montanhas Ngong em direção a Nairóbi. No aeroporto Wilson, encontramo-nos por acaso com Meave Leakey. Meave assumiu em grande parte a direção do trabalho de busca de fósseis anteriormente conduzido por Richard, e se ofereceu para nos apresentar aos nossos ancestrais nas galerias do Museu Nacional do Quênia. Esse raro privilégio foi combinado para a manhã seguinte, dia de nossa partida para Londres.

O grande arqueólogo Schliemann "olhou diretamente no rosto de Agamênon". Bem, a máscara de um chefe da Idade do Bronze é algo espetacular de se ver. Mas como convidado de Meave Leakey eu pude olhar o rosto do KNM-ER 1470 (*Homo habilis*), que viveu e morreu 20 mil séculos antes que a Idade do Bronze tivesse começado...

Cada fóssil é acompanhado de um molde detalhadamente preciso que podemos pegar nas mãos e examinar enquanto olhamos para o inestimável original. Os Leakey nos contaram que sua equipe estava escavando um novo sítio no lago Turcana, com fósseis de 4 milhões de anos de idade, mais antigos do que todos os outros hominídeos descobertos até então. Na semana em que escrevo este ensaio, Meave e seus colegas publicaram na *Nature* o primeiro resultado colhido nesse estrato tão antigo: uma nova espécie descoberta, o *Australopithecus anamensis*, representado por uma mandíbula e diversos outros fragmentos. Os novos achados sugerem que nossos ancestrais já andavam eretos há 4 milhões de anos, momento surpreendentemente (para algumas pessoas) próximo àquele em que nos separamos da linhagem dos chimpanzés.*

* Fósseis ainda mais antigos foram descobertos desde que escrevi este ensaio.

O leopardo, Iain nos contou depois, nunca alcançou a armadilha. Iain temia mesmo que ele não conseguisse fazê-lo, pois as indicações da segunda testemunha sugeriam que, ferido fatalmente pelos dentes da armadilha, ele já estaria próximo de morrer de inanição. Para mim, a parte mais memorável daquele dia à procura do leopardo foi a conversa que tive com os dois guardas negros do Kenya Wildlife Center que nos trouxeram o alçapão. Fiquei profundamente impressionado com a eficiência, o humanitarismo e a dedicação daqueles homens. Eles não tinham permissão para me deixar fotografar sua operação e pareciam um tanto reservados até que eu mencionei o nome do dr. Leakey, seu antigo chefe, agora no terreno inóspito da política. Os olhos deles imediatamente se iluminaram. "Oh, o senhor conhece Richard Leakey? Ele é um homem e tanto, um homem magnífico!" Perguntei a eles como o Kenya Wildlife Center estava se saindo. "Oh, bem, nós continuamos na luta. Fazemos o melhor que podemos. Mas não é a mesma coisa. Que homem magnífico!"

Fomos à África para encontrar o passado. Encontramos também heróis e inspiração para o futuro.

VII. ORAÇÃO PARA MINHA FILHA

Esta última seção, com seu título tomado de empréstimo a W. B. Yeats, tem um único texto: uma carta aberta à minha filha, escrita quando ela tinha dez anos. Durante a maior parte de sua infância eu infelizmente estive junto dela apenas por curtos períodos de tempo, o que tornava difícil falar sobre as coisas importantes da vida. Sempre fui escrupulosamente cuidadoso em evitar toda forma de doutrinação infantil, pois considero que isso é responsável, no final das contas, por boa parte dos males que há no mundo. Outras pessoas, menos próximas dela, não se mostraram igualmente escrupulosas, o que sempre me preocupou muito, uma vez que eu tinha o forte desejo de que ela, assim como todas as crianças, pudesse tomar as próprias decisões livremente quando chegasse à idade de fazê-lo. Eu sempre quis encorajá-la a pensar, sem dizer a ela *o que* pensar. Quando ela completou dez anos de idade, pensei em lhe escrever uma longa carta. Mas enviá-la repentinamente parecia algo demasiado formal e descabido.

Então, por acaso, surgiu uma oportunidade. Meu agente literário, John Brockman, com sua sócia e esposa Katinka Matson tiveram a idéia de editar um livro de ensaios como um presente especial, próprio para um ritual de passagem, para o filho deles, Max. Eles convidaram clientes e amigos para contribuir com ensaios que trouxessem conselhos ou inspiração para um jovem iniciando-se na vida. O convite me estimulou a escrever, sob a forma de uma carta aberta, os conselhos que eu desejara dar à minha filha e que minha timidez anterior me havia impedido de fazer. O livro, *How things are* [Como as coisas são], mudou sua missão na metade do caminho. Ele continuou a ser um livro dedicado a Max, mas ganhou o subtítulo *A science tool-kit for the mind* [Uma caixa de ferramentas da ciência], e os autores que contribuíram com seus textos mais ao final do processo não foram convidados a escrever especificamente para um jovem.

Oito anos depois, a maioridade de Juliet chegou enquanto esta coletânea era preparada, e o livro é dedicado a ela como um presente pelos seus dezoito anos, com o amor de seu pai.

1. Boas e más razões para acreditar[144]

Querida Juliet,

Agora que você completou dez anos, quero lhe falar a respeito de algo que é muito importante para mim. Você já se perguntou alguma vez como é que sabemos as coisas que sabemos? Como é que sabemos, por exemplo, que as estrelas, que parecem minúsculos furinhos de alfinete no céu, são na verdade enormes bolas de fogo como o Sol e se encontram muito, muito distantes? E de que modo sabemos que a Terra é uma esfera de menor tamanho, girando ao redor de uma dessas estrelas, o Sol?

A resposta a essas perguntas se dá "pelas evidências". Às vezes, "evidência" significa simplesmente ver (ou ouvir, perceber pelo tato, perceber pelo olfato...) que algo é verdadeiro. Os astronautas viajaram até muito longe da Terra para ver com os próprios olhos que ela é redonda. Às vezes, os nossos olhos precisam de auxílio. A "estrela da tarde" parece um brilho cintilante no céu, mas com a ajuda de um telescópio podemos ver que ela é uma linda esfera — o planeta que chamamos Vênus. Quando descobrimos algo pela visão direta (ou pela audição, pelo tato...), chamamos isso de "observação".

Muitas vezes, as evidências não nascem da observação pura e simples, mas a observação está sempre na base delas. Quando ocorre um assassinato, geralmente ele não é observado por ninguém (exceto pelo assassino e pela pessoa que foi morta!). Porém os detetives podem reunir um grande número de observações de outro tipo que podem apontar na direção de um suspeito em particular. Se as impressões digitais de uma pessoa são iguais àquelas encontradas num punhal, isso é uma prova de que essa pessoa tocou nele. Não se trata de uma prova de que ela cometeu o crime, mas pode representar uma ajuda ao ser reunida a um conjunto de outras provas. Às vezes um detetive trabalha com uma série de observações, e de repente se dá conta de que todas elas se encaixam e fazem sentido se Fulano-de-tal tiver cometido o crime.

Os cientistas — os especialistas em descobrir o que é verdadeiro em relação ao mundo e ao universo — quase sempre agem como detetives. Eles têm uma intuição (que chamamos de "hipótese") de que uma certa coisa seja verdadeira. Eles então dizem para si mesmos: *se* isso fosse realmente verdade, deveríamos observar tal e tal coisa. Isso é chamado de "predição". Por exemplo, se o mundo é realmente redondo, podemos predizer que um viajante, indo sempre adiante numa mesma direção, deverá chegar, por fim, ao mesmo lugar de onde partiu. Quando um médico nos diz que estamos com sarampo, ele não olha para nós e prontamente *vê* o sarampo. Sua primeira olhada o faz pensar na *hipótese* de que estejamos com sarampo. Então ele diz a si mesmo: se essa pessoa estiver realmente com sarampo, eu deveria observar... Ele então examina sua lista de predições e as testa com seus olhos (o paciente tem manchas?), com suas mãos (a testa dessa pessoa está quente?) e com seus ouvidos (o peito apresenta aquele chiado característico dos pacientes com sarampo?). Só depois disso ele chega a uma decisão e diz: "Meu diagnóstico é de que essa criança está com sarampo". Há ocasiões em que os médicos necessitam fazer outros testes, como exames de sangue e raios X, que ajudam os olhos, as mãos e os ouvidos deles a fazer observações.

O modo como os cientistas usam as evidências para fazer descobertas sobre o mundo é muito mais engenhoso e mais complicado do que eu poderia explicar numa pequena carta como esta. Mas agora que já lhe falei das evidências, que são uma boa razão para acreditarmos em alguma coisa, quero alertá-la contra três razões indevidas para acreditar no que quer que seja. Elas são chamadas de "tradição", "autoridade" e "revelação".

Primeiro, a tradição. Alguns meses atrás, fui à televisão para um debate com aproximadamente cinqüenta crianças. Elas haviam sido convidadas pelo fato de terem sido criadas em várias religiões diferentes. Algumas haviam sido criadas na religião cristã, outras na religião judaica, muçulmana, hindu ou sique. O entrevistador foi de uma criança à outra, perguntando em que elas acreditavam. As respostas mostram exatamente o que eu quero dizer por "tradição". Aquilo em que elas acreditavam não tinha nenhuma relação com algum tipo de evidência. As crianças simplesmente apresentaram as crenças de seus pais e avós, que por sua vez também não se basearam em evidências de nenhum tipo. Elas disseram coisas como: "Nós, os hindus, acreditamos nisso e naquilo". "Nós, os muçulmanos, acreditamos nisso e naquilo." "Nós, os cristãos, acreditamos em outra coisa."

É claro que, uma vez que elas acreditavam em coisas diferentes, não é possível supor que todas estivessem certas. O entrevistador pareceu considerar muito adequado que isso fosse assim, já que nem ao menos tentou levá-las a debater suas diferenças umas em relação às outras. Mas não é esse o xis da questão, na minha opinião. Eu simplesmente gostaria de perguntar de onde vieram suas crenças. Elas vieram da tradição. Ou seja, foram transmitidas dos avós para os pais, e então para os filhos, e assim por diante. Ou ainda por intermédio de livros herdados, de uma geração a outra, ao longo de séculos. As crenças tradicionais em geral se iniciam a partir de quase nada; talvez alguém simplesmente as invente, como as histórias sobre Zeus e Thor. Mas depois de terem sido transmitidas durante alguns séculos, o mero fato de serem tão antigas faz com que pareçam especiais. As pessoas acreditam em certas coisas somente porque as pessoas acreditaram nelas durante séculos. Isso é tradição.

O problema com a tradição é que, não importa há quanto tempo uma história tenha sido inventada, ela permanece, ainda assim, tão verdadeira ou falsa quanto era de início. Se inventarmos uma história que não é verdadeira, transmiti-la ao longo de muitos séculos não a tornará nem um pouquinho mais verdadeira!

A maior parte das pessoas na Inglaterra foi batizada na Igreja Anglicana, mas esse é somente um dos muitos ramos da religião cristã. Há uma série de outros, como a Igreja Ortodoxa Russa, os católicos romanos e as Igrejas Metodistas. Todos eles têm crenças diferentes. A religião judaica e a religião muçulmana são ainda mais distintas, e há diversos tipos de judeus e de muçulmanos. As pessoas que acreditam em coisas diferentes umas das outras, mesmo que se trate de diferenças muito pequenas, não raro entram em guerra por causa dessas discordâncias. Isso poderia levá-la a supor que elas tenham razões muito boas — evidências — para acreditar naquilo em que acreditam. Mas, na realidade, suas crenças resultam inteiramente de tradições diferentes.

Vamos falar sobre uma tradição em particular. Os católicos romanos acreditam que Maria, a mãe de Jesus, era tão especial que ela não morreu; em vez disso foi conduzida, na sua forma corpórea, ao Céu. Outras tradições cristãs discordam disso, e afirmam que Maria na verdade morreu como morrem as outras pessoas. Essas religiões não falam muito sobre Maria e, à diferença dos católicos romanos, não a chamam de "Nossa Senhora". A tradição de que o corpo de Maria ascendeu ao Céu não é muito antiga. A Bíblia nada diz sobre como ela morreu ou sobre o momento em que isso se deu; na verdade, a pobre mulher mal é mencionada na Bíblia. A crença de que seu corpo ascendeu ao Céu só foi inventada aproximadamente seis séculos depois do nascimento de Jesus. De início, alguém criou essa história, exatamente do mesmo modo como qualquer outra história do tipo *Branca de Neve* foi criada. Contudo, ao longo dos séculos, ela se transformou numa tradição e as pessoas começaram a levá-la a sério apenas *porque* a história havia sido transmitida ao longo de tantas gerações. Quanto mais antiga a tradição se tornava, mais as pessoas a tomavam com seriedade. Finalmente, ela foi considerada uma crença oficial do Catolicismo Romano, o que ocorreu há muito pouco tempo, em 1950. Mas a história não era mais verdadeira em 1950 do que quando foi contada pela primeira vez, seiscentos anos após a morte de Maria.

Voltarei a falar da tradição ao final da minha carta, para examiná-la de outra maneira. Antes disso, porém, preciso falar das duas outras razões impróprias para acreditar em alguma coisa: a autoridade e a revelação.

A autoridade, como uma razão para se acreditar em algo, significa que acreditamos numa coisa porque alguma pessoa importante nos disse para fazê-lo. Na Igreja Católica Romana, o papa é a pessoa mais importante, e as pessoas acreditam que ele está certo porque ele é o papa. Há um ramo da religião muçulmana em que as pessoas importantes são os velhos de barbas chamados de "aiatolás". Centenas de jovens muçulmanos são preparados para cometer assassinatos, unicamente porque os aiatolás num país distante lhes dizem para fazê-lo.*

Ao mencionar que foi somente em 1950 que finalmente se disse aos católicos romanos que eles deveriam acreditar que o corpo de Maria subiu ao Céu, o que eu quis apontar é que em 1950 o papa disse às pessoas que elas tinham que acreditar nisso. E pronto. O papa disse que era verdade, então só podia ser verdade! Ora, provavelmente uma parte daquilo que o papa disse durante sua vida era verdade e outra parte não era. Não há nenhuma boa razão para que, apenas pelo fato de se tratar do papa, alguém devesse acreditar em tudo o que ele dizia, do mesmo modo como não acreditamos em tudo o que um grande número de pessoas diz. O papa atual recomendou às pessoas que não limitassem o número de filhos que teriam. Se as pessoas seguirem o que ele recomenda de maneira tão servil quanto ele gostaria, os resultados talvez sejam terríveis explosões de fome, doenças e guerras, ocasionadas pela superpopulação.

É claro que, mesmo na ciência, algumas vezes não é possível que vejamos as evidências nós mesmos e, nesse caso, temos que acreditar na palavra de alguém. Eu não vi com meus próprios olhos as evidências de que a luz viaja a uma velocidade de 300 mil quilômetros por segundo. No lugar disso, eu acredito em livros que me informaram a velocidade da luz. Isso pode soar parecido com a "autoridade". Mas, na realidade, trata-se de algo bem melhor, porque as pessoas que escreveram os livros viram as evidências e qualquer pessoa tem a liberdade de examiná-las a qualquer momento em que quiser fazê-lo. Isso é muito confortador. Mas nem mesmo os padres afirmam que existem evi-

* A fátua contra Salman Rushdie ocupava um lugar proeminente na mídia na época em que escrevi este texto.

dências para a história sobre o corpo de Maria voando em direção ao Céu.

O terceiro tipo de razão indevida para se acreditar em algo é chamado de "revelação". Se tivéssemos perguntado ao papa, em 1950, como ele sabia que o corpo de Maria tinha desaparecido céu adentro, ele provavelmente teria respondido que isso fora "revelado" a ele. Ele se recolheu em seu quarto e rezou, pedindo orientação. Sozinho, o papa pensou e pensou, e sua certeza interior foi se tornando cada vez maior. Quando as pessoas religiosas sentem, no interior delas, que alguma coisa deve ser verdade, muito embora não tenham evidência alguma disso, elas chamam esse sentimento de "revelação". Não são somente os papas que afirmam ter revelações. Um grande número de pessoas religiosas faz o mesmo tipo de afirmação. Essa é uma das principais razões que as levam a acreditar naquilo em que acreditam. Mas, será que essa é mesmo uma boa razão?

Suponha que eu lhe dissesse que seu cachorro morreu. Você ficaria muito triste, e provavelmente perguntaria: "Tem certeza? Como você sabe? Como isso aconteceu?". Agora, imagine que eu respondesse: "Na realidade, eu não sei se Pepe morreu. Não tenho evidências disso. Apenas tenho esse curioso sentimento, bem dentro de mim, de que ele morreu". Você ficaria muito zangada comigo por eu ter lhe pregado um susto, pois saberia que um "sentimento" interior não é em si mesmo uma boa razão para se acreditar que um *whippet* esteja morto. Para isso, necessita-se de evidências. Todos nós temos sentimentos dentro de nós de tempos em tempos; às vezes eles se mostram corretos e outras vezes não. De todo modo, pessoas diferentes podem ter sentimentos opostos e, nesse caso, como faremos para descobrir quais são os sentimentos corretos? A única maneira de saber que um cão está morto é vê-lo morto, ou verificar que seu coração parou de bater, ou ouvir isso de alguém que tenha tido algum tipo de comprovação de que ele está morto.

Às vezes as pessoas dizem que devemos acreditar em sentimentos profundos dentro de nós, caso contrário nunca poderíamos ter certeza de coisas como "Minha esposa me ama". Mas esse é um argumento ruim. Podemos ter um grande número de indicações de que uma pessoa nos ama. Durante todo o tempo que passamos com ela, vemos e ouvimos uma infinidade de pequenos sinais disso, e eles todos se somam. Não se trata de um puro sentimento interior, à maneira do sentimento que os padres chamam de revelação. Há acontecimentos externos que sustentam o sentimento interior: a troca de olhares, um tom carinhoso na voz, pequenos favores e gentilezas; tudo isso são evidências reais.

Algumas vezes as pessoas têm um forte sentimento interior de que alguém as ama, sem que tenham nenhuma evidência disso e, nesses casos, é muito provável que elas estejam completamente enganadas. Há pessoas que têm um forte sentimento de que uma famosa estrela de cinema as ama, quando, na realidade, a estrela de cinema nem sequer sabe quem elas são. Pessoas como essas têm a mente doente. Sentimentos interiores precisam ser sustentados por evidências, caso contrário simplesmente não devemos acreditar neles.

Sentimentos interiores são valiosos na ciência também, mas apenas para nos fornecer idéias que serão testadas mais tarde, por meio da procura de evidências. Um cientista pode ter uma "intuição" a respeito de uma idéia que ele "sente" que esteja correta. Essa não é, em si mesma, uma boa razão para se acreditar em alguma coisa. Mas pode ser uma boa razão para dedicarmos algum tempo a um experimento específico, ou para olharmos numa direção particular em busca de evidências. Os cientistas usam os sentimentos interiores a todo momento, para terem idéias. Entretanto, tais sentimentos não têm valor algum até que encontrem sustentação nas evidências.

Prometi que voltaria a falar da tradição, e que a olharia de outra maneira. Quero tentar explicar por que a tradição é tão importante para nós. Todos os animais são construídos (por um processo que é chamado de evolução) para sobreviver no ambiente normal em que sua espécie vive. Os leões são construídos para se saírem bem nas planícies da África onde vivem. Os camarões-d água-doce são construídos para serem bons em sobreviver na água fresca, ao passo que as lagostas são construídas para se saírem bem em sua vida na água salgada do mar. As pessoas também são animais, e somos construídos para nos sairmos bem na tarefa de sobreviver num mundo cheio de... outras pessoas. A maioria de nós não caça o próprio alimento como fazem os leões e as lagostas, nós o compramos de outras pessoas que, por sua vez, o compraram de outras pessoas. Nós "nadamos" em meio a um "mar de pessoas". Assim como os peixes necessitam de guelras para sobreviver na água, as pessoas necessitam de cérebros que as tornem capazes de lidar com outras pessoas. Assim como o mar é cheio de água salgada, o mar de pessoas é cheio de coisas difíceis de aprender. Como as línguas.

Você fala inglês, mas sua amiga Ann-Kathrin fala alemão. Cada uma de vocês fala a língua adequada para "nadar para lá e para cá" em seu próprio e diferente "mar de pessoas". A língua é transmitida pela tradição. Não há nenhuma outra forma. Na Inglaterra, Pepe é *a dog*. Na Alemanha ele é *ein Hund*. Nenhuma dessas duas expressões é mais correta ou mais verdadeira do que a outra. Ambas são simplesmente transmitidas. Para que possam tornar-se capazes de "nadar por aí no mar de pessoas", as crianças têm que aprender a língua de seu próprio país, assim como um grande número de outras coisas a respeito de seu povo, e isso significa que elas têm que absorver, como um mata-borrão, um volume amplo de tradições. (Lembre-se de que tradição significa simplesmente coisas que são transmitidas dos avós para os pais e, destes, para os filhos.) O cérebro da criança tem que ser um sugador de informação tradicional. E não se pode esperar que ela saiba separar a informação tradicional que é boa e útil, como as palavras de uma língua, da informação tradicional que é nociva e tola, como a crença em bruxas e demônios e virgens que vivem para todo o sempre.

É uma pena, mas não é possível evitar que, visto que as crianças necessitam ser sugadoras de informação tradicional, elas acabem acreditando em tudo aquilo que os adultos lhes dizem, seja verdadeiro ou falso, seja correto ou errado. Muito do que os adultos dizem a elas é verdadeiro e baseado em evidências, ou é ao menos algo que faz sentido. Mas, se uma parcela do que eles dizem é falsa, tola ou mesmo nociva, não há nada que as impeça de acreditar nisso igualmente. Ora, quando as crianças crescem, o que elas fazem? Bem, como seria de esperar, elas dizem as mesmas coisas à geração de crianças seguinte. Assim, uma vez que algo se transforme numa forte crença — mesmo que se trate de algo completamente falso e que, desde o início, nunca tenha havido razões para se acreditar nisso —, pode perdurar para sempre.

Será que foi isso o que aconteceu com as religiões? A crença de que há um deus ou deuses, a crença no paraíso, a crença de que Maria nunca morreu, a crença de que Jesus nunca teve um pai humano, a crença de que as preces são respondidas, a crença de que o vinho se transforma em sangue — nenhuma dessas crenças é sustentada por nenhum tipo de evidência satisfatória. E, no entanto, milhões de pessoas acreditam nelas. Talvez seja porque se disse a essas pessoas que deveriam acreditar nessas coisas quando elas ainda eram tão jovens que acreditavam em qualquer coisa.

Milhões de pessoas acreditam em coisas inteiramente diferentes, porque outras coisas foram ditas a elas quando eram crianças. Coisas distintas são ditas às crianças muçulmanas e às crianças cristãs, e nos dois casos elas crescem absolutamente convencidas de que estão certas e de que as outras estão erradas. Mesmo entre os cristãos, os católicos romanos acreditam em coisas diferentes do que se acredita entre os presbiterianos ou entre os episcopais, entre os *shakers* ou os *quakers*, entre os mórmons ou os *holly rollers*,* e todos se mostram absolutamente convencidos de que estão certos e de que os outros estão errados. Eles acreditam em coisas diferentes, exatamente pelo mesmo tipo de razão pela qual você fala inglês e Ann-Kathrin fala alemão. Ambas as línguas são, em seu próprio país, a língua correta. Mas não pode ser verdade que religiões diferentes estejam certas em seus próprios países, pois as diferentes religiões afirmam que coisas opostas são verdade. Maria não pode estar viva na Irlanda católica ao mesmo tempo que está morta na Irlanda do Norte protestante.

O que podemos fazer a respeito de tudo isso? Não é fácil para você fazer alguma coisa, pois tem apenas dez anos de idade. Mas você pode tentar o seguinte. A próxima vez que alguém lhe disser algo que soe importante, pense consigo mesma: "Será que esse é o tipo de coisa que as pessoas provavelmente sabem porque há evidências? Ou será que é o tipo de coisa em que as pessoas só acreditam por causa da tradição, da autoridade ou da revelação?". E, quando alguém lhe disser que uma coisa é verdade, por que não dizer a ela: "Que tipo de evidência há para isso?". E se ela não puder lhe dar uma boa resposta, espero que você pense com muito cuidado antes de acreditar numa só palavra.

Com amor,
de seu pai

* Denominação depreciativa que faz referência às várias denominações religiosas em que o fervor espiritual é expresso por meio de gritos e de violentos movimentos corporais. (N. T.)

Notas

1. <http://www.e-fabre.net/virtual library/more hunting wasp/chap04.htm>.

2. G. C. Williams, *Plan & purpose in nature* (Nova York, Basic Books, 1996), p. 157.

3. <http://www.apologeticspress.org/bibbul/2001/bb-01-75.htm>.

4. *Anticipations of the reaction of mechanical and scientific progress upon human life and thought* (Londres, Chapman and Hall, 1902).

5. J. Huxley, *Essays of a biologist* (Londres, Chatto & Windus, 1926).

6. <http://aleph0.clarku.edu/huxley/CE9/E-E.html>.

7. R. Dawkins, *O gene egoísta* (Belo Horizonte, Itatiaia/EDUSP, 1989). R. Dawkins, *O relojoeiro cego* (São Paulo, Companhia das Letras, 2001).

8. Huxley (1926), *ibid.*

9. J. Huxley, *Essays of a humanist* (Londres, Penguin, 1966).

10. Theodosius Dobhansky, "Changing man", *Science*, 155 (27 de janeiro de 1967), 409.

11. Publicado originalmente como "Hall of mirrors" em *Forbes ASAP*, 2 de outubro de 2000.

12. Publicado no Reino Unido como *Intellectual impostures* (Londres, Profile Books, 1998).

13. P. Gross & N. Levitt, *Higher superstition* (Baltimore, The Johns Hopkins University Press, 1994).

14. D. Patai & N. Koertge, *Professing feminism: cautionary tales from the strange world of women's studies* (Nova York, Basic Books, 1994).

15. R. Dawkins, *O rio que saía do Éden: uma visão darwiniana da vida* (Rio de Janeiro, Rocco, 1996).

16. Essa interpretação das ilusões foi formulada por aquele que é a nossa maior autoridade viva a respeito desses fenômenos, Richard Gregory, *Eye and brain*, 5ª ed. (Oxford, Oxford University Press, 1998).

17. L. Wolpert, *The unnatural nature of science* (Londres, Faber & Faber, 1993).

18. Extraído de P. Cavalieri & P. Singer (eds.), *The Great Ape Project* (Londres, Fourth Estate, 1993).

19. R. Dawkins, *Desvendando o arco-íris* (São Paulo, Companhia das Letras, 2000).

20. Publicado originalmente em *The Observer*, 16 de novembro de 1997.

21. Publicado originalmente no *Sunday Telegraph*, 18 de outubro de 1998.

22. Resenha de Alan Sokal & Jean Bricmont, *Intellectual impostures* (Londres, Profile Books, 1998) (ed. bras.: *Imposturas intelectuais*. Rio de Janeiro, Record, 1999); publicado nos Estados Unidos como *Fashionable nonsense* (Nova York, Picador USA, 1998). *Nature*, 394 (9 de julho de 1998), 141-3.

23. P. B. Medawar, *Pluto's Republic* (Oxford, Oxford University Press, 1982).

24. Publicado originalmente em *The Guardian*, 6 de julho de 2002.

25. H. G. Wells, *The story of a great schoolmaster: being a plain account of the life and ideas of Sanderson of Oundle* (Londres, Chatto & Windus, 1924).

26. *Sanderson of Oundle* (Londres, Chatto & Windus, 1926).

27. Publicado originalmente como prefácio a uma edição para estudantes de *The descent of man* (Londres, Gibson Square Books, 2002).

28. "Letter to Wallace, 26 February 1867" in Francis Darwin (ed.), *Life and letters of Charles Darwin*, vol. 3 (Londres, John Murray, 1888), p. 95.

29. H. Cronin, *The ant and the peacock* (Cambridge, Cambridge University Press, 1991).

30. W. D. Hamilton, *Narrow roads of gene land*, vol. 2 (Oxford, Oxford University Press, 2001).

31. A. Zahavi e A. Zahavi, *The handicap principle: a missing piece of Darwin's puzzle* (Oxford, Oxford University Press, 1997).

32. R. A. Fisher, *The genetical theory of natural selection* (Oxford, Clarendon Press, 1930).

33. Minha própria tentativa de explicar isto constitui o capítulo 8 de *O relojoeiro cego*. Para uma pesquisa moderna confiável sobre a seleção sexual, ver M. Andersson, *Sexual selection* (Princeton, Princeton University Press, 1994).

34. W. G. Eberhad, *Sexual selection and animal genitalia* (Cambridge, Mass., Harvard University Press, 1988).

35. D. Dennett, *Darwin's dangerous idea* (Nova York, Simon & Schuster, 1995) (ed. bras.: *A perigosa idéia de Darwin*. Rio de Janeiro, Rocco, 1998).

36. M. Ghiselin, *The triumph of the Darwinian method* (Berkeley, University of California Press, 1988).

37. R. Dawkins, "Higher and lower animals: a diatribe", in E. Fox-Keller e E. Lloyd (eds.), *Keywords in evolutionary biology* (Cambridge, Mass., Harvard University Press, 1992).

38. Charles Darwin, *The descent of man*, cap. 20 da 1ª edição, capítulo 29 da 2ª edição (ed. bras.: *A origem do homem e a seleção natural*. Belo Horizonte, Itatiaia, 2004).

39. <http://members.shaw.ca/mcfetridge/darwin.html>.

40. <http://www.workersliberty.org/wlmags/wl61/dawkins.htm>.

41. Fisher (1930), *ibid.*

42. Carta datada "Tuesday, February, 1866". Publicada em James Marchant, *Alfred Russel Wallace: letters and reminiscences*, vol. 1, (Londres, Cassell, 1916).

43. Fisher (1930), *ibid.*

44. W. D. Hamilton, "Extraordinary sex ratios" (1966). Reeditado em seu *Narrow roads of gene land*, vol. 1 (Oxford, W. H. Freeman, 1996).

45. E. L. Charnov, *The theory of sex allocation* (Princeton, Princeton University Press, 1982).

46. A. W. F. Edwards, "Natural selection and the sex ratio: Fisher's sources", *American Naturalist*, 151 (1998), 564-9.

47. R. L. Trivers, "Parental investment and sexual selection", in B. Campbell (ed.), *Sexual selection and the descent of man* (Chicago, Aldine, 1972), pp. 136-79.

48. R. Leakey, *The origin of humankind* (Londres, Weidenfeld & Nicolson, 1994).

49. S. Pinker, *The language instinct* (Londres, Penguin, 1994) (ed. bras.: *O instinto da linguagem*. São Paulo, Martins Fontes, 2002).

50. S. J. Gould, *Ontogeny and phylogeny* (Cambridge, Mass., Harvard University Press, 1977).

51. J. Diamond, *The rise and fall of the third chimpanzee* (Londres, Radius, 1991).

52. D. Morris, *Dogs: the ultimate dictionary of over 1000 dog breeds* (Londres, Ebury Press, 2001).

53. C. Vilà, J. E. Maldonado and R. K. Wayne, "Phylogenetic relationships, evolution, and genetic diversity of the domestic dog", *Journal of Heredity*, 90 (1999), 71-7.

54. G. Miller, *The mating mind* (Londres, Heinemann, 2000) (ed. bras.: *A mente seletiva*. Rio de Janeiro, Campus, 2001).

55. Publicado originalmente em M. H. Robinson e L. Tiger (eds.), *Man and beast revisited* (Washington, Smithsonian Institution Press, 1991).

56. R. Dawkins, "Universal darwinism", in D. S. Bendall (ed.), *Evolution from molecules to men* (Cambridge, Cambridge University Press, 1983), pp. 403-25.

57. C. Singer, *A short history of biology* (Oxford, Clarendon Press, 1931).

58. W. Bateson, citado em E. Mayr, *The growth of biologial thought: diversity, evolution, and inheritance* (Cambridge, Mass., Harvard University Press, 1982).

59. G. C. Williams, *Adaptation and natural selection* (Princeton, Princeton University Press, 1966).

60. R. A. Fisher, *The genetical theory of natural selection* (Oxford, Clarendon Press, 1930).

61. Dawkins, *O relojoeiro cego*, p. 29.

62. *The second law* (Nova York, Scientific American Books, 1984) e *Galileo's finger* (Oxford, Oxford University Press, 2003), de Peter Atkins, são notórios por sua lucidez.

63. R. Dawkins, *A escalada do monte Improvável* (São Paulo, Companhia das Letras, 1998), capítulo 3.

64. E. Mayr, *The growth of biological thought: diversity, evolution, and inheritance* (Cambridge, Mass., Harvard University Press, 1982).

65. F. H. C. Crick, *Life itself* (Londres, Macdonald, 1982).

66. R. Dawkins, *The extended phenotype* (San Francisco, W. H. Freeman, 1982/Oxford, Oxford University Press, 1999), pp. 174-6. Ver também nota 36 e Dawkins, *O relojoeiro cego*, capítulo 11.

67. Publicado originalmente em *The Skeptic*, 18, nº 4, dezembro de 1998 (Sydney, Austrália).

68. Publicado originalmente no *Daily Telegraph*, 17 de julho de 1993, sob o título "Don't panic; take comfort, it's not all in the genes".

69. D. H. Hamer *et al.*, "A linkage between DNA markers on the X chromosome and male sexual orientation", *Science*, 261 (1993), 321-7.

70. Publicado originalmente em J. Brockman (ed.), *The next fifty years* (Nova York, Vintage Books, 2002).

71. S. Brenner, "Theoretical biology in the third millenium", *Phil. Trans. Roy. Soc. B*, 354 (1999), 1963-5.

72. Página 43.

73. D. Dennett, *Consciousness explained* (Boston, Little Brown, 1990) e *Darwin's dangerous idea* (Nova York, Simon & Schuster, 1995) (ed. bras.: *A perigosa idéia de Darwin*. Rio de Janeiro, Rocco, 1998).

74. Prefácio a S. Blackmore, *The meme machine* (Oxford, Oxford University Press, 1999).

75. J. R. Delius, "The nature of culture", in M. S. Dawkins, T. R. Halliday e R. Dawkins (eds.), *The Tinbergen legacy* (Londres, Chapman & Hall, 1991).

76. "*Culturgen*" foi proposto por C. J. Lumsden e E. O. Wilson no livro *Genes, mind and culture* (Cambridge, Mass., Harvard University Press, 1981). Quando cunhei o termo "meme", em 1976, eu não tinha conhecimento de que o biólogo alemão Richard Semon havia escrito um livro chamado *Die Mneme* (traduzido no inglês como *The mneme*. Londres, Allen & Unwin, 1921), no qual ele adotava o "mneme" cunhado em 1870 pelo fisiologista austríaco Ewald Hering. Eu soube disso ao ler uma resenha de *O gene egoísta* escrita por Peter Medawar, que descreveu o "mneme" como "uma palavra de retidão etimológica consciente".

77. Publicado originalmente em B. Dahlbom (ed.), *Dennett and his critics: demystifying mind* (Oxford, Blackwell, 1993).

78. D. Dennett, *Consciousness explained* (Boston, Little Brown, 1990), p. 207.

79. H. Thimbleby, "Can viruses ever be useful?", *Computers and security*, 10 (1991), 11-14.

80. Sir Thomas Browne, *Religio medici* (1635), I, 9.

81. A. Zahavi, "Mate selection — a selection for a handicap", *Journal of Theoretical Biology*, 53 (1975), 205-14.

82. A. Grafen, "Sexual selection unhandicapped by the Fisher process", *Journal of Theoretical Biology*, 144 (1990), 517-46.

83. M. Kilduff e R. Javers, *The suicide cult* (Nova York, Bantam, 1978).

84. A. Kenny, *A path from Rome* (Oxford, Oxford University Press, 1986).

85. Publicado pela primeira vez como "Snake oil and holy water", in *Forbes ASAP*, 4 de outubro de 1999.

86. U. Goodenough, *The sacred depths of nature* (Nova York, Oxford University Press Inc., 1999).

87. C. Sagan, *Pale blue dot: a vision of the human future in space* (Nova York, Ballantine, 1997) (ed. bras.: *Pálido ponto azul*. São Paulo, Companhia das Letras, 1996).

88. V. J. Stenger, *The unconscious quantum* (Buffalo, NY, Prometheus Books, 1996).

89. A tese dos "magistérios separados" foi fomentada por S. J. Gould, um ateísta cujos esforços vão muito além do dever ou do bom senso, em *Rocks of ages: science and religion in the fullness of life* (Nova York, Ballantine, 1999).

90. Publicado originalmente em *The Independent*, 8 de março de 1997.

91. Publicado originalmente em *Freethought Today* (Madison, Wis.), 18:8 (2001), <http://www.ffrf.org/ >. O texto foi revisado para uma edição especial "depois de Manhattan" de *The New Humanist* (inverno de 2001).

92. <http://www.biota.org/people/douglasadams/index.html>.

93. Ver também o esplêndido artigo escrito por Polly Toynbee em *The Guardian* de 5 de outubro de 2001, <http://guardian.co.uk/Columnists/Column/0,5673,563618,00.html>.

94. <http://www.guardian.co.uk/Archive/Article/0,4273,4257777,00. html>.

95. W. D. Hamilton, *Narrow roads of gene land*, vol. 2 (Oxford, Oxford University Press, 2001).

96. John Diamond, *C: because cowards get cancer too* (Londres, Vermilion, 1998).

97. Publicado em *The Guardian*, 14 de maio de 2001.

98. O texto completo de sua fala pode ser lido em <http://www. biota.org/people/douglasadams/index.html>.

99. <http://www.americanatheist.org/win98-99/T2/silverman.html>.

100. *Break the science barrier with Richard Dawkins*, Channel 4, Equinox Series, 1996.

101. *Times Literary Supplement*, 11 de setembro de 1992. Originalmente publicado em japonês como "My intended burial and why", *Insectarium*, 28 (1991), 238-47. Reeditado em inglês sob o mesmo título em *Ethology, Ecology & Evolution*, 12 (2000), 111-22.

102. W. D. Hamilton, "Innate social aptitudes of man: an approach from evolutionary genetics", in R. Fox (ed.), *Biosocial anthropology* (Londres, Malaby Press, 1975).

103. W. D. Hamilton, *Narrow roads of gene land*, vol. 1 (Oxford, W. H. Freeman and Stockton Press, 1996). O vol. 2 também foi editado (Ox-

ford, Oxford University Press, 2001), e trouxe o presente tributo como prefácio.

104. John Diamond, *Snake oil and other preoccupations* (Londres, Vintage, 2001).

105. K. Sterelny, *Dawkins vs Gould: survival of the fittest* (Cambridge, Icon Books, 2001).

106. A. Brown, *The Darwin wars: how stupid genes became selfish gods* (Londres, Pocket Books, 2000).

107. *Lays of ancient Rome.*

108. S. J. Gould, "Self-help for a hedgehog stuck on a molehill" (resenha de R. Dawkins, *A escalada do monte Improvável*), *Evolution, 51* (1997), 1020-3.

109. S. J. Gould, "The pattern of life's history", in J. Brockman (ed.), *The third culture* (Nova York, Simon & Schuster, 1995), p. 64.

110. P. B. Medawar, *Art of the soluble* (Londres, Penguin, 1969).

111. Resenha de S. J. Gould, *Ever since Darwin: reflections in natural history* (Londres, André Deutsch, 1978). Publicada originalmente em *Nature*, 276 (9 de novembro de 1978), 121-3.

112. Reeditado como "Caring groups and selfish genes", in S. J. Gould, *The panda's thumb* (Nova York, W. W. Norton, 1980).

113. G. C. Williams, *Adaptation and natural selection* (Princeton, Princeton University Press, 1966), pp. 22-5 e 56-7.

114. P. B. Medawar, *Pluto's Republic* (Nova York, Oxford University Press Inc., 1982).

115. *A galinha e seus dentes e outras reflexões sobre história natural* (Paz e Terra, Rio de Janeiro, 1992).

116. P. B. Medawar, *The hope of progress* (Londres, Methuen, 1972).

117. R. Dawkins, *O gene egoísta.* Ver também R. Dawkins, *The extended phenotype* (Oxford University Press, 1999), pp. 116-7, 239-47.

118. Resenha de S. J. Gould, *Wonderful life* (Londres, Hutchinson Radius, 1989) (ed. bras.: *Vida maravilhosa.* São Paulo, Companhia das Letras, 1990). Publicada no *Sunday Telegraph*, 25 de fevereiro de 1990.

119. *Daily Telegraph*, 22 de janeiro de 1990.

120. Resenha de S. J. Gould, *Full house* (Nova York, Harmony Books, 1996) (ed. bras.: *Lance de dados.* Rio de Janeiro, Record, 2001). Publicado no Reino Unido como *Life's grandeur* (Londres, Jonathan Cape, 1996). In *Evolution*, 51:3 (junho de 1997), pp. 1015-20.

121. Dediquei todo um artigo a atacar a idéia de progresso, entendida dessa maneira: R. Dawkins, "Progress", in E. Fox Keller e E. Lloyd (eds.),

Keywords in evolutionary biology (Cambridge, Mass., Harvard University Press, 1992), pp. 263-72.

122. J. Maynard Smith, "Time in the evolutionary process", *Studium Generale*, 23 (1970), 266-72.

123. D. W. McShea, "Metazoan complexity and evolution: is there a trend?", *Evolution*, 50 (1996), 477-92.

124. J. W. S. Pringle, "On the parallel between learning and evolution", *Behaviour*, 3 (1951), 90-110.

125. J. Huxley, *The individual in the animal kingdom* (Cambridge, Cambridge University Press, 1912).

126. J. Huxley, *Essays of a biologist* (Londres, Chatto & Windus, 1926).

127. S. Pinker, *The language instinct* (Londres, Viking, 1994).

128. M. Ridley, "Coadaptation and the inadequacy of natural selection", *Brit. J. Hist. Sci.*, 15 (1982), 45-68.

129. R. Dawkins e J. R. Krebs, "Arms race between and within species", *Proc. Roy. Soc. Lond.* B, 205 (1979), 489-511.

130. H. Jerison, *Evolution of the brain and intelligence* (Nova York, Academic Press, 1973).

131. J. Maynard Smith, "Genes, memes and minds", *Nova York Review of Books*, 30 (30 de novembro de 1995). Resenha de D. Dennett, *Darwin's dangerous idea.*

132. R. Leakey e R. Lewin, *The sixth extinction* (Londres, Weidenfeld & Nicolson, 1996).

133. G. A. Wray, J. S. Levinton e L. H. Shapiro, "Molecular evidence for deep Precambrian divergences among Metazoan phyla", *Science* 274 (1996), 568.

134. <http://www.arn.org/docs/pjweekly/pj_weekly_011202.htm>.

135. S. J. Gould, *The structure of evolutionary theory* (Cambridge, Mass., Harvard University Press, 2002).

136. D. Barash, "Grappling with the ghost of Gould", *Human Nature Review*, 2 (9 de julho de 2002), 283-92.

137. Prefácio a H. Croze e J. Reader, *Pyramids of life* (Londres, Harvill Press, 2000).

138. Publicado originalmente como um artigo sobre E. Huxley, *Red strangers* (Londres, Chatto, 1964) no *Financial Times*, 9 de maio de 1998; posteriormente como um prefácio ao livro, reeditado pela Penguin Books (1999).

139. Angus, Maisie & Travers McNeice, *The lion children* (Londres, Orion Books, 2001).

140. Publicado originalmente como "All our yesterdays" no *Sunday Times*, 31 de dezembro de 1995.

141. R. Leakey, *The origin of humankind* (Londres, Weidenfeld & Nicolson, 1994).

142. I. Douglas-Hamilton & O. Douglas-Hamilton, *Among the elephants* (Londres, Viking, 1975) e *Battle for the elephants* (Londres, Doubleday, 1992).

143. P. Matthiessen, *The tree where man was born* (Londres, Harvill Press, 1998).

144. Publicado em J. Brockman & K. Matson (eds.), *How things are* (Nova York, Morrow, 1995).

Índice remissivo

1ª EDIÇÃO [2005] 4 reimpressões

ESTA OBRA FOI COMPOSTA PELO ACQUA ESTÚDIO EM MINION E FOI IMPRESSA
PELA GRÁFICA BARTIRA EM OFSETE SOBRE PAPEL PÓLEN SOFT DA SUZANO S.A.
PARA A EDITORA SCHWARCZ EM FEVEREIRO DE 2020

A marca FSC® é a garantia de que a madeira utilizada na fabricação do papel deste livro provém de florestas que foram gerenciadas de maneira ambientalmente correta, socialmente justa e economicamente viável, além de outras fontes de origem controlada.